# 不可逆示温涂料

## Irreversible Temperature-Indicating Coatings

熊庆荣　李杨　著

国防工业出版社

·北京·

**图书在版编目(CIP)数据**

不可逆示温涂料/熊庆荣,李杨著.—北京:国防工业出版社,2022.1

ISBN 978-7-118-12163-6

Ⅰ.①不… Ⅱ.①熊… ②李… Ⅲ.①示温漆 Ⅳ.①TQ637.7

中国版本图书馆 CIP 数据核字(2021)第 243800 号

※

国防工業出版社出版发行

(北京市海淀区紫竹院南路 23 号 邮政编码 100048)

北京龙世杰印刷有限公司印刷

新华书店经售

*

**开本** 710×1000 1/16 **印张** 13½ **字数** 226 千字

2022 年 1 月第 1 版第 1 次印刷 **印数** 1—2000 册 **定价** 188.00 元

---

**(本书如有印装错误,我社负责调换)**

国防书店:(010)88540777 书店传真:(010)88540776

发行业务:(010)88540717 发行传真:(010)88540762

# 致　读　者

本书由中央军委装备发展部**国防科技图书出版基金**资助出版。

为了促进国防科技和武器装备发展,加强社会主义物质文明和精神文明建设,培养优秀科技人才,确保国防科技优秀图书的出版,原国防科工委于1988年初决定每年拨出专款,设立国防科技图书出版基金,成立评审委员会,扶持、审定出版国防科技优秀图书。这是一项具有深远意义的创举。

**国防科技图书出版基金**资助的对象是:

1. 在国防科学技术领域中,学术水平高,内容有创见,在学科上居领先地位的基础科学理论图书;在工程技术理论方面有突破的应用科学专著。

2. 学术思想新颖,内容具体、实用,对国防科技和武器装备发展具有较大推动作用的专著;密切结合国防现代化和武器装备现代化需要的高新技术内容的专著。

3. 有重要发展前景和有重大开拓使用价值,密切结合国防现代化和武器装备现代化需要的新工艺、新材料内容的专著。

4. 填补目前我国科技领域空白并具有军事应用前景的薄弱学科和边缘学科的科技图书。

国防科技图书出版基金评审委员会在中央军委装备发展部的领导下开展工作,负责掌握出版基金的使用方向,评审受理的图书选题,决定资助的图书选题和资助金额,以及决定中断或取消资助等。经评审给予资助的图书,由中央军委装备发展部国防工业出版社出版发行。

国防科技和武器装备发展已经取得了举世瞩目的成就,国防科技图书承担着记载和弘扬这些成就,积累和传播科技知识的使命。开展好评审工作,使有限的基金发挥出巨大的效能,需要不断摸索、认真总结和及时改进,更需要国防科技和武器装备建设战线广大科技工作者、专家、教授,以及社会各界朋友的热情支持。

让我们携起手来,为祖国昌盛、科技腾飞、出版繁荣而共同奋斗!

**国防科技图书出版基金**

评审委员会

# 国防科技图书出版基金
# 第七届评审委员会组成人员

# 前言

不可逆示温涂料是一种特种功能性涂料,涂覆于试验件表面的测温涂层,随温度的升高而发生化学或物理反应,导致涂层颜色发生改变,而冷却时却不能恢复到原来的颜色,从而测量出物体表面温度分布。该技术的反应是不可逆的,它将保持最高温度对应的颜色,并可以作为温度变化的永久记录。该技术所属科学技术领域是测试技术领域和化工涂料技术领域。

不可逆示温涂料可以准确无误并直观地获得被研究部位的表面温度信息,不会对试验件造成破坏,不会对目标温度场及传热工作状况产生干扰,不需要测试引线。对于机械构型复杂的表面、大尺寸试验件表面、高速旋转部件的表面、密闭空间工作的试验件表面以及其他测温手段难以布点的表面, 使用不可逆示温涂料测量其温度效果良好,工程实用性较强。

不可逆示温涂料自 20 世纪 30 年代问世以来,已经应用于航空、航天、化工等领域。随着科学技术的不断进步,该技术发展十分迅速,并在航空发动机、燃气轮机等武器装备的研制过程中起着十分重要的作用。不可逆示温涂料能够确定出航空发动机、燃气轮机部件表面的热力状态,得到发动机部件温度分布的详细图片,具有较高的应用价值。

本书主要阐述了不可逆示温涂料的基本原理、配方的设计和制造方法、测温涂层的涂装工艺、温度判读、测试影响因素及其应用等内容。全书共 7 章,第 1 章、第 3 章、第 5 章、第 7 章由熊庆荣撰写,第 2 章、第 4 章、第 6 章由李杨撰写,全书由熊庆荣负责定稿。

在此向支持本书出版的北京航空航天大学马宏伟教授、中国航空工业集团有限公司北京长城计量测试研究所熊昌友研究员表示衷心的感谢。感谢单位领导及同事的大力支持,侯敏杰、石小江、张俊杰等研究员为本书的出版提供了大力帮助,特别是宋子军高级工程师,做了大量的文字编排和图片整理等工作。同时,本书获得国防科技图书出版基金的资助,在此表示感谢。

本书涉及多个学科,由于编者水平有限,不妥之处在所难免,对于书中的错误,恳请读者批评指正。

作者

2020 年 12 月

# 目 录

# CONTENTS

# 第1章 绪 论

不可逆示温涂料(Irreversible Temperature-Indicating Coatings)又称不可逆示温漆,是一种以颜色变化来指示物体表面温度变化及温度分布的特种功能性涂料。它是一种重要的非干涉式表面温度测量方法,使用方便,成本低廉,广泛应用于航空、航天、船舶等多个领域的高温部件表面温度测试。

## 1.1 概述

不可逆示温涂料最广泛的用途是测量航空发动机高温部件的表面温度,在发动机的性能验证、强度寿命分析、换热冷却效果评估等方面都需要大量测量发动机部件的表面温度及温度分布。对于高温、高压、高速旋转状态下的航空发动机,其很多零部件的温度难以用普通的温度传感器测量,而不可逆示温涂料是一种快速、可靠且经济的温度测量手段,它以两种颜色变化的交界线来精确表征被测物体表面温度及温度分布,特别适用于发动机转动部件、表面面积大和复杂构件表面的温度测量。用不可逆示温涂料测量时不破坏发动机结构,对发动机气动状态无影响,因此广泛应用于航空发动机部件的温度测量。

用不可逆示温涂料测量发动机高温部件的表面温度是西方发达国家普遍采用的测试技术,因为这种测试技术可以获得所测试部件的温度场分布,而采用常规测量技术要得到这样的结果几乎是不可能的,特别是在高速旋转的部件上使用时不受任何限制,使它比热电偶更具优势。

航空发动机集高、精、尖技术于一体,是具有复杂气动、热力和结构的动力机械装置,被誉为航空飞行器的“心脏”,是一个国家综合经济实力和工业、产业技术能力的重要体现[1]。随着科学技术的不断进步,航空发动机作为航空飞行器的主要动力装置,综合技术性能也在不断提高,这极大地促进了航空产业的不断发展,已经成为航空领域中一个十分重要的组成部分和研究方向,而与之相关的设计、材料、测试等各类技术也在高速发展[2]。

航空发动机的研制过程十分复杂,包括理论设计、加工制造、试验测试、修改优化等环节[3]。其中,试验测试是一个重要的环节,发动机在设计阶段进行理论计算,在试验测试阶段给出验证数据,这些在航空发动机的研制过程中都起着非常重要的保障作用。试验是为发动机验证提供真实或模拟真实的工作环境,测试是获取发动机试验真实数据的手段。

航空发动机试验的技术参数主要包括温度、湿度、压力、推力、转速等。大量的研究分析报告表明,固体表面高温温度的测量,尤其是航空发动机热端部件的表面温度测量是研究课题的热点及难点,具有前沿性。如涡轮叶片工作于高温燃气流状态,且自身高速旋转等恶劣条件造成了其表面温度采用常规测温手段难以测量[4]。

航空发动机的涡轮、燃烧室等高温零部件的表面温度随性能的增加、效率的提升而增加。而一种材料的正常、允许长期工作的温度的上限是一定的,因此材料就需要工作于允许的工作范围,在航空发动机的研制过程中,就需要通过温度测试手段来获得其表面温度,保证其工作在允许的温度范围内。这就需要对航空发动机的涡轮叶片、燃烧室火焰筒等部件的表面温度进行准确的测量,其测量结果可以对航空发动机的设计、分析、仿真、故障诊断有以下几点主要的反馈作用。

(1) 新研制的航空发动机热端部件传热和表面温度分布的设计、计算均要求测试对其进行验证和检测,了解其是否符合相应工况下的温度工作标准,这需要在大量的实测数据分析的基础上完成,并且不同型号的航空发动机有着不同的标准要求。

(2) 航空发动机研制的初期阶段处于故障、问题暴露的多发期,如涡轮叶片的烧蚀、掉块、断裂等,这些故障现象一旦出现,结果将会是不可承受的,故而急需掌握其表面温度分布;试验件的表面温度测量数据可以为故障诊断、寿命评估以及冷却设计优化提供数据支持。

(3) 新研发的航空发动机追求更高的推重比,涡轮进口的温度将进一步提高,涡轮叶片的表面热环境分析及冷却设计技术已经成为涡轮部件设计成功的关键。通过国内外涡轮叶片研究现状的对比可以发现,我国的涡轮叶片寿命预测仍缺少大量的试验数据支持。为了提高涡轮叶片的工作稳定性和可靠性,延长其使用寿命,必须对涡轮叶片的温度分布进行精确测量,并对其表面温度场和热应力分布进行分析研究,以便在叶片的材料、冷却、结构、工艺、安装等方面采取更为有效的措施。

针对涡轮、燃烧室部件的温度测量,早期的测量方法基本都基于传统的接触式热电偶的测量方法,属于单点式测试方法,传统的开槽埋入式安装或表面贴装式热电偶等接触式测温技术虽然已经很成熟,可以大量地应用于航空发动机机匣外壁的温度测量,但用于航空发动机内部试验件的测试时,这种测温手段的安装方式会对涡轮工作叶片的结构造成破坏,信号引出较困难,对目标温度场分布造成较大的影响,测点数量较少,且成活率较低。

伴随薄膜传感器的技术发展,为克服壁温热电偶的测试缺点,薄膜式热电偶应运而生。但薄膜式热电偶还存在测试引线难、附着力不高、使用的稳定性和可靠性不高等一系列工程应用问题,目前还难以在航空发动机温度测量试验中开展实际应用[5-6]。随着非接触、光学测试技术的不断发展,红外辐照测温技术作为非接触光学温度测量技术,发展十分迅速,在国防军事领域以及卫生医疗领域大量应用,主要用于飞机表面、导弹外表面、红外夜视仪以及人体温度测量等[7]。将红外辐照测温技术应用于航空发动机温度测量试验时,存在安装烦琐、冷却等问题,此外红外测温技术的测量结果受被测试验件表面实际发射率和反射率的影响较大,测量的准确性不高。因此,在测量方法和测试设备方面,开展深入的研究工作,选择合适的测量手段来测量航空发动机热端部件的表面温度是非常重要的。

不可逆示温涂料等温线的误差不超过±10℃,等温线之间的每个点都可以做精确的温度判读,可用于高精度和高可靠性的燃烧和涡轮部件的设计测试。不可逆示温涂料可以在很恶劣的环境中工作,工作温度范围很宽,能在其他测温传感器或测温方法不便实施的场合,方便地显示被测部件的表面温度,而不破坏部件结构和不改变气流状态。同时,不可逆示温涂料对于测量复杂构件的壁面温度以及显示大面积温度分布有独到之处,已广泛应用于航空、航天、船舶、兵器等多个领域的高温部件表面温度测试[8]。

准确无误并直观地获得被研究部位,特别是旋转件、复杂形状件、表面面积大的构件或其他测温传感器触及不到的部位的表面温度信息,是不可逆示温涂料的主要优点。世界上许多国家已在不同领域广泛使用不可逆示温涂料,这一点可得到充分证明。英国罗尔斯·罗伊斯(Rolls-Royce,简称罗·罗)公司和法国透博梅卡(Turbomeca)公司采用不可逆示温涂料对开发阶段的新发动机进行专项测试,以获得材料在接近其温度承受极限时的表面温度信息。每个组件都在预期的温度范围内单独涂有不可逆示温涂料,然后将发动机进行组装并在最大功率下运行3~5min。分解后,可以通过发动机部件显示的温度颜色确定工作温度。虽然专项的测试费时又费钱,但它仍然是获取可靠和准确的温度信息的唯一方式,以至于英国罗·罗公司和法国透博梅卡公司将其作为硬性规定而保存下来。试验后,熟练的判读人员用手工在每个组件上标出等温线,结果用数码相机拍下来并在组件的二维布局上重现出来[9]。

## 1.2 不可逆示温涂料

有一些化合物及其混合物,能够伴随外界温度的改变而迅速引起颜色的变化,而且这些变化是不可逆的,这些涂料涂覆在物体表面经历温度变化后可以以颜色的变化保存下来,从而到达测温的目的[10]。

### 1.2.1 不可逆示温涂料的定义及其测温原理

不可逆示温涂料是一种温度敏感涂料,涂覆在物体表面,当物体温度发生变化时,其涂层颜色发生变化。通过颜色变化来指示物体表面温度及温度分布的涂料称作不可逆示温涂料,通常也称作变色涂料或热敏涂料。

涂覆于物体表面的特殊涂层随温度的升高而发生物理或化学变化,导致分子结构、分子形态发生变化,从而通过涂层颜色的变化来指示物体表面温度及温度分布,这就是不可逆示温涂料的测温原理。不可逆示温涂料测试属于非干涉、非侵入式的温度测试,对旋转件和大面积测试具有独到的优势[11]。

### 1.2.2 不可逆示温涂料的分类

示温涂料按功能用途不同可分为不可逆示温涂料和可逆示温涂料,可逆示温涂料主要用于温度示警或民用趣味装饰或美化等领域。这里论述的示温涂料均为不可逆示温涂料,主要用于表面温度的测量。

按不可逆示温涂料的变色特征分类,涂层的颜色仅发生一次变化的称为单变色不可逆示温涂料,发生两次及两次以上变化的称为多变色不可逆示温涂料。

根据国外不可逆示温涂料在航空发动机测量试验中的应用经验,单变色不可逆示温涂料多用于涡轮工作叶片温度测量,多变色不可逆示温涂料大多用于燃烧室火焰筒外壁面温度测量[12]。在性能方面,单变色不可逆示温涂料的等温线往往较多变色不可逆示温涂料更清晰,因此,测试技术工程师可根据具体的测试对象,测试温度范围合理选择不可逆示温涂料,相互配合使用[13]。

不可逆示温涂料的使用过程较为简单、方便,数据分析周期短,约为传统测试方法的1/4。测试成本较低,约为红外测温等其他测温方法的1/5。测试完成后,被测试验件可以反复使用。此外,还可用于汽车发动机、燃气轮机、火车的转轴、复合材料等的表面温度测量以及工业管道的超温报警等,在国防和民用领域应用十分广泛。

因此,不可逆示温涂料测温技术能在航空发动机内部温度高、压力高、速度高的燃气气流环境以及叶片高速运转等恶劣的测量条件下使用,可以测量所测试部件的表面全域连续温度场的分布,能够解决航空发动机涡轮叶片、燃烧室等热端部件表面温度测量的难题。

### 1.2.3 不可逆示温涂料的作用及特点

不可逆示温涂料的作用及特点主要有以下几方面:

(1) 可测量物体表面温度场的连续分布,结果准确、直观,变色清晰、稳定,易于判读和长期保存;

(2) 可用于其他测温传感器或测温方法不便实施的恶劣环境下的测量;

(3) 可广泛应用于航空、船舶、机车、汽车、工业管道等多个领域的表面温度测试及超温报警;

(4) 不破坏被测试验件的结构和工作状态,不影响被测试验件的气动和传热特性,不影响被测试验件的重复使用;

(5) 配方系列化,温度范围宽;

(6) 测试精度高,单变色等温线测试精度±5℃,多变色等温线测试精度±10℃;

(7) 使用简单、方便,试验周期短,应用成本低;

(8) 具有反应不可逆的特点,将保持所经历最高温度对应的颜色,可作为被测温度变化的永久性记录。

## 1.3 不可逆示温涂料的发展历程

### 1.3.1 国外不可逆示温涂料的发展情况

最早出现的示温涂料是1938年德国I.G法贝宁达斯公司的热色线。20世纪40年代,示温涂料的研究和应用有了很大的发展,其主要为高温单变色和高温多变色不可逆示温涂料。20世纪50—70年代,为满足航空发动机及炮弹等动态部件测温及超温报警的需要,国外对不可逆示温涂料(特别是高温不可逆示温涂料)进行了大量的研究工作[14]。

单变色不可逆示温涂料是最早研制并应用的示温涂料。德国的单变色不可逆示温涂料的温度范围在30~650℃之间,示温误差小于6℃。英国的Headland工程研究部研制的系列示温涂料,能测出±5℃的变化,从50~520℃有13个品种。各国也很重视多变色不可逆示温涂料的研制。已有几十个品种,温度跨度为60~1300℃。德国研制出9种双变色示温涂料,温度范围为55~1300℃;5种三变色示温涂料,温度范围为 65~340℃。英国生产的品种分别为 TP6、TP7、TP8 的六变色、七变色、八变色的示温涂料,温度范围分别为 500~1150℃、600~1070℃、420~910℃。俄罗斯研制的多变色不可逆示温涂料,温度范围为 109~1520℃,品种为 TK19、TK20、TK22、TK24 的 12 变色、17 变色、14 变色、8 变色的示温涂料,等温线测试精度可达±6℃,温度范围分别为 109~677℃、146~1227℃、149~1222℃、714~1522℃(只用于陶瓷)[15]。

20 世纪 50 年代,英国罗·罗公司在发动机的研究中就广泛采用示温涂料来确定燃烧室和涡轮部件的温度分布。在以前的技术中,所采用的示温涂料主要来自英国的 Thermindex 公司、德国的 Faber Castel 公司。然而,这些涂料只能给出单一的温度显示。因此,要获得部件温度分布线就必须采用多种涂料,例如,在相同标定的 5 个涡轮叶片上采用 5 种不同的示温涂料,用 5 个温度值来反映叶片的综合结果,在旋转部件上可以获得富有意义的信息。20 世纪 60 年代中期,罗·罗公司开始研究多变色示温涂料来满足 RB211 研究计划对示温涂料的不断需求。早期的 HP(高压)喷管导向叶片和 HP 涡轮叶片冷却计划的实施,很大程度上就是依赖第一代两种多变色高温示温涂料 TP5、TP6 所获得的信息。

俄罗斯研制的不可逆示温涂料不仅成功用于中央航空发动机研究院内,还用于本行业其他企业中,例如,用于俄罗斯彼尔姆航空发动机公司的дс-90A发动机燃烧室的调试试验和定型试验、俄罗斯雷宾斯克发动机股份公司的 д-30KY-154 发动机低发散燃烧室的研究试验,还用于航空发动机和固定式燃气轮机涡轮叶片的热状态测试。

### 1.3.2 国内不可逆示温涂料的发展情况

在国内,中昊北方涂料工业研究设计院有限公司在 20 世纪 60 年代开始对不可逆示温涂料进行研究,研制了 SW-S 单变色不可逆示温涂料系列 25 个品种、SW-M 多变色不可逆示温涂料 8 个品种,并在航空发动机高温部件表面温度测量中广泛应用[16]。研制的多变色不可逆示温涂料,温度范围分别为 400~600℃(SW-M-1)、600~750℃(SW-M-2)、600~800℃(SW-M-3)、550~900℃(SW-M-4)、550~900℃(SW-M-5)、780~960℃(SW-M-6)、800~1150℃(SW-M-7)、900~1250℃(SW-M-8),变色间隔都是 50℃左右,变色点都是 5 个,标定以马弗炉加热的金属试片上的颜色为标准制作标准色板,如 SW-M-2 标准色板(图 1-1),测试时,根据标准色板颜色判读数据。中国航发四川燃气涡轮研究院通过多年的使用发现,SW-M-2 和 SW-M-6 两种不可逆示温涂料在发动机燃烧室火焰筒测试中使用效果较好,如图 1-2、图 1-3 所示。其余品种,变色颜色与标准色板颜色相差较大,判读困难,误差较大(±50℃)。国内还有一些院校也对不可逆示温涂料开展了研究[17-18]。太原工业学院的郭丽君和宫晋英研究了分子结构的变化导致反应的颜色发生变化的原理,探索了不可逆示温涂料的制备,研制了 1 种可逆型和 3 种不可逆型示温涂料,可逆示温涂料变色温度为 60℃左右,不可逆示温涂料变色温度分别为 92℃、192℃、200℃左右[19]。

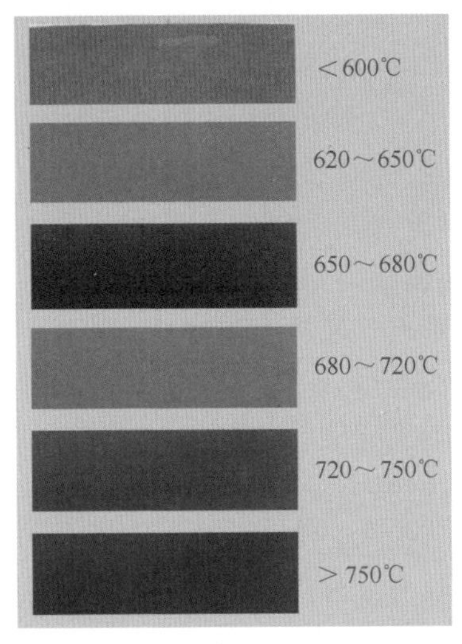


图 1-1　SW-M-2 标准色板

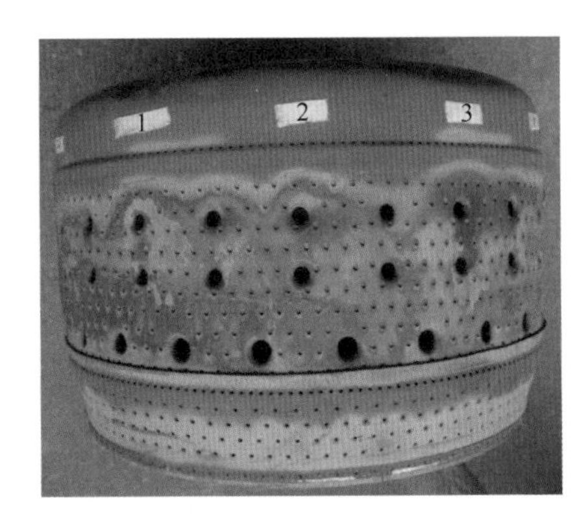


图 1-2　SW-M-2 不可逆示温涂料的使用效果

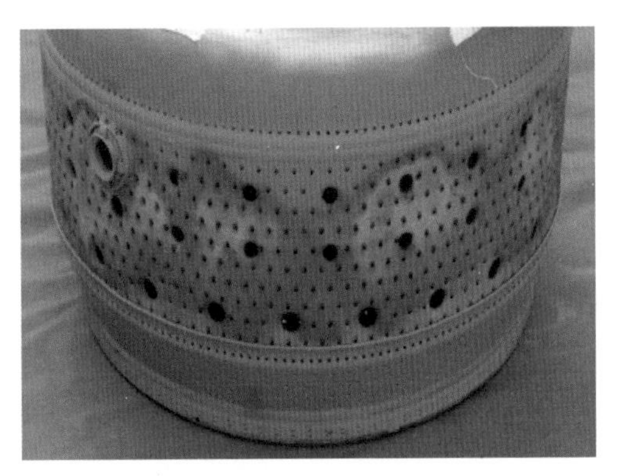

图 1-3　SW-M-6 不可逆示温涂料的使用效果

中国石油天然气第一建设公司的杨兴武研制了在管道上应用的不可逆示温涂料,主要用于超温报警[20-21]。

上述研究单位主要在实验室内进行了不可逆示温涂料的研制工作,实际应用较少。对于不可逆示温涂料在航空发动机温度测量中的应用,沈阳发动机设计研究所的张兴、薛秀生等使用国外的不可逆示温涂料在热端部件中进行温度测试[22]。沈阳飞机工业(集团)有限公司的刘志、蔡恒鑫介绍了不可逆示温涂料技术在飞机发动机试飞过程中的应用[23]。中国航空发动机集团湖南动力机械研究所的王倚阳、宋双文等将不可逆示温涂料用于某折流燃烧室火焰筒壁面的测量试验[24]。在不可逆示温涂料的自动判读方面,南京航空航天大学、国防科技大学以及西南科技大学都进行了探索性的工作,它们对不可逆示温涂料的识别算法进行了研究[25-29]。上述不可逆示温涂料在航空发动机测试中的应用,大都存在着使用品种单一、测量得到的等温线偏少、1000℃以上判读困难、判读以颜色判读为准、误差较大等问题。

中国航发四川燃气涡轮研究院研发了不可逆示温涂料标定设备,基于等温线辨识的全量程标定方法属国内首创,重点突破配方的研制和实际使用后变色不清、等温线难辨等技术难点。通过多年的技术积累,中国航发四川燃气涡轮研究院自行设计了不可逆示温涂料配方,到 2014 年,研制出具有自主知识产权的系列化产品,性能指标达到国际同类产品先进水平。单变色不可逆示温涂料温度范围为 225~1260℃,测温精度±5℃,多变色不可逆示温涂料温度范围为100~1165℃,测温精度±10℃。中国航发四川燃气涡轮研究院完成了多种型号的航空发动机、舰船燃气轮机高温部件的测试,为国内各研究院所急需的在研、在役航空发动机高温部件测试,为新一代军用、民用航空发动机的研制奠定了坚实的基础。

# 第 2 章 不可逆示温涂料的配方设计及性能指标

要研制不可逆示温涂料,应从不可逆示温涂料的组成、变色原理、所需变色温度进行配方设计。单变色不可逆示温涂料是利用感温颜料在一定的温度下升华、热分解、固相反应等引起的颜色变化来指示温度;多变色不可逆示温涂料是利用多种变色颜料和辅助填料混合后随温升出现的热色物质连续变化而显示多种颜色来指示温度[30]。配制时,低于 300℃ 的变色颜料一般选择有机颜料(染料),高于 300℃ 的变色颜料一般选择无机颜料。对耐温敏感颜料、填料、基料以及稀释剂进行筛选,依据颜料的变色原理,配制单、多变色不可逆示温涂料,在不可逆示温涂料标定设备上对配制的不可逆示温涂料进行初步试验,选择试验后变色界限清晰,色彩较鲜艳的不可逆示温涂料,在航空发动机热端部件上进行验证,通过反复模拟试验和真实环境的试验来检验配制的不可逆示温涂料的附着性能、测温性能、测试精度及化学反应等,最终确定不可逆示温涂料配方[31]。

## 2.1 变色机理

不可逆示温涂料的变色机理十分复杂,目前国内外还没有一个准确的定论。其变色原理主要有升华、热分解、氧化和固相反应等。不可逆示温涂料中的变色颜料在一定的温度作用下,发生上述物理或化学反应,从而导致颜色发生改变,颜色发生改变后不能复原。不可逆示温涂料变色机理主要有以下几种[32]。

**1. 升华**

具有升华性质的某些物质与填料混合显示一种颜色,当加热到一定温度时,它由固态分子直接变为气态分子逸出基料,此时涂层只显示填料的颜色。例如,靛蓝与二氧化钛混合制成不可逆示温涂料,当涂层达到一定温度时,蓝色靛蓝升华,剩下白色的二氧化钛涂层,利用这种颜色的变色达到示温目的,如图 2-1 所示。

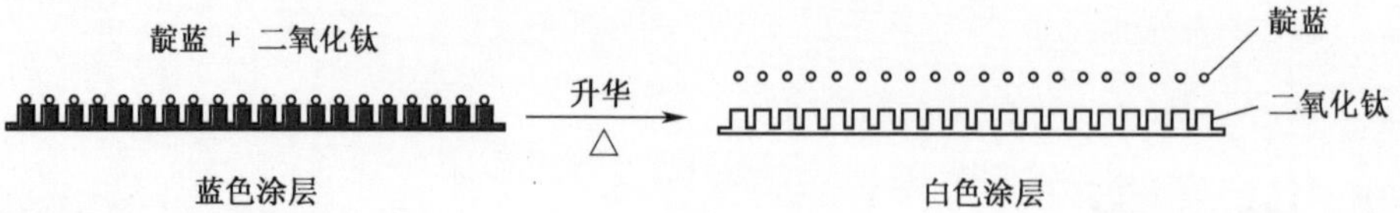

图 2-1　变色示意图

**2. 热分解**

无论是有机物还是无机物,在一定的温度下由于受热破坏了原来的物质结构,分解产物与原来的化学性质截然不同,呈现新的颜色,并伴随有气体($CO_2$、$SO_2$、$H_2O$、$NH_3$ 等)放出。例如,某型不可逆示温涂料碳酸镉受热分解发生如下反应:

$$CdCO_3 \xrightarrow[310℃]{\text{分解}} CdO+CO_2\uparrow$$

又如碱性绿(有机染料)加热到 220℃时结构破坏,分解出白色米氏酮及其他酮类,其化学反应式如下:

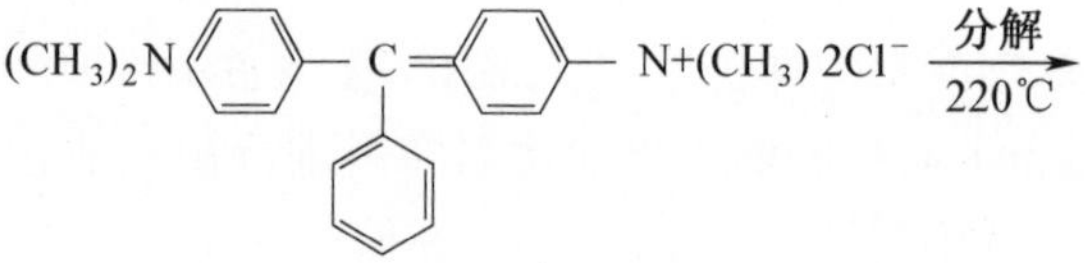

$$(CH_3)_2N-C_6H_4-C(C_6H_5)=C_6H_4=N^+(CH_3)_2Cl^- \xrightarrow[220℃]{\text{分解}}$$

碱性绿

$$(CH_3)_2N-C_6H_4-C(=O)-C_6H_4-N(CH_3)_2+X$$

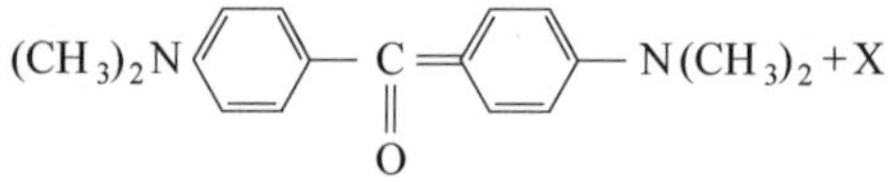

白色米氏酮

**3. 氧化**

某些物质在氧化气氛下加热,可以发生氧化反应,生成一种与起始颜色成截然不同的颜色。例如,黄色的硫化镉涂层在空气中氧化,生成白色的硫酸镉涂层,其化学反应式如下:

$$\underset{\text{黄色}}{CdS+2O_2} \xrightarrow[\triangle]{\text{氧化}} \underset{\text{白色}}{CdSO_4}$$

**4. 固相反应**

利用两种或两种以上的物质,在特定的温度范围内,可以在固相内发生化学反应,生成一种或两种以上的新物质,从而显示出与原来截然不同的颜色。例如,氧化钴与氧化铝配成灰色混合物,加热到 960℃左右时,可以生成蓝色的铝酸钴,其化学反应式如下:

$$CoO+Al_2O_3 \xrightarrow[960℃]{固相反应} CoAl_2O_4$$

灰色　　　　　　蓝色

因为固相反应的速度远小于溶液中的反应速度，随着反应速度的提高或时间的延长，新的物质逐渐增多，颜色也逐渐变浓，所以利用固相反应引起变色的示温涂料，一般变色温度区间较宽。

**5. 利用热色物质随温升可连续出现多次变化的原理**

这是因为某些物质在不同的温度下能连续发生几种化学反应的缘故。例如，硫化镉加热到650℃时氧化生成白色的硫酸镉，继续加热到700℃时硫酸镉又分解成棕色的氧化镉，从而达到连续指示温度的目的，其化学反应式如下：

$$CdS \xrightarrow[650℃]{氧化} CdSO_4 \xrightarrow[700℃]{分解} CdO+SO_3\uparrow$$

黄色　　　　白色　　　　棕色

**6. 利用多种颜料、填料混合可随温度显示多种颜色变化的原理**

多种颜料、填料混合，在连续升温过程中出现多种颜色，一种颜色代表一个温度范围。例如，配方中含有 $Cr_2O_3$、$Co_2O_3$、$SnO_2$、$Al_2O_3$、CaO 等组成物，在较低温度时，首先形成 Cr-Sn-Ca 铬锡红体系，导致涂层出现红色调，在较高温度则形成 Co-Sn-Ca 钴蓝尖晶体系，导致涂层出现蓝色调。

多变色不可逆示温涂料是物质间多种作用的结合，机理十分复杂，颜料、填料、基料各组分之间的相互干扰和相互作用对颜色有很大的影响。

## 2.2 不可逆示温涂料的组成

设计不可逆示温涂料配方，首先要了解不可逆示温涂料的组成。不可逆示温涂料主要由变色颜（染）料、填料、基料和溶剂组成。

### 2.2.1 变色颜（染）料

根据变色原理可知，变色颜（染）料受热时发生一系列物理和化学反应，从而导致其分子结构或组成成分的变化，进而引起颜色变化[33]。颜（染）料是不可逆示温涂料变色测温的核心，不可逆示温涂料的变色主要是由变色颜（染）料决定的。常用的变色颜料包括有机物质和无机物质两大类，有机物质耐温性差，一般用作低温（300℃以下）变色颜（染）料，无机物质耐温性好，往往用作高温（300℃以上）变色颜料。

选用的颜(染)料要求对热作用敏感,有较好的着色和遮盖力,在热作用下变色迅速,有明显的变色界限,变色前后色差大。一般研制高温变色不可逆示温涂料采用无机彩色颜料,研制低温变色不可逆示温涂料采用有机彩色颜(染)料。无机和有机变色颜料主要有 6 个系列,分别为黄色颜料、红色颜料、蓝色颜料、绿色颜料、黑色颜料和紫色颜料,另外还有氧化铁颜料、金属颜料和珠光颜料等[34]。

在不可逆示温涂料配方中选择的变色颜(染)料主要有铬黄、铬绿、镉黄、镉红、天蓝、钴蓝、铁蓝、草青、橙黄、碱性品红、碱性品绿、碱性艳蓝、碱性艳绿、酞菁蓝、酞菁绿等。这些颜料的变色是因为其本身在加热时发生热分解或氧化、化合所引起的,属于化学变化,所以是不可逆的。表 2-1 列出了部分无机不可逆变色颜(染)料及其变色温度。

表 2-1　部分无机不可逆变色颜(染)料及其变色温度

| 化合物 | 颜色变化 | 变色温度/℃ |
|---|---|---|
| $(NH_4)_2Cr_2O_7$(重铬酸铵) | 橙色⟶绿色 | 215 |
| $CuSO_4 \cdot Cu(OH)_2$(碱式硫酸铜) | 绿色⟶棕色 | 265 |
| $PbCO_3$(碳酸铅) | 白色⟶黄色 | 290 |
| $CuCO_3 \cdot Cu(OH)_2$(碱式碳酸铜) | 绿色⟶黑色 | 320 |
| $CoCO_3$(碳酸钴) | 紫色⟶黑色 | 330 |
| $CuCO_3$(碳酸铜) | 亮绿色⟶暗棕色 | 400 |
| $Pb_3O_4$(四氧化三铅) | 橙色⟶黄色 | 600 |
| $CdSO_4$(硫化镉) | 白色⟶棕色 | 700 |
| $PbCrO_4$(铬酸铅) | 黄色⟶绿色 | 800 |

通过大量的配方研制试验表明,对于单变色不可逆示温涂料配方,一般选择一种变色颜(染)料;对于多变色不可逆示温涂料配方,一般选择颜(染)料少于 5 种,其选取的依据是单种颜(染)料自身的变色性能。若选择的颜(染)料多于 5 种,混合后,则吸收光线也越多,接近无光反射时就近于黑色了[35]。

### 2.2.2 填料

填料作为不可逆示温涂料的一种辅助材料,它可以起到助色、耐温、增加附着力等辅助作用,并可以使涂层发色鲜艳、稳定、色调均匀,同时还起到调节变色温度的作用[36]。为提高涂层感温灵敏度,除了从变色颜(染)料的性能改进入手以外,另一重要的途径就是填料(或助剂)的使用。作为填料要求其耐热性、耐光及耐候性好,不易粉化,利于显色,能增强涂层的附着力。较为适宜的填料是耐热性较强的白色粉末,常用的有:氧化锌、氧化铝、氧化钙、氧化锑、二氧化钛、二氧化硅、碳酸、碳酸钙、硫酸钡等。对于颜料、染料与填料的比例,一般的颜料用量为填料的3~6倍,染料用量不到总体用量的1%,因为颜料是不溶性的细粒物质,分散在基料中显色,因此用量较大。颜料与染料有许多相似之处,最大的区别在于染料是可溶性着色物质,因此用量小。

### 2.2.3 基料

除变色颜(染)料外,基料也是构成不可逆示温涂料的重要组成部分。基料可以使颜(染)料均匀分散,依靠它来黏合颜料、均匀展色,并使涂层牢固地附着于被涂材料的表面上。基料通常选用附着力强、耐温性好、颜色浅且不与颜(染)料组分发生化学反应的物质。例如,选用虫胶清漆、氨基树脂、脲醛树脂、醇酸树脂、丙烯酸树脂及乙烯类树脂作为低温变色示温涂料的黏结剂,选用酚醛树脂、有机硅树脂、环氧树脂作为高温变色示温涂料的黏结剂。目前,高温不可逆示温涂料使用较多的是有机硅树脂和环氧树脂等,这类树脂通过添加填料或改性可以提高其在高温条件下的附着力及耐温性能[37]。

### 2.2.4 溶剂

溶剂是不可逆示温涂料的基本组成部分,用它来溶解基料、调节浆料的黏度,有利于涂料的喷涂。选择的溶剂要考虑它对基料的溶解性、安全性、挥发速度以及与颜(染)料填料混合不起化学反应等。如果溶剂挥发太快,漆液很快变稠,这样流平性就变差,甚至留下刷痕以致影响显色效果。反之,如果溶剂挥发太慢,涂层干燥时间延长,从而导致涂层内的颜(染)料和填料组分之间分层沉淀,同样影响显色。根据挥发速度和与基料的溶解性,不可逆示温涂料所用的溶剂主要有二甲苯、甲乙酮、环己酮、丙酮、乙醇、丁醇等。

### 2.2.5 助剂

助剂在不可逆示温涂料配方中所占的份额较小,但起着十分重要的作用。助剂在不可逆示温涂料的储存、施工过程以及对所形成漆膜的性能有着不可替代的作用,常见的有流平剂、增稠剂、表面活性剂、分散剂等,而不可逆示温涂料助剂一般选择分散剂,其用量占总体用量的1%~2%。

## 2.3 配方设计

不可逆示温涂料的主要功能是完成试验件表面温度测量,但从化工涂料行业的角度来看,不可逆示温涂料属于特种功能性涂料,因此不可逆示温涂料的配方设计也遵循一般涂料的基本配方设计原则。

涂料是一种精细化工涂料产品,具有保护作用、装饰效果或特殊的功能,它是流动或液体状态,并且可以均匀地涂覆到物体的表面,通过指定的涂覆方法,可以牢固地附着在物体表面[38-39]。

配方设计过程中需要考虑涂料应用的物体的材料属性、使用环境、涂层的性能、涂覆的方法、储存的要求等。对于功能性涂料,基料发挥着与试验件基体附着的作用,而颜(染)料、填料则提供涂层特殊的物理性能。

因此,在涂料的配方设计阶段,有以下几个主要的基本原则需要特别注意或重点考虑[40]:

(1) 需要明确所制备出的涂料产品要达到怎样的功能效果、使用环境等,明确配方的性能需求。

(2) 涂料本身需要借助于物体,涂覆到物体上才能最终发挥其作用。涂覆的方法种类很多,包括涂刷、滚涂、喷涂等。要明确涂料将来的涂覆方式,这会对涂料的细度、黏度等指标给出具体的要求。

(3) 在性能要求方面,对各项要求应有一个重要程度的排序,明确哪些性能指标是要重点保证的,哪些性能指标是可以适当放宽的。因为有的技术指标会出现相互矛盾的情况,这时就需要重点考虑核心技术指标,这对涂料的选材及参数配比需要做出具体的要求。

(4) 了解涂料的结构和性能原理,将会有针对性、目的性更强的创新、改进或优化涂料的配方。

(5) 应注重涂料结构的表征手段的综合运用。在设计出新配方后,用已知的实际性能较好的涂料进行对比试验,比较新配方的改进性能,为后续的配方设计及优化积累经验,明确改进方向,减少无谓的重复性劳动,缩短配方研制及定型的周期。

(6) 了解涂料所用原材料的性能,以便在生产及试验过程中对技术人员进行有效的防护。

(7) 配方参数设计时,可根据配方的功能需求考虑配方的颜(染)料体积浓度值的设计和选取。

### 2.3.1 配方设计的基本原则

对于不可逆示温涂料配方,其设计的基本原则是:首先,要明确不可逆示温涂料的用途、使用条件、温度范围等要求;然后,选择合适的颜(染)料、填料、基料、溶剂及助剂等原材料。在选材中,各组分的用量对不可逆示温涂料的变色性能影响很大,一种组分选择不当可能就会导致配方失败。因此,在选择配方的总体组分时,除了要考虑各组分的作用外,还要考虑各种成分混合后相互之间对颜色的影响。在配方设计时,对影响不可逆示温涂料性能的关键因素应重点考虑[41]。

### 2.3.2 配方设计的方法与流程

原材料初步选定后,预先设计一个配方比例,然后根据设计的比例制备样品并检验其测温性能,当测温性能达到要求后再进行不可逆示温涂料的综合性能检测等试验项目。当各项技术指标均满足要求时,则可以确定该不可逆示温涂料的配方[42]。配方设计流程如图 2-2 所示。

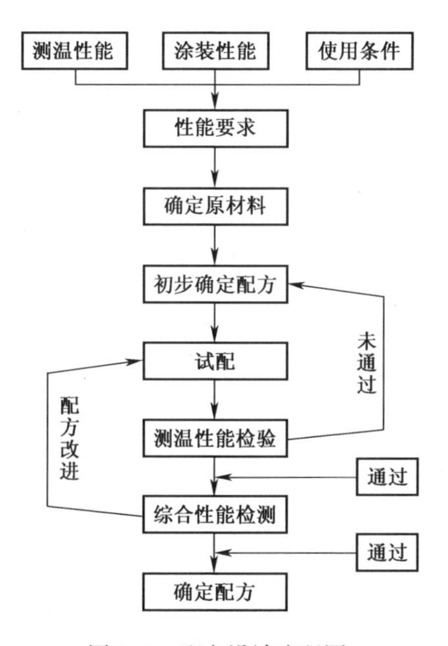


图 2-2 配方设计流程图

### 2.3.3 配方设计的影响因素[43]

**1. 颜料体积浓度**

颜料体积浓度是指不可逆示温涂料中颜料的体积与涂膜总体积之比，它是判断不可逆示温涂料配方工艺好坏的一个重要参数。在涂膜中，成膜物质（基料）填满颜料颗粒之间的空隙后，多余的基料体积占多少是判断涂膜性能的重要依据。一般将颜料在干涂膜中所占的体积浓度称为颜料体积浓度，用 PVC 表示。

$$\mathrm{PVC} = \frac{V_p}{V_p + V_b}$$

式中：PVC 为颜料体积浓度；$V_p$ 为颜料的体积；$V_b$ 为基料的体积。

**2. 颜基比**

同其他涂料一样，在不可逆示温涂料配方设计中，显色最重要的因素之一就是颜料与基料之间的比例关系。为了更加简便、直观，一般用颜料与基料的质量比表示。因此，可通过改变配方中颜料与基料的质量比（简称颜基比），即颜基比 $= \frac{\text{颜料质量}}{\text{基料质量}}$，来研究 PVC 对不可逆示温涂料显色的影响。

从大量的配方研制及应用验证来看，加温后变色明显、等温线清晰的配方，其颜基比（不含染料）多数在 1.2~2.5 之间。

## 2.4 性能指标

### 2.4.1 温度测量范围

不可逆示温涂料的温度测量范围是指已研制出的不可逆示温涂料产品能够测量到的金属表面的最低温度与最高温度之间的范围。国外公开报道的不可逆示温涂料的 T 形标准样片标定的等温线温度范围，如美国热漆温度技术公司（Thermal Paint Temperature Technology, Inc.），即 TPTT 公司，其单变色不可逆示温涂料共计 13 个品种，温度覆盖范围 48~630℃，多变色不可逆示温涂料 15 个品种，温度覆盖范围 104~1250℃。国内中国航发四川燃气涡轮研究院研制的不可逆示温涂料的 T 形标定试片等温线温度范围，单变色共计 10 个品种，温度覆盖范围 225~1260℃，多变色共计 18 个品种，温度覆盖范围 90~1165℃。

### 2.4.2 温度测量误差

不可逆示温涂料的测量误差是指等温线的温度测量误差。美国 TPTT 公司、英国罗・罗公司给出的不可逆示温涂料的温度测量误差为±10℃,俄罗斯中央航空发动机研究院给出的不可逆示温涂料的温度测量误差为±7℃。

# 第3章 不可逆示温涂料的制造、涂覆工艺和涂膜性能测量

## 3.1 制造

在不可逆示温涂料配方生产过程中，很关键的一步是颜料、填料的分散，即将聚集成团的颜料、填料分散成微细粒子，用基料置换聚集体中的空气，通过机械力破碎可将聚集体重新分散。这个过程称为研磨，也是颜料、填料的分散过程。用基料置换颜料、填料表面的水分、空气的过程称为颜料、填料的湿润过程。研磨不能使粒子全部破碎到初级粒子，只能研磨到所期望的细度[44]。

### 3.1.1 制造设备

不可逆示温涂料的磨细采用机械球磨法完成。机械球磨法的工作原理是将原材料放在球磨罐内，利用球磨机反复的机械工作使磨球对原材料进行撞击、研磨和搅拌，让颜料、填料等原材料承受冲击、剪切、摩擦和挤压等，经过一定程度的球磨，将其研磨到要求的细度[45]。

用机械球磨法制备不可逆示温涂料所用的球磨机大多为行星式球磨机。这类球磨机的主要技术特点是通过更为复杂的运动方式来获得更高的能量。在相同的工艺参数调节下，可以同时制备几种不可逆示温涂料，其工作方式是在整体的旋转盘上安装几个随整体旋转盘公转的同时又高速自传的球磨罐。在复杂的运动方式下，球磨罐内的磨球在惯性力的作用下，能够对原材料形成较大的高频冲击和摩擦，提高研磨效率，缩短工作时间。

利用球磨法制备出的不可逆示温涂料的质量主要受球磨罐和磨球的材料、转速的大小、球料比和装球容积比、球磨的时间长短等因素的影响。

**1. 球磨罐材料**

球磨罐的材料对球磨结果有重要的影响。在球磨过程中，由于磨球对球磨罐内壁的撞击和摩擦作用影响，会使球磨罐内壁的部分材料发生脱落而进入球

磨物料中。这会影响涂料的成分发生改变，影响涂料的研磨质量。常用的球磨罐的材料主要有不锈钢、硬质合金和玛瑙等。

**2. 磨球材料**

球磨时的磨球材料一般采用与罐体材料一致的磨球，磨球的尺寸大小、数量对最终的球磨结果也有直接的影响。磨球材料只有具有一定的密度和恰当大小的尺寸，才能对颜料和填料进行充分的研磨。

**3. 球料比和装球容积比**

在球磨过程中，球料比是指磨球与球磨物料量之比，球料比影响着物料粒子的碰撞次数，它决定了在碰撞过程中捕获的粉末数量和单位时间内的有效碰撞的数量。在相同的工作条件下，随着球料比的增加，球磨产生的能量会变高，物料的颗粒尺寸变小，但球料比过大，生产效率会降低。当球料比一定，磨球大小确定时，磨球的运动平均自由行程取决于装球容积比，装球容积比 $=\frac{\text{磨球总体积}}{\text{球罐体积}}$。增大装球容积比，磨球能够运动的距离相应降低，这也会让碰撞时捕获的粉末量减小。

**4. 球磨转速**

球磨机的转动速度越快，磨球的速度越高，原材料就会得到更多的碰撞，但这并不意味着转动速度越快越好。球磨机的转动速度增加时，磨球的速度将增加，但当它达到临界值时，由于离心力将大于重力，磨球将附着在罐体内壁，原材料和磨球将处于相对静止状态，磨球停止工作，对磨料不产生任何冲击作用，不利于磨料的磨细，这对于不可逆示温涂料研磨是不利的。

**5. 球磨时间**

原材料的细度将受球磨时间的直接影响。因此，在一定的球磨时间下，原材料的细度伴随着球磨的进程会逐渐降低并形成一个相对较为稳定的状态。在球磨的刚开始阶段，随着时间的增加，磨料的细度下降较为明显，但球磨至一定的时间后，即使增加球磨的时间，磨料的细度下降也不会太明显。

### 3.1.2 制造方法

**1. 制备工艺**

不可逆示温涂料的制备可以按照常规涂料的制备工艺进行，即按配方将变色颜料、基料及填料和溶剂混合，经研磨机研磨，使浆料达到规定细度（细度控制在20μm以下），最后用溶剂调稀制成成品。所需设备为高速摆振球磨机或行星式球磨机、高精度电子天平、刮刀、玻璃棒、量杯等。制备工艺流程如图3-1所示。

在不可逆示温涂料的制备过程中，需根据不同的配方原材料选择研磨罐的

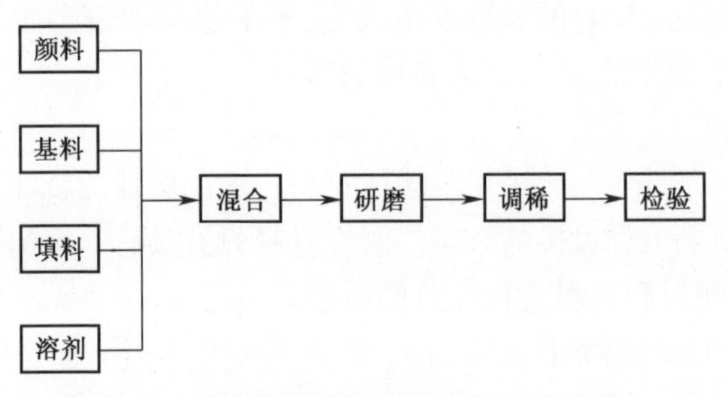


图 3-1　不可逆示温涂料的制备工艺流程图

材质、磨球的数量，并通过控制研磨的时间来控制不可逆示温涂料研磨的细度与质量。目前，常用的研磨罐有不锈钢罐、玛瑙罐、硬质合金罐及氧化锆罐 4 种。50～80mL 的研磨罐在配方研制时用，250～500mL 的研磨罐在定型配方配置时用。研磨罐的选取依据原材料的种类、硬度、细度及混合比例而定。磨球规格众多，一般使用 $\phi6$、$\phi8$ 和 $\phi10$ 三种规格磨球各 20 颗即可满足细度要求。

**2. 基料添加**

不可逆示温涂料配方在确定了颜料和填料后，将二者进行混合，再添加基料。添加基料时，要少量多次地添加，并用刮刀或玻璃棒搅拌。初次添加基料时，颜料与填料仍然保持松散状态，随着基料的不断加入及搅拌，基料将颜料、填料完全吸附成团，如图 3-2 所示。此时没有松散的颜料和填料，基料在干膜中刚刚足以供给吸附和填满空隙，这时的 PVC 就是涂膜性质和性能的转折点，这个转折点就是临界颜料体积浓度，即 CPVC。这时基料的用量，即基料所占的比例最佳，显色效果最好，如图 3-3 所示。若未成团，仍有松散的颜料和填料，研磨后可见粉料漂浮在溶剂表面，喷涂后易出现粉化脱落；若成团后继续添加基料，则体系变稀，变色温度降低，显色效果稍逊，如图 3-4 所示。

图 3-2　搅拌成团

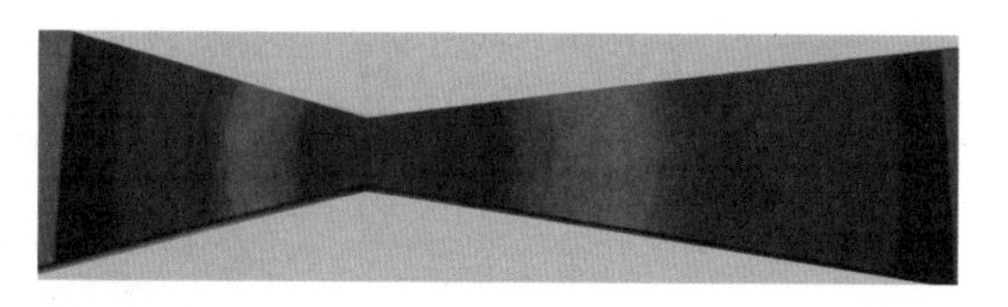

图 3-3　TSP-04 基料合适

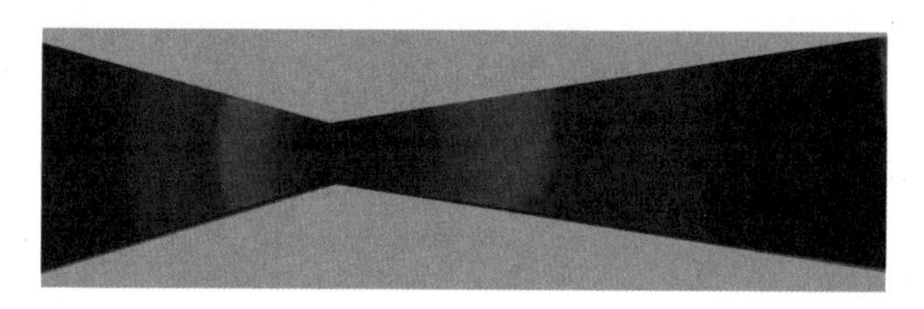

图 3-4　TSP-04 基料过量

**3. 配料**

在配料过程中,一般选择将配料放在称量纸上用电子天平称量。具体方法是,将称量纸放在电子秤上,将电子秤清零后,用小勺将配料放在称量纸上称量,每称量一种换一张称量纸,然后将称量好的配料放入研磨罐中。其优点是配比不会出错,缺点是有些颜料密度小、颗粒细,称量纸上会附着配料。为此,最佳的方法是将研磨罐放在电子天平上,依次称量配料,每称量一种配料电子天平秤清零一次,直至称量完毕。添加基料前,先用刮刀或玻璃棒将配料搅拌均匀,再添加基料称量,搅拌成团后,加入适量用量杯计量过的溶剂。

**4. 研磨**

添加溶剂后,用玻璃棒搅拌,使漆浆充分混合分散,直至均匀,然后放入研磨球。在初始配方研制试验时,配方用量小,一般用 50~80mL 的研磨罐在 QM-3A 高速摆振球磨机上研磨,时间为 0.5h。QM-3A 高速摆振球磨机如图 3-5 所示。定型配方用 250~500mL 的研磨罐在 QM-3SP2 行星式球磨机上研磨 1h,细度就可以达到 20μm 以下。QM-3SP2 行星式球磨机如图 3-6 所示。高速摆振球磨机最大装料量为罐容积的 1/3(包括磨球),行星式球磨机最大装料量为罐容积的 3/4(包括磨球)。QM 系列行星式球磨机是在一大转盘上有 4 只球磨罐,配方研磨时可同时装 4 个球磨罐,亦可对称安装 2 个,不允许只装 1 个或 3 个。研磨完成后,拆卸研磨罐时需注意,由于研磨时磨球与磨球之间、研磨罐与磨球之间的相互撞击,研磨罐内温度和压力都很高,必须冷却后再拆卸,以免磨料在高压下喷出,污染球磨机或危害操作人员安全。

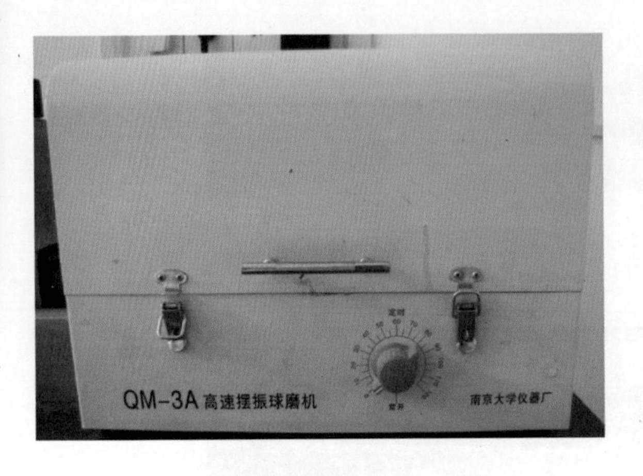


图 3-5　QM-3A 高速摆振球磨机

图 3-6　QM-3SP2 行星式球磨机

QM-3A 高速摆振球磨机是实验室样品(少量、微量)制备的一种高效能的小型仪器,能用干、湿两种方法对磨料进行研磨,是研制不可逆示温涂料必备的仪器,其主要技术参数如下:

(1) 每罐最大装料量为球磨罐容积的 1/3;

(2) 进料粒度<1mm;

(3) 出料粒度最小可至 0.1μm。

QM-3SP2 行星式球磨机的技术参数如下:

(1) 每罐最大装料量为球磨罐容积的 3/4;

(2) 进料粒度≤3mm;

(3) 出料粒度最小可至 0.1μm。

由此可以看出,两种球磨机完全能够满足使用要求。

研磨分散时,一般不采用干磨方式,因为研磨发热使颜料和填料黏附在研磨罐和研磨球上,反而达不到研磨要求。同时,颜料和填料在研磨罐混合后,也不能先加入溶剂再加入基料进行研磨,或者将颜料和填料放入溶剂后再加基料研磨。因为采用此种方法研磨后发现,磨料表面有漂浮物,喷涂后有粉化现象,附着力差。最佳的研磨方式首先将颜料、填料和基料混合后搅拌成团,其次再添加适当的溶剂,用叶轮搅拌机或玻璃棒充分搅拌后研磨,效果最好。因此,在不可逆示温涂料制备过程中均采用第三种研磨方法。需要注意的是,用叶轮搅拌机搅拌时,需控制好搅拌速度及罐体内不可逆示温涂料的体积,以避免不可逆示温涂料逸出。

## 3.2 涂覆工艺

不可逆示温涂料主要用于航空发动机高温部件的表面温度测量,这就要求它具有优良的耐高速气流冲刷和耐高温的涂层质量。而不可逆示温涂料在金属表面喷涂质量的好坏,不但影响不可逆示温涂料的耐高速气流冲刷和耐高温等,还影响不可逆示温涂料的附着力和试验结果。涂覆是不可逆示温涂料测温的基础,因此,要研究不可逆示温涂料在金属表面的涂覆工艺,主要包含以下几方面:不可逆示温涂料涂层的附着机理、基体表面处理技术、测温涂层的涂装、测温涂层的干燥以及各类试验件喷涂方法等[46]。

### 3.2.1 测温涂层的附着机理

测温涂层之所以能够附着在物体表面,是由混合后的颜料、填料、基料、溶剂及助剂经研磨后使颜料、填料及基料充分分散、相互渗透、聚合交联,形成紧密的、有黏度的涂料。在溶剂的稀释作用下,把测温涂料涂覆在物体表面,溶剂挥发后残留涂料靠基料的黏附性成膜,这就是测温涂层的附着机理[47]。

涂料的附着力实质上是一种界面作用力,是指涂层与基体表面之间通过物理或化学作用相互黏结的能力。附着力是一种较为复杂的表象,它涉及界面的物理效应和化学反应。涂层的附着机理主要是由于涂料和基体的静电吸引作用、机械连接作用或化学结合作用,通过涂料流动、扩散而形成的[48]。

当不可逆示温涂料涂覆于试验件基体表面时,涂料在固化时通过流动渗透并产生物理附着。附着的牢靠强度取决于涂料与基体的接触表面积大小及相互缠绕的程度。其中,基体表面的粗糙度会直接影响涂料和基体的接触表面面积。因为让涂层脱落所需的力与几何面积直接相关,而使涂层附着于基体上的力与实际的表面接触面积成正比,随着表面积的增大,涂层的附着力也会增加。

试验件基体表面的粗糙度和洁净程度对涂层的附着力有很大的影响。基体表面的粗糙度将影响涂料与基体的有效附着面积,只有当涂料能够完全与粗糙的基体表面接触时,提高其表面的粗糙度才是有效的。若涂料无法完全渗入基体的表面,涂料与表面的接触将会出现比相应的几何面积还小的情况,并且在涂料和基体间存在着一定空隙,最后使得附着力降低。

同时,试验件基体表面黏附的油污、灰尘、锈蚀等物质会使得基体表面的面积有所减小,进而会使得涂层的附着力降低。基体表面粗糙化处理的过程不仅增加了基体与涂层的实际接触面积,而且还提高了基体对涂料的润湿性,同时表面的活性得以增大,从而也能够提高涂层的附着力[49]。

### 3.2.2 基体表面处理技术

即使是新的基体表面,也可能会有砂粒、油污、矿物质、氧化膜、粉尘、铁锈等杂质,喷涂前如果试验件表面的杂质清除不彻底,将对涂层质量有极大的影响,最主要是影响涂膜与被涂物表面的附着力。据专家验证,各种因素对涂层质量的影响是:表面处理占49.5%,其他因素占26.5%,其余的是涂料本身的性能和质量。由此可见,喷涂前表面处理非常重要[50]。

**1. 表面处理的目的与要求**

表面处理的目的就是要除净砂粒、油污、矿物质、氧化膜、粉尘、铁锈等杂质,使表面具有一定的粗糙度,以提高涂膜的附着力。由于不可逆示温涂料属于特种功能性涂料,涂层的工作环境为高温、高速燃气气流,因此在不可逆示温涂料涂覆前底材表面处理中可以参考GB/T 18839.1—2011《涂覆涂料前钢材表面处理　表面清洁度目视评定　第1部分:未涂覆过的钢材表面和全部清除原有涂层后的钢材表面的锈蚀等级和处理等级》(该标准参照国外标准ISO 8501.1—2007而制定)中提到的表面处理方法[51]。

**2. 表面喷砂处理**

表面喷砂处理的主要目的是使工件的表面获得一定的清洁度和粗糙度,增大试验件的微观表面积,从而增加了它和涂层之间的附着力,延长涂膜的耐久性,同时也有利于涂料的流平性。

喷砂过程的基本原理是以高速度向待清理表面喷射高浓度的小磨料粒子,去除锈斑、氧化皮以及其他表面污物,并获得粗糙度合适的表面。喷砂主要分为干喷砂和湿喷砂,湿喷砂所用磨料与干喷砂相同,只是将磨料与水混合成砂浆,磨料一般占20%~35%。一般来说,湿喷砂由于将磨料与水混合,在喷砂过程中不会产生大量的粉尘,改善了喷砂操作的工作环境。采用湿喷砂获得的表面粗糙度及处理质量与干喷砂相当,只是湿喷砂的工艺过程一般较干喷砂更为复杂。干喷砂与湿喷砂均是在室温状态下进行的。

按喷砂原理的不同,可分为离心式喷砂、吸入式喷砂和真空式喷砂,其中吸入式喷砂较为常用。一个完整的吸入式干喷砂机一般由6个系统组成,即结构系统、介质动力系统、管路系统、除尘系统、控制系统和辅助系统。吸入式干喷砂机是以压缩空气为动力,通过气流的高速运动在喷枪内形成的负压,将磨料通过输砂管吸入喷枪并经喷嘴射出,喷射到被加工表面,使试验件外表面发生变化。由于磨料对试验件表面的冲击和切削作用,使试验件的表面获得一定的清洁度和粗糙度。在吸入式干喷砂机中,压缩空气既是供料动力,又是加速动力。

喷砂前需采用专用胶带对非喷砂部位遮蔽保护，防止在喷砂过程中对本应保护部位造成损伤。同时，为了避免试验件在喷砂过程中被“污染”，不同金属基试验件需要采用各自专用的喷砂设备，避免同一喷砂机对不同的金属基试验件进行处理。例如，钛合金试验件表面喷砂的处理不能采用其他金属试验件的喷砂机，应采用钛合金试验件专用的喷砂设备。

喷砂所采用的磨料一般需考虑硬度、形状、尺寸等几方面。对于金属基底材料，磨料常选用颗粒坚硬、有棱角、干燥（含水量<2%）、无其他杂质的石英砂或金刚砂。根据不可逆示温涂料涂覆前的底材在喷砂处理后表面所需达到的粗糙度，选择的石英砂或金刚砂颗粒度为40~180目之间。

喷砂处理时应注意压力、喷射距离、喷射角和移动速度，避免试验件材料局部过量损耗和变形。操作时，压缩空气一般在0.4~0.6MPa，喷距在0.2m以内，喷射角度为45°~80°，并且压缩空气必须清洁、干燥，不得含有油和水分。

经过喷砂后的金属表面，必须全部露出金属光泽，不能有疏松的、浮散的锈蚀物与氧化皮膜，更不允许有油污和斑点，试验件表面粗糙度应达到GB/T 13288—1991《涂装前钢材表面粗糙度等级的评定（比较样块法）》中的规定“细”等级，即能满足涂覆涂料前试验件表面的粗糙度要求。

**3. 表面清洁处理**

经过喷砂处理后的试验件应用高压空气或毛刷等去除尘屑，在涂覆不可逆示温涂料前再用汽油、丙酮或无水乙醇等有机溶剂对底材表面进行清洁处理，在进行不可逆示温涂料涂覆前10min左右，再一次用汽油、丙酮或无水乙醇等有机溶剂对试验件进行清洁处理。其目的在于保证试验件表面的清洁度与润湿性，提高涂层的附着力。

### 3.2.3 测温涂层的喷涂

一般情况下，在喷砂工序完成后需尽快进行测温涂层的涂装，即喷涂制作不可逆示温涂料涂层，其间隔时间越短越好。在潮湿或工业大气压等环境条件下，需在2h内喷涂完毕。

配制好的不可逆示温涂料均放在密封的玻璃瓶中储存，由于颜料、填料的密度比溶剂的密度大，长时间放置，颜料、填料会沉淀，因此使用前要将不可逆示温涂料充分搅拌，使颜料、填料、基料、稀释剂和添加剂充分混合均匀，然后才能喷涂。若搅拌不均匀，喷涂时易造成喷嘴堵塞或喷涂后涂膜表面有颗粒状形态，使表面粗糙，形成针孔等缺陷。搅拌方式主要有3种：①将存放不可逆示温涂料的瓶盖打开，用铜棒或玻璃棒搅拌；②用人力或机械摇动搅拌；③将不可逆示温涂料放在转动滚轮上搅拌。打开瓶盖搅拌，涂料中的溶剂易挥发，需不断添加，费力费时还不易搅拌均匀;用人力摇动搅拌,也费时费力;用机械摇动和转动滚轮搅拌,涂料混合均匀,喷涂效果最好。摇动或转动搅拌时,时间为1h,就可以使基料、颜料、填料、稀释剂和添加剂充分混合均匀。长时间搅拌,涂料颗粒会太细,涂料中的颜料会失去散射光的能力,试验后显色性能变差,判读困难。为此,罗·罗公司也规定不可逆示温涂料喷涂前的搅拌时间为1h,不能长时间搅拌。

设计的不可逆示温涂料专用转动搅拌器的结构示意图如图3-7所示,实物图如图3-8所示。

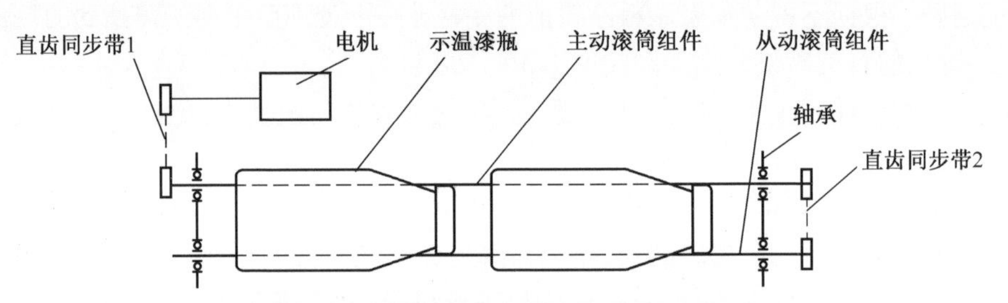


图3-7 不可逆示温涂料专用转动搅拌器结构示意图

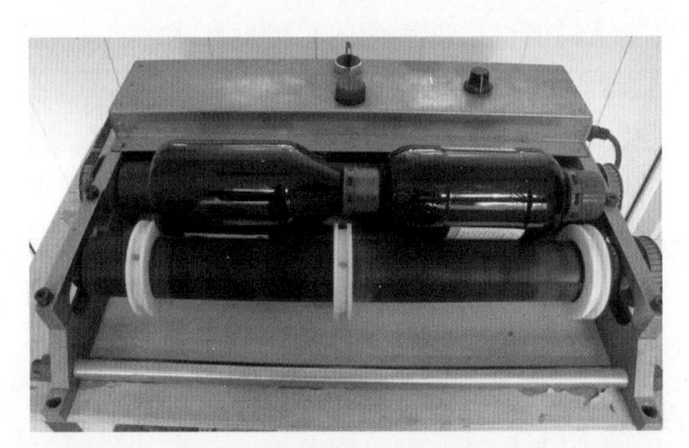

图3-8 不可逆示温涂料专用转动搅拌器实物图

转动搅拌器的工作原理是通过直齿同步带1把电机输出的运动传递给套有橡胶圈的主动滚筒组件,主动滚筒组件再通过直齿同步带2把回转运动传递给套有橡胶圈的从动滚筒组件,使主、从动滚筒组件相隔一定间距,绕各自轴线做连续回转运动。受放置在两滚筒橡胶圈上的装有不可逆示温涂料的玻璃瓶壁与橡胶圈之间的摩擦力作用,最终把运动传递给玻璃瓶,使之做同步反向回转运动,经过1h,瓶中的不可逆示温涂料就可以混合均匀。当玻璃瓶中的涂料比较少时,只需用手将玻璃瓶上下摇动几下,然后再放在搅拌器上搅拌1h,就可搅拌均匀。

**1. 涂装要求**

经过喷砂后的金属表面,需满足表面喷砂处理和表面清洁处理的要求,并经过彻底干燥,才符合涂装要求。一般情况下,在一次试验中会采用多种不可逆示温涂料。喷涂前,应将不可逆示温涂料在搅拌器上滚动搅拌 1h,对涂料进行均匀分散。同时,还需将试验件上不需要喷涂的表面区域进行遮挡。

由于不可逆示温涂料中有机溶剂和部分颜料、填料对人体是有害的,如二甲苯、丙酮、乙酸乙酯、乙醇等,因此操作人员在喷涂时,必须做好防护措施,戴好手套、防护口罩,并穿上工作服等,防止溶剂的吸入,不让溶剂触及皮肤。同时,将外露皮肤擦上医用凡士林。应特别注意的是:溶剂的沸点低、挥发快,在喷涂过程中将涂料雾化,易吸入气管;对于人体不但可以通过肺部吸入,而且还可能通过皮肤和胃的吸收而产生危害;人体表面长期与涂料接触,能溶去皮肤中的脂肪,造成皮肤干燥、开裂、发红,并引起皮肤病。

清洗喷枪及工具时,尽量不使皮肤接触溶剂,清洗完成后,再用温水洗净手、脸。

**2. 涂装设备**

涂装设备主要有空压机或氮气瓶、喷枪。喷涂质量的好坏除了取决于喷涂人员的技术外,还取决于喷枪的选择。为保护喷涂操作人员少受涂料的伤害,选择的喷枪是重力式 K-3 小型喷枪,如图 3-9 所示。喷嘴口径为 0.3mm,由于喷嘴口径小,使用的空气量小,相应的涂料喷出量也小,可有效地减少涂料对操作人员的危害。在空间尺寸受限的情况下,可采用 XFC 小型自动化喷枪(喷笔)。

压缩空气应清洁而干燥,不得含有油和水分,压力应调整在 0.3~0.5MPa,一般采用小型空压机或氮气瓶供气。

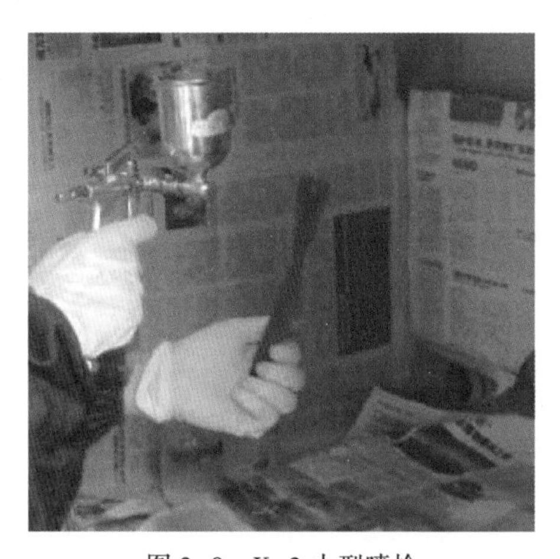

图 3-9　K-3 小型喷枪

**3. 喷涂方法**

掌握好喷涂技术是不可逆示温涂料测试成功的关键。一般情况下,要求喷出的涂料雾化良好、均匀，喷涂距离应控制在 10~15cm，喷枪的移动速度应控制在 30cm/s 左右。

喷涂时，将被喷涂试验件依次整齐地摆放在清洁无尘的工作台上，摆放时应利于喷涂、操作方便。内、外表面都需要喷涂时，要遵循先里后外的喷涂顺序。对于不需要喷涂的表面、孔径等，要在喷涂前进行保护。横向喷涂时，宜从左到右，从下向上喷涂。纵向喷涂时，要从操作者近身一边起从下向上“走枪”，依次向前，始终让雾化涂料向前飞去，喷出的雾化涂料流要垂直于被涂件表面形成直线。对内、外表面均需要喷涂的试验件，必须遵守喷涂的先后顺序，起枪和停枪的位置应在试验件之外 50mm 左右。对形状复杂的表面进行喷涂，要先喷涂边线、棱角、复杂的外形表面，后喷涂单面，最后喷涂平面，喷涂时要防止一个面未喷完而枪罐内已无涂料。

喷涂分二次完成，即第一层使试验件湿润，在还未完全干的情况下再覆盖一层，可保证涂层所需的厚度。

在不可逆示温涂料测试试验中，试验件表面温度跨度可能较大，这种情况会采用多种不可逆示温涂料。因此，喷涂时先喷涂变色温度较高的不可逆示温涂料，在所需烘干温度下烘干，冷却至室温后，再喷涂变色温度较低的不可逆示温涂料，再在所需烘干温度下烘干。

**4. 各类试验件的喷涂**

喷涂不可逆示温涂料时，应根据试验件的大小和形状选择不同的涂装喷涂方法。

1）叶片喷涂

发动机叶片分为工作叶片和导向叶片，又可分为压气机叶片和涡轮叶片。发动机叶片有的能拆卸，有的不能拆卸，对于能拆卸的发动机叶片，应拆卸后再喷涂。一般情况下，一个叶片最好只喷涂一种不可逆示温涂料。喷涂前，应将不能喷涂的部位进行保护。较小的叶片，可以用手拿住叶片的榫槽部位进行喷涂。喷涂叶盆时，依次从叶尖的前缘向尾缘、从上向下、从左至右喷涂，直至叶片榫槽；喷涂叶背时，依次从叶尖的前缘向尾缘、从上向下、从左至右喷涂，直至叶片榫槽。喷涂时，每次起枪和收枪都必须在叶片之外，以防止喷涂的涂层过厚。也可将需喷涂的叶片摆成一排，从第一个叶片叶尖的前缘外部起枪，到最后一个叶片的尾缘外收枪，其余的喷涂方法同上。

对于叶片表面有冷却气膜孔，且孔径大于等于 0.15mm 的，一般可直接喷涂。孔径小于 0.15mm 的，为了防止堵塞气膜孔，应对气膜孔进行保护后喷涂。TSP-M15 和 TSP-M10 两种不可逆示温涂料在叶片表面喷涂后的实物照片如图 3-10所示。

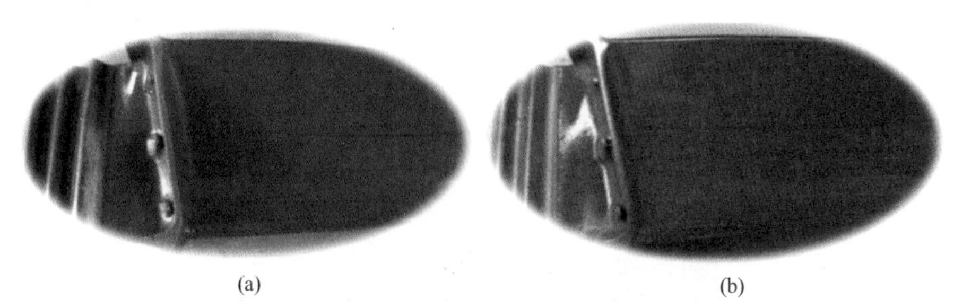

(a) (b)

图 3-10 两种不可逆示温涂料在叶片表面喷涂后的实物照片
(a) TSP-M15；(b) TSP-M10。

对于整体叶盘，由于叶片不能拆卸，可根据叶片数量及测量温度范围，选择4~6个叶片为一组，每组用1~2个叶片隔开，将暂不喷涂的部位进行保护，一组一组地喷涂，直至最后一组，然后翻面喷涂，如图3-11所示。

图 3-11 整体叶盘喷涂后的实物照片

2) 涡轮盘喷涂

对于压气机盘和涡轮盘，根据轮盘的温度范围，选择多个扇面或条形面，将暂不喷涂的部位进行保护，从轮盘的中心沿径向从内圈向外圈喷涂，如图3-11所示轮盘。

3) 火焰筒等部件的喷涂

火焰筒、涡轮机匣、燃烧机匣、锥形筒组合、燃烧室后外套机匣等应顺着气流流向沿轴向喷涂。火焰筒喷涂后的测试实物照片如图3-12所示。

**5. 喷涂的关键技术**

我们知道，当不相似的两种材料达到"紧密"接触时，在空气中的两个自由表面消失，形成新的界面。界面相互作用的性质决定了涂料和底材之间成键合

图 3-12　火焰筒喷涂后的测试实物照片

的强度,这种相互作用的程度基本由一相被另一相的润湿性决定。使用液体涂料时,液相的流动性也有很大帮助,因此润湿可看作涂料和底材的密切接触。为了保持涂料与底材的附着力,除了保证初步的润湿外,在涂膜形成完全固化后仍保持键合情况不变是很重要的。所以,喷涂的关键是使不可逆示温涂料与试验件形成密切的润湿接触,步骤是:调整好喷枪的雾化压力及出料,使喷涂出的涂料在试验件表面形成润湿且有光泽的膜面(图 3-13),并且不出现流挂,这是提高不可逆示温涂料附着力最关键的技术步骤。在往试验件表面喷涂不可逆示温涂料前,先在用于观测的非试验件的表面进行喷涂,看喷涂后非试验件表面的不可逆示温涂料是否润湿和有光泽,若非试验件表面的不可逆示温涂料不显润湿和无光泽,则需继续调整雾化压力或出料,直至非试验件表面显现润湿且有光泽,再往试验件表面喷涂不可逆示温涂料。

### 3.2.4　测温涂层的干燥

不可逆示温涂料干燥技术关系着喷涂质量的优劣或喷涂的成败,只有在涂层完全干燥后,才能真正发挥涂料的测温作用。若涂层未能完全干燥,将产生附着不牢靠的情况。干燥分为烘烤干燥和自然干燥。在条件允许的情况下,应选

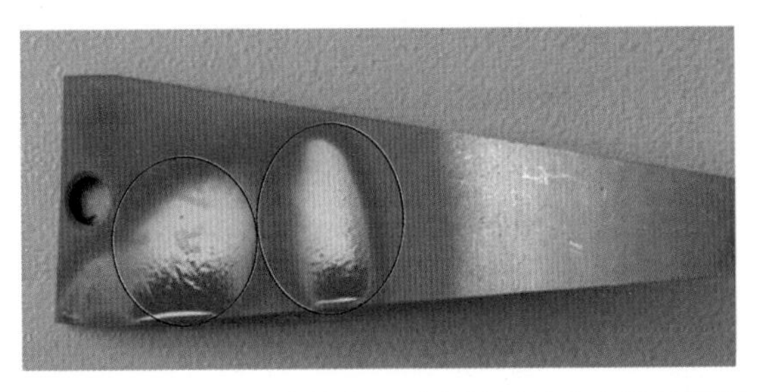

图 3-13 涂料在试验件表面形成湿润且有光泽的膜面

择烘烤干燥，因为不可逆示温涂料所用的基料一般为虫胶树脂、环氧树脂或有机硅树脂。烘烤干燥，使有机溶剂从湿膜中快速挥发逸散到周围的大气环境中，留出的空隙被湿膜中的高聚物树脂黏合的颜料均匀填充。随着溶剂的挥发，高聚物大分子会相互靠拢，直至形成结构均匀且整体性好的干膜。这样形成的涂层在硬度、附着力、耐气流冲刷等方面具有优良的性质。因此，不可逆示温涂料的干燥方法最好选择在空气循环干燥箱中烘烤，烘烤温度不能超过不可逆示温涂料的变色温度。不同的不可逆示温涂料在所需的烘干温度下保温 1h 效果最好，1h 后，将电源断开。若要继续烘烤其他试验件，可打开烘箱门，使室温空气进入烘箱，加快冷却速度。对既要涂高温不可逆示温涂料又要涂低温不可逆示温涂料的试验件，应先涂高温不可逆示温涂料加高温烘烤，冷却后，再涂低温不可逆示温涂料加低温烘烤。自然干燥与温度、湿度和空气扩散速度有关，干燥速度及成膜质量不稳定，在室温为 20℃±5℃、湿度为 40%~80%的条件下，表面干燥需 4h 以上，实际干燥需 12h 以上，完全干燥需 24h 以上。表面干燥的特征是用手指轻触涂膜，涂膜不附在手指上；实际干燥的特征是用手指轻按涂膜，在涂膜上不留指痕；完全干燥的特征是用手指强压涂膜不留指纹，用手指快速划过涂膜，不留划痕。加热烘烤干燥的不可逆示温涂料在高温条件下的附着力明显高于自然干燥条件下的附着力。烘烤温度根据基料的烘干温度及时间决定。常用的有机硅树脂固化条件为：100%有机硅树脂，260℃/30min；50%~80%有机硅树脂，220℃/15min；有机硅树脂改性其他树脂，<180℃/30min。

### 3.2.5 防护漆的喷涂

为保护喷涂不可逆示温涂料后的试验件表面不被污染，对在燃气中使用的试验件，特别是涡轮工作叶片，应喷涂保护漆。因为航空发动机工作时，特别是点火启动瞬间，燃气中的油污、烟雾和有害颗粒较多，保护漆在 200℃左右挥发，可阻隔带走部分油污、烟雾和有害颗粒。

对于需要涂保护漆的试验件，要待试验件完全冷却干透后才能喷涂保护漆。

喷涂保护漆的方法同喷涂不可逆示温涂料的方法一致,喷涂一层即可。喷涂了保护漆的试验件可在干燥的环境中放置一年。

## 3.3 涂料及涂膜性能检测

测温涂料及涂膜性能主要包括涂料的黏度、涂料的细度、涂层的厚度、涂层的附着力以及涂层的环境适应性能(包括涂层的抗气流冲刷性能和涂层的耐温度冲击性能)。

### 3.3.1 黏度的测量

黏度即涂料稀稠的程度,黏度测量是在不可逆示温涂料的配制过程中完成的。黏度是液体和胶体体系的主要物理化学特性,就同一体系来说,黏度的大小也表明了其分子量的大小。黏度对涂膜的性能有直接影响,合适的黏度有利于不可逆示温涂料施工,是衡量不可逆示温涂料的喷涂性、易干性、丰满性、流平性和防流挂性的重要物理参数。溶剂型涂料的黏度并不能按其中的成膜物、溶剂、助剂等各组分的黏度线性叠加计算得出,而是由配方设计得到的实际产品的实测数据最终确定。

众所周知,黏度是液体流动中受到的阻力大小的量度。低分子液体流动时,流速越大,受到的阻力也越大,剪切应力 $\sigma$ 与剪切速率 $\mathrm{d}\gamma/\mathrm{d}t$ 成正比,有

$$\sigma = \eta \frac{\mathrm{d}\gamma}{\mathrm{d}t} \tag{3-1}$$

式(3-1)为牛顿流体公式,比例常数 $\eta$ 即为黏度,是液体流动速度梯度(剪切速率)为 $1\mathrm{s}^{-1}$时单位面积上所受到的阻力(剪切力),其量纲为 Pa·s。

对配制的不可逆示温涂料用涂-4 黏度计进行黏度测试,涂-4 黏度计实物图如图 3-14 所示。测量方法是先用小木板堵住黏度计下方的漏嘴,然后将搅拌均匀的不可逆示温涂料倒入黏度计中装满,松开小木板,让涂料自漏嘴往下流,同时按下秒表计时,待涂料漏尽立即按下秒表,此时秒表走的秒数即为该不可逆示温涂料的流出时间(单位为 s)。将不可逆示温涂料流出时间代入黏度值计算公式得出运动黏度值,黏度值计算公式如下:

$$u = \frac{t - 6}{0.223} \tag{3-2}$$

式中:$u$ 为运动黏度($\mathrm{mm}^2/\mathrm{s}$);$t$ 为流出时间(s)。

测量的流出时间在 24~30s 之间,其黏度值在 80.72~107.62$\mathrm{mm}^2/\mathrm{s}$ 之间为

图 3-14　涂-4 黏度计

合格。经过测量不合格时,可进行调整。如果黏度低,可用同品种的不可逆示温涂料分次加入,进行搅拌调整;如果黏度高,可将稀释剂分次加入,进行搅拌调整,直至黏度测试合格。

黏度的测量步骤如下:

(1) 将待测不可逆示温涂料搅拌 1h;

(2)将黏度测定仪用丙酮清洗,并用棉纱擦拭干净;

(3)利用水准器将仪器调节至水平位置;

(4) 将待测不可逆示温涂料注入黏度杯,并关闭黏度杯开关,同时将承接杯置于下方。

(5) 开启黏度杯开关,不可逆示温涂料直接流出成线条,同时按下秒表,当不可逆示温涂料流出的线条断开时,停止计时,测量的流出时间以秒表示。

(6) 重复步骤(5),多次测量,取流出时间的平均值,代入黏度值计算公式得出该不可逆示温涂料的黏度值。

某单变色不可逆示温涂料流出时间测量值如表 3-1 所列,某多变色不可逆示温涂料流出时间测量值如表 3-2 所列。

表 3-1　某单变色不可逆示温涂料的流出时间测量值

| 序号 | 1 | 2 | 3 | 4 | 5 |
|---|---|---|---|---|---|
| 测量值/s | 24 | 26 | 25 | 26 | 27 |

表 3-2　某多变色不可逆示温涂料的流出时间测量值

| 序号 | 1 | 2 | 3 | 4 | 5 |
|---|---|---|---|---|---|
| 测量值/s | 37 | 35 | 34 | 38 | 36 |

根据两种不可逆示温涂料的流出时间测量结果,对测量得到的数据进行算术平均值计算,可以得到这两种不可逆示温涂料的流出时间,再计算出黏度值。单变色不可逆示温涂料的流出时间为25.25s,黏度值为72.87mm²/s;多变色不可逆示温涂料的流出时间为36s,黏度值为134.53mm²/s。

通过测量数据可以看出,单变色不可逆示温涂料的黏度值满足HG/T 4562—2013《不可逆示温涂料》中对黏度值的要求。

多变色不可逆示温涂料的黏度为134.53mm²/s,超过规范要求值,黏度过大,不满足要求。但可以通过添加稀释剂的方式调节其黏度值,使其黏度值达到要求。

首次测定后,该多变色不可逆示温涂料因其黏度值大于要求值,故将稀释剂分次加入,进行搅拌调节,再次按测量步骤测量其黏度值,直至黏度测试合格。在加入稀释剂调节后,该多变色不可逆示温涂料的流出时间测量值如表3-3所列。

表3-3　稀释后的多变色不可逆示温涂料的流出时间测量值

| 序号 | 1 | 2 | 3 | 4 | 5 |
|---|---|---|---|---|---|
| 测量值/s | 25 | 26 | 24 | 26 | 27 |

从第2次测量结果可以看出,通过添加稀释剂调节黏度,其流出时间为25.6s,黏度值为87.89mm²/s,达到HG/T 4562—2013《不可逆示温涂料》的要求。

试验结果表明,在不可逆示温涂料喷涂时,黏度过高,涂料雾化不良,易堵喷枪,即使喷出,其喷射的射流成液滴状,涂层表面粗糙,涂层也易厚、易掉,并且还易出现橘皮、粗粒等缺陷,在测温试验中测温涂层容易崩落;黏度过低,涂料中固体含量低,涂层易薄、易稀、易流淌,在试验中测温涂层颜色浅,难以分辨,判读困难,示温涂料的喷出量也大,过喷的雾化涂料与溶剂因飞溅扩散造成很大的损失,而且还会出现流挂、斑点等缺陷。因此,不可逆示温涂料配制后要测试其黏度,以保证其黏度值在要求范围内,从而满足不可逆示温涂料喷涂的要求。

### 3.3.2　细度的测量

细度测量主要是检查涂料内颜料、填料等颗粒的大小或分散的均匀程度,一般以μm为单位表示。涂料细度的大小直接影响涂膜的光泽、附着力以及储存稳定性。刮板细度计是一个在表面有凹槽的不锈钢平板,凹槽的深度由一端的深,向槽的另一端连续变浅至零值。将被测试样品置于槽的最深处,用刮刀刮样品向浅处前进,颗粒聚集或划痕出现的位置的μm读数值即为细度。

不可逆示温涂料的细度一般在25μm左右较好。细度的测量采用刮板细度计来检验搅拌后的不可逆示温涂料的细度,细度的测量根据化学工业部颁布的标准涂料检验方法GB 1724—79《涂料细度测定法》的规定进行。图3-15所示为刮板细度计和刮刀。

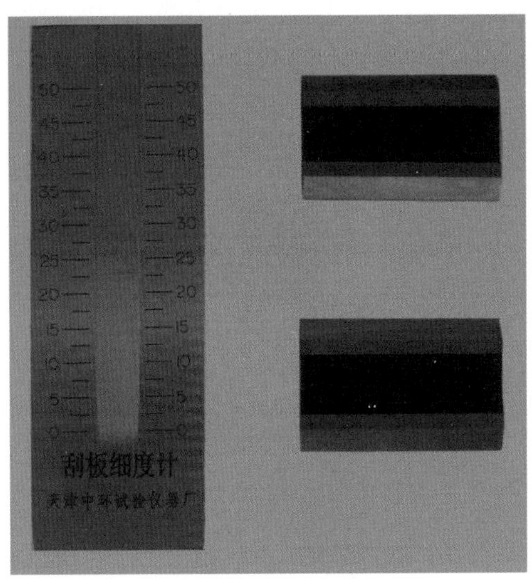


图3-15　刮板细度计和刮刀

细度的测量方法如下:

(1) 将待测的不可逆示温涂料搅拌1h;

(2) 将刮板和刮刀用脱脂棉蘸180号汽油洗净;

(3) 用脱脂棉蘸180号汽油洗净玻璃棒,用鹿皮摩擦玻璃棒后蘸取少量已搅拌均匀的、待测定的一种不可逆示温涂料,将其滴入刮板上斜槽最深处(图3-16(a)),滴入量以能充满斜槽而稍有多余为宜;

(4) 双手持刮刀,将刮刀横置于刮板上刻度最大的部位(在试样边缘处),使刮刀与刮板表面垂直接触(图3-16(b)),在3s内,将刮刀由刻度最大部位向刻度最小部位拉过(由斜槽深处向浅处拉过);

(5) 立即(不超过5s)使视线与沟槽平面成15°~30°角,对光观察沟槽内颗粒均匀显露处的刻度线,并记录相应的刻度值,该数值即为不可逆示温涂料漆料中颜料、填料等颗粒的细度;

(6) 重复步骤(2)~(4)三次,将测量到的细度值,取两次相近读数的算术平均值作为该种不可逆示温涂料的细度值。

如中国航发四川燃气涡轮研究院研制的品种为TSP-M10的不可逆示温涂料,在细度测量前将不可逆示温涂料放在滚动搅拌器上搅拌1h,然后测量细度。

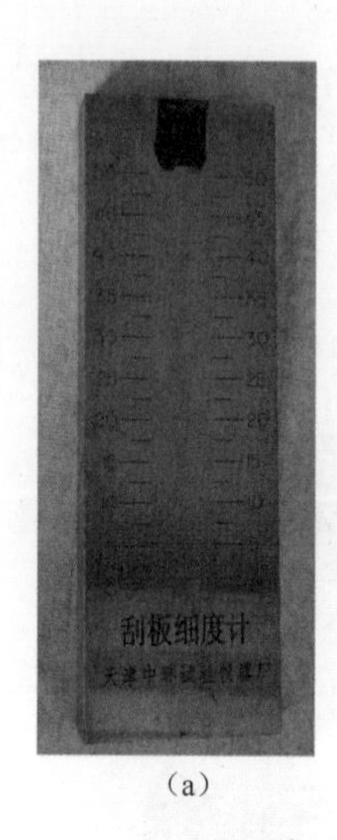


(a)

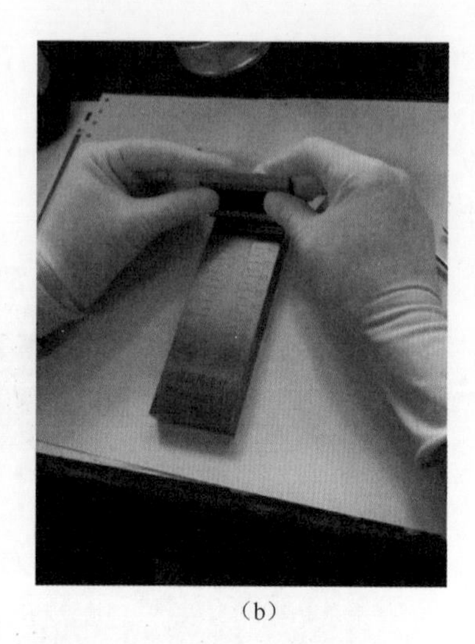

(b)

图 3-16　不可逆示温涂料滴入的位置和手持刮刀的方法

(a)不可逆示温涂料滴入的位置;(b)手持刮刀的方法。

TSP-M10 不可逆示温涂料细度的 3 次测量值如表 3-4 所列,3 次读数后刮板细度计拍照结果如图 3-17 所示。

表 3-4　细度测量值

| 测量次数 | 1 | 2 | 3 |
|---|---|---|---|
| 测量值/μm | 20.0 | 20.0 | 20.5 |

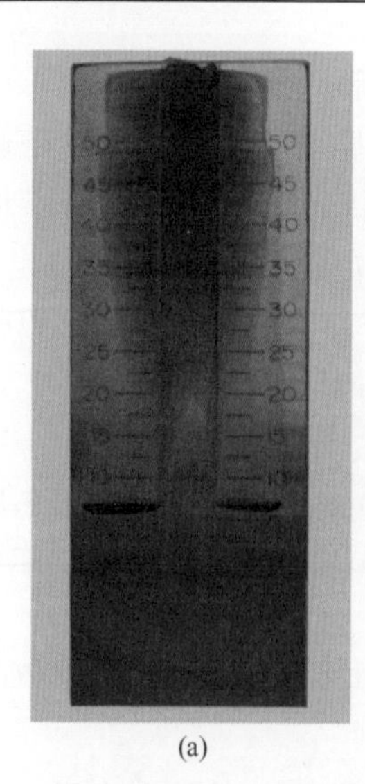


(a)

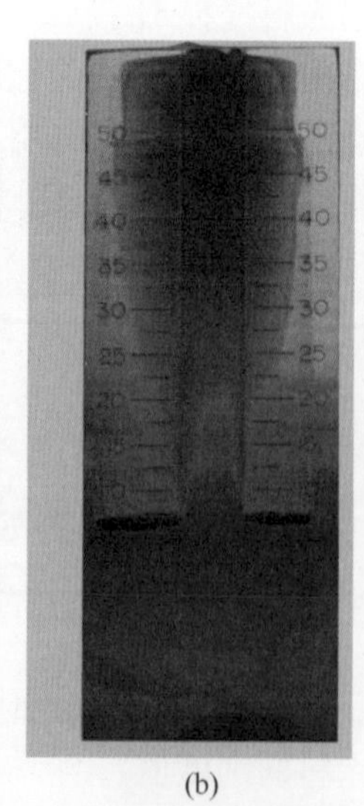


(b)

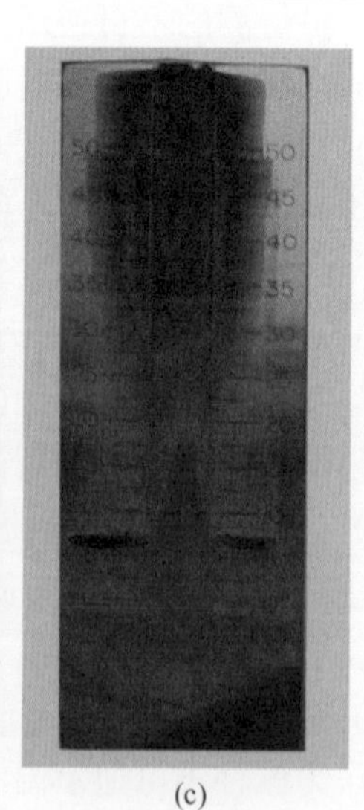


(c)

图 3-17　刮板细度计显示值

(a)20μm;(b)20μm;(c)20.5μm。

用刮板细度计测量细度时，刮刀由刻度最大部位向刻度最小部位拉过后，其槽内不可逆示温涂料向槽深部位收缩，5s 内很难准确读数，最终读数以收缩过后的刻度值为准，所读数据有一定的误差，测量精度不高。

试验结果表明，不可逆示温涂料的细度在 25μm 左右较好，细度大，颜料、填料颗粒度大，易堵喷枪，难以雾化，涂层高低不平、易厚，流平性差，不利于涂料施工，干燥后起橘皮，在测温试验中测温涂层极易崩落；细度小，颜料、填料颗粒度太小，对可见光散射性差，呈透明性，吸收光线多，涂料施工中同样会出现涂层易薄、易稀、易流淌的问题，在试验中测温涂层颜色浅，难以分辨，判读困难。

### 3.3.3 厚度的测量

将烘干后的试验件用涂层测厚仪测试厚度，厚度在 25μm 左右较好。涂层薄，显示颜色浅，测试温度偏低，不易分辨；涂层厚，测试温度偏高，漆也易脱落。

厚度测量采用德国科隆自动检测仪器公司生产的 QuaNix7500 无损厚度检测仪，内置铁质(Fe)和非铁质(NFe)探针，该检测仪主要用于测量金属表面涂层厚度。图 3-18 所示为测厚仪与标准探针，图 3-19 所示为铁质与非铁质调零板。

图 3-18　测厚仪与标准探针

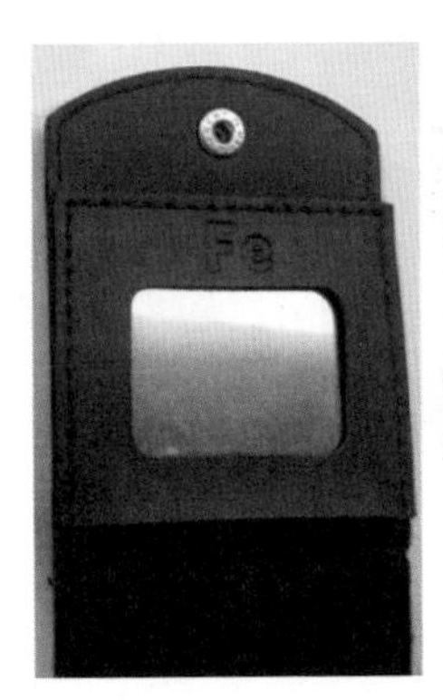

图 3-19　铁质与非铁质调零板

QuaNix7500 无损厚度检测仪的主要技术指标如下：

(1) 测量范围为 0~2000μm。

(2) 测量精度为±1.5%。

(3) 基本偏差为±1.5μm。

(4) 分辨率：在 0~99.9μm 的范围内，分辨率为 0.1μm。

厚度的测量方法如下：

(1) 底材选择：试板底材选用马口铁，尺寸为 150mm×70mm×0.3mm，其表面平整且没有变形。

(2) 喷涂:将不可逆示温涂料喷涂在马口铁表面,完成干燥等程序。

(3) 测厚仪调零:将测厚仪探针放在未喷涂不可逆示温涂料的马口铁表面,确保探针垂直、均匀地放置于马口铁上。按下仪器红色按键,仪器发出“吡”的响声,同时将显示一组数据,抬起仪器离开试片表面 10cm,仪器再次发出“吡”的响声,同时显示另一组数据,调零完毕。不锈钢表面用非铁质(NFe)探针在铝质(Al)调零板上进行,马口铁表面用铁质(Fe)探针在铁质(Fe)调零板上进行。

(4) 测量:将测厚仪探针放在喷涂了不可逆示温涂料的马口铁表面,均匀地选取多个测点进行厚度测量,并记录测量值。图 3-20 所示为正确的测量过程,即拇指应当握在测厚仪探针上方有凹槽的部位。

使用涂层测厚仪对马口铁表面喷涂的品种为 TSP-M10 的不可逆示温涂料厚度进行测量。马口铁板材表面喷涂的不可逆示温涂料如图 3-21 所示,3 个区域均匀选取 12 个测点,测量数据如表 3-5 所列,马口铁①~③区域最大值、最小值和平均值如表 3-6 所列。在马口铁板材表面喷涂的不可逆示温涂料厚度满足 25μm 左右的要求。

图 3-20 正确的测量过程

图 3-21 马口铁表面喷涂的不可逆示温涂料

表 3-5 马口铁板材表面涂层的厚度测量值

| 序号 | 马口铁①区域厚度测量值/μm | 马口铁②区域厚度测量值/μm | 马口铁③区域厚度测量值/μm |
|---|---|---|---|
| 1 | 23.3 | 16.8 | 24.4 |
| 2 | 24.5 | 16.8 | 23.2 |
| 3 | 22.0 | 17.1 | 25.0 |
| 4 | 22.1 | 19.0 | 23.0 |
| 5 | 25.5 | 22.0 | 24.3 |
| 6 | 21.9 | 18.9 | 22.7 |
| 7 | 20.6 | 21.6 | 26.8 |
| 8 | 18.3 | 22.8 | 24.2 |

（续）

| 序号 | 马口铁①区域厚度测量值/μm | 马口铁②区域厚度测量值/μm | 马口铁③区域厚度测量值/μm |
|---|---|---|---|
| 9 | 24.0 | 26.4 | 25.0 |
| 10 | 21.2 | 23.0 | 24.2 |
| 11 | 18.0 | 21.9 | 24.0 |
| 12 | 18.3 | 21.2 | 20.0 |

表3-6 马口铁板材表面涂层厚度的最大值、最小值和平均值

| 区域 | 最大值/μm | 最小值/μm | 平均值/μm |
|---|---|---|---|
| 马口铁① | 25.5 | 18.0 | 21.6 |
| 马口铁② | 26.4 | 16.8 | 20.6 |
| 马口铁③ | 26.8 | 20.0 | 23.9 |

### 3.3.4 附着力的测量

附着力是指涂层与被涂物表面间或涂层间相互黏结的能力。涂层附着力的好坏一方面取决于成膜物对底材湿润程度的好坏，另一方面也涉及底材表面的清洁性和表面处理方法。其成膜物质大分子对底材的相互作用力是关键因素，大分子极性的增大会提高附着力，基于这一原因，大多数不可逆示温涂料使用极性较强的含有杂原子的聚合物作为成膜物质。测量涂膜的附着力的方法主要有划格法、交叉切痕法、划圈法，其中以划格法最为常用。

按照GB/T 9286—1998《色漆和清漆　漆膜的划格试验》进行不可逆示温涂料附着力的测量。由于划格试验是在国际上普遍采用的附着力测量方法，而GB/T 9286—1998明确指出，由于这种经验性试验测得的性能除了取决于涂料对上道涂层或底材的附着力外，还取决于其他因素。所以不能将这个试验程序看作测量附着力的一种方法。因此此方法应称为“划格试验”或“漆膜划格试验”，而不应称为“附着力”或“附着力测量”。

附着力的测量采用拉开法，拉开法是指在规定的速度下，在试样的胶结面上施加垂直、均匀的拉力，以测量涂层间或涂层与底材间附着破坏时所需的力，单位为$kg/cm^2$。

**1. 试验用工具**

测量使用刀刃情况良好的切割刀具、软毛刷、透明的压敏胶粘带、放大镜、三角板等工具。

**2. 试板材料及表面处理**

试板材料选用不锈钢和马口铁。不锈钢尺寸为420mm×120mm×2mm，其表

面平整且没有变形;马口铁尺寸为 150mm×70mm×0.3mm,其表面平整且没有变形。不锈钢表面和马口铁表面未做吹砂处理,喷涂前用丙酮清洗干净。

**3. 测量过程**

按照 GB/T 9286—1998《色漆和清漆　漆膜的划格试验》中的规定,试板底材涂层厚度为 0~60μm,切割间距为 1mm,用锋利刀片(刀锋角度为 15°~30°)在每一种样本的 3 个区域表面划 10×10 个 1mm×1mm 的小网格,所有切割都应划透至底材表面。用软毛刷沿网格图形对角线方向向后扫 5 次,再向前扫 5 次,将切割时产生的涂层碎屑清扫干净。由于试板是硬底材,需要另外施加胶粘带,按均匀的速度拉出一段胶粘带,除去最前面的一段,然后剪下长约 75mm 的胶粘带,把该胶粘带的中心点放在网格上方,方向与一组切割线平行,然后在网格区上方用力压平胶粘带,胶粘带长度至少超过网格 20mm。在贴上胶粘带的 5min 内,拿住胶粘带悬空的一端,并尽可能接近 60°角,在 0.5~1.0s 内平稳地撕掉胶粘带,同一位置进行 2 次相同的试验。

**4. 不锈钢表面划格检验**

在不锈钢表面做好涂层后,分 3 个区域进行划格检验。划格试验测试结果如图 3-22 所示。

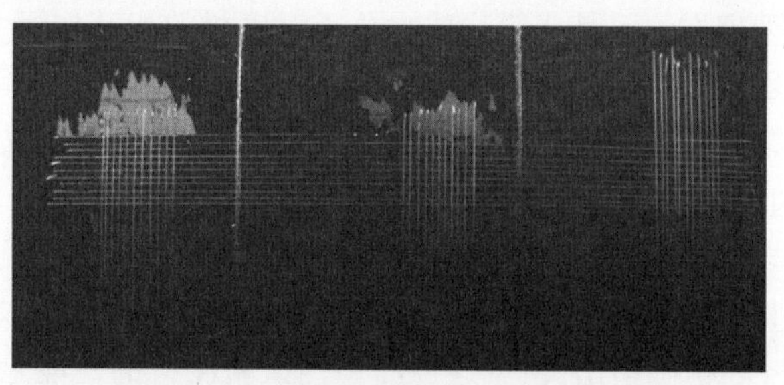

图 3-22　不锈钢表面划格试验测试结果

**5. 马口铁表面划格试验**

在马口铁表面做好涂层后,分 3 个区域进行划格检验。划格试验测试结果如图 3-23 所示。

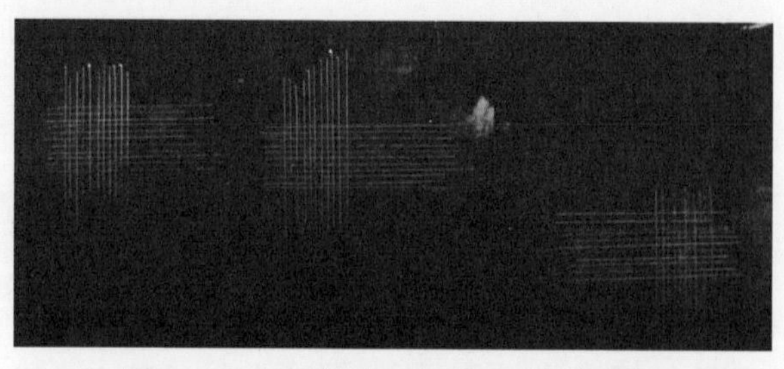

图 3-23　马口铁表面划格试验测试结果

### 6. 结果分析与定级

按照 GB/T 9286—1998《色漆和清漆　漆膜的划格试验》中对附着力测量结果进行分级，如表 3-7 所列。将不可逆示温涂料的涂层划格试验结果的每一个区域取一个网格放大与表 3-7 进行对比，即可得出不可逆示温涂料的附着力等级。图 3-24 所示为喷涂在不锈钢表面的不可逆示温涂料的涂层划格试验结果放大图，图 3-25 所示为喷涂在马口铁表面的不可逆示温涂料的涂层划格试验结果放大图，图 3-26 所示为胶粘带被撕离网格表面后其表面留下的网格图形。

表 3-7　附着力测量结果分级

| 分级 | 说　明 | 发生脱落的十字交叉切割区的表面外观 |
| --- | --- | --- |
| 0 | 切割边缘完全平滑，无一格脱落 | — |
| 1 | 在切口交叉处有少许涂层脱落，但交叉切割面积受影响不能明显大于 5% | |
| 2 | 在切口交叉处和/或沿切口边缘有涂层脱落，受影响的交叉切割面积明显大于 5%，但不能明显大于 15% | |
| 3 | 涂层沿切割边缘部分或全部以大碎片形式脱落，和/或在格子不同部位上部分或全部剥落，受影响的交叉切割面积明显大于 15%，但不能明显大于 35% | |
| 4 | 涂层沿切割边缘以大碎片形式剥落，和/或一些方格部分或全部出现脱落。受影响的交叉切割面积明显大于 35%，但不能明显大于 65% | |
| 5 | 剥落的程度超过 4 级 | — |

图 3-24　不锈钢表面划格试验结果放大图

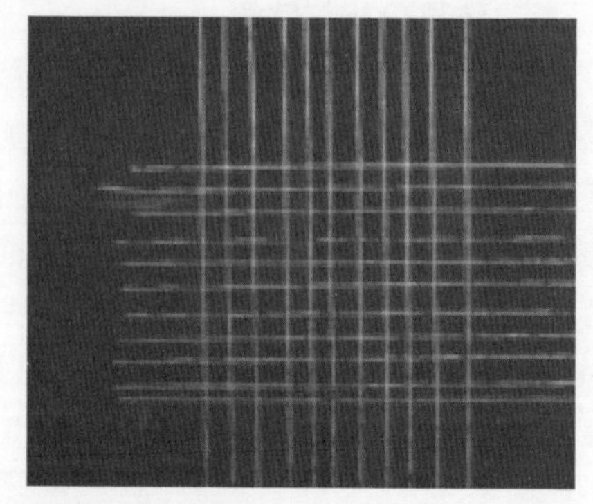

图 3-25　马口铁表面划格试验结果放大图

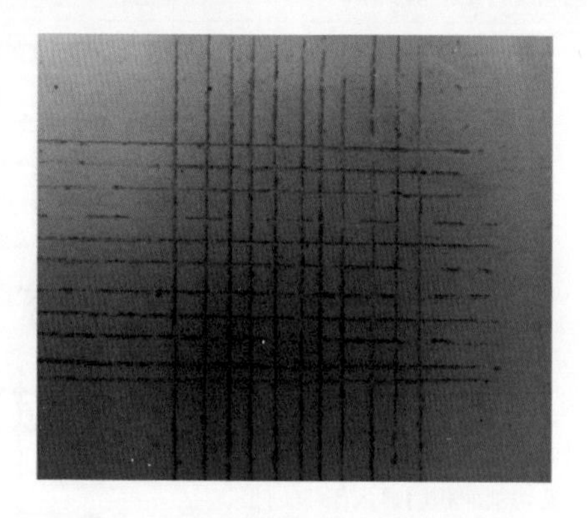

图 3-26　胶粘带表面留下的网格图形

使用放大镜观察图 3-22、图 3-23 所示的划格试验结果以及放大后图 3-24、图 3-25 所示的漆膜脱落的情况，可以看出不可逆示温涂料经过划格并用胶粘带粘贴后基本无脱落。对比表 3-7，可知不可逆示温涂料的附着力为 0 级，涂层厚度在 60μm 以下，对附着力影响不大。在发动机高温状态下，涂层厚度在 25μm 左右为好，若涂层厚度为 60μm 左右，在高温、高压或高转速状态下涂层会大部分脱落，无法得到试验测量结果。

### 3.3.5　弯曲试验

弯曲试验按照 GB/T 6742—2007《色漆和清漆弯曲试验》中的规定进行。试验件为马口铁，其尺寸为 150mm×70mm×0.3mm，表面平整且没有变形。在马口铁表面喷涂不可逆示温涂料，烘烤干燥后做弯曲试验，弯曲形状为 W 形和 U 形。任选两种不可逆示温涂料进行弯曲试验，试验结果显示，不可逆示温涂料附着牢靠，不开裂，不掉漆，如图 3-27 所示。

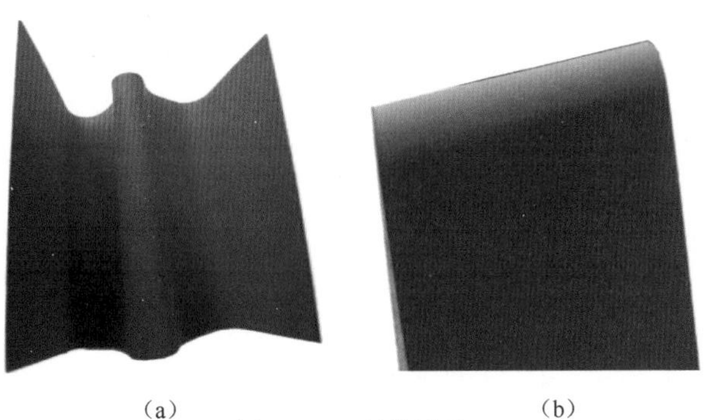

（a）　　　（b）

图 3-27　弯曲试验

(a)W 形;(b)U 形。

### 3.3.6 性能检验

不可逆示温涂料产品还需要经过质量检验,各检验项目均参照相关的国家标准或行业通用方法进行。合格的不可逆示温涂料产品应满足表 3-8 所列的技术指标。

表 3-8　不可逆示温涂料检验项目及技术指标

<table>
<tr><th colspan="2">检 验 项 目</th><th>指　标</th></tr>
<tr><td colspan="2">在容器中状态</td><td>搅拌后易于混合均匀</td></tr>
<tr><td colspan="2">细度/μm</td><td>≤25</td></tr>
<tr><td colspan="2">储存稳定性(50℃,7d)</td><td>无异常</td></tr>
<tr><td colspan="2">不挥发物/%(质量分数)</td><td>50~60</td></tr>
<tr><td rowspan="4">干燥时间/h</td><td>表面干燥</td><td>4</td></tr>
<tr><td>实际干燥</td><td>12</td></tr>
<tr><td>完全干燥</td><td>24</td></tr>
<tr><td>烘干干燥</td><td>0.5~1</td></tr>
<tr><td colspan="2">涂膜外观</td><td>正常</td></tr>
<tr><td colspan="2">附着力/级(划格间距 1mm)</td><td>≤1</td></tr>
<tr><td colspan="2">耐冲击性/cm</td><td>50</td></tr>
<tr><td colspan="2">抗气流冲刷性</td><td rowspan="2">涂膜无脱落、无开裂</td></tr>
<tr><td colspan="2">耐温度冲击性</td></tr>
<tr><td colspan="2">柔韧性/mm</td><td>≤2</td></tr>
<tr><td colspan="2">耐热性(8h)</td><td>无异常</td></tr>
<tr><td colspan="2">示温允许偏差/℃</td><td>±8(单变色),±10(多变色)</td></tr>
</table>

### 3.3.7 环境适应性能的测量

**1. 抗气流冲刷性能的测量**

由于不可逆示温涂料多用在航空发动机试验上,其工作环境为高温高速气流,所以对不可逆示温涂料涂层的附着力要求苛刻。目前,对于涂层的热气流冲击试验还没有相关的标准,但检验不可逆示温涂料测温涂层的附着力状态是需要的,作者提出了一种检验不可逆示温涂料在高温燃气气流条件下附着力的方法并进行了探索性试验。

热气流冲击性能的测量主要是考核不可逆示温涂料测温涂层在高温燃气气流的冲击下的附着能力,以检验不可逆示温涂料能否在相应的试验条件下完成测量工作。试验的开展同时也为不可逆示温涂料涂层以及其他功能涂层在热气流冲击状态下的附着力测量试验、试验结果的检查、评定与分级标准的建立奠定了基础。

不可逆示温涂料涂层在高温燃气气流冲击条件下的附着力测量试验是将涂覆有不可逆示温涂料的试验支杆插入高温燃气气流流道中(图 3-28),同时使用热电偶来测量支杆温度,在预定的试验状态下进行考核试验。试验后将支杆取出,目视检测不可逆示温涂料的脱落情况。

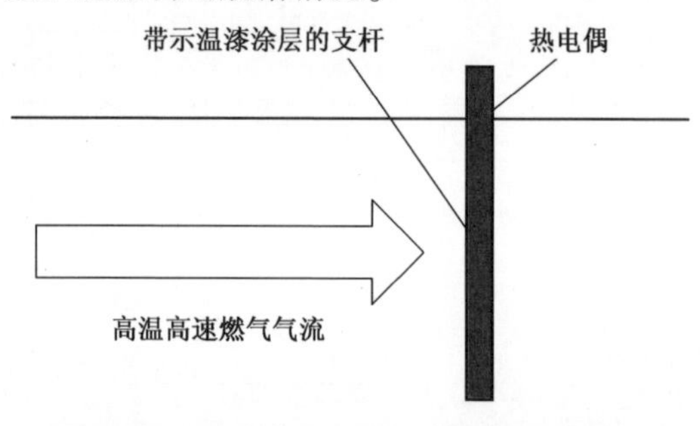


图 3-28 高温燃气气流冲击试验示意图

**2. 耐温度冲击性能的测量**

测量试验在加力燃烧室模型试验器上进行,试验的主路空气流经电动调节阀和流量孔板进入一级加温器和二级加温器进行燃烧加温,燃烧后的高温燃气气流进入高温燃气温度测量试验段,在测量试验段进行不可逆示温涂料测温涂层的高温燃气气流冲击试验。

测量试验分别选择了一种单变色和一种多变色不可逆示温涂料进行涂层抗高温燃气气流冲击试验,试验前将不可逆示温涂料涂覆于支杆上,如图 3-29 所示。图 3-29(a)为涂覆了单变色不可逆示温涂料的支杆,图 3-29(b)为涂覆了多变色不可逆示温涂料的支杆。同时,两个支杆上埋设了热电偶用于测量支杆表面的温度。测量时,同时将两个支杆对称地插入试验段的高温燃气气流流道中,如图 3-30所示，垂直纸面方向为高温燃气气流方向。

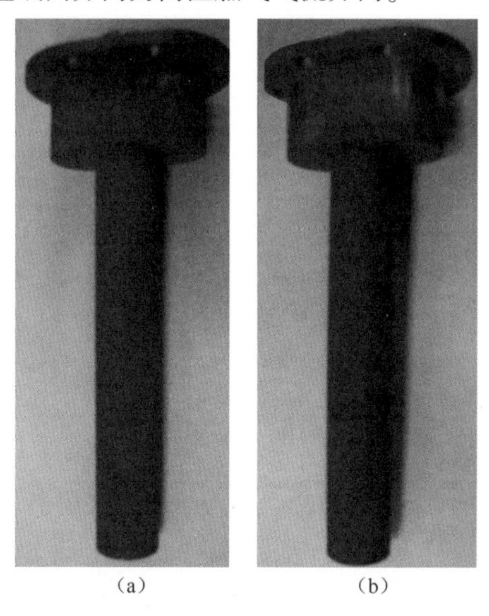


图 3-29 试验前试验件实物

(a)涂覆了单变色不可逆示温涂料的支杆；(b)涂覆了多变色不可逆示温涂料的支杆。

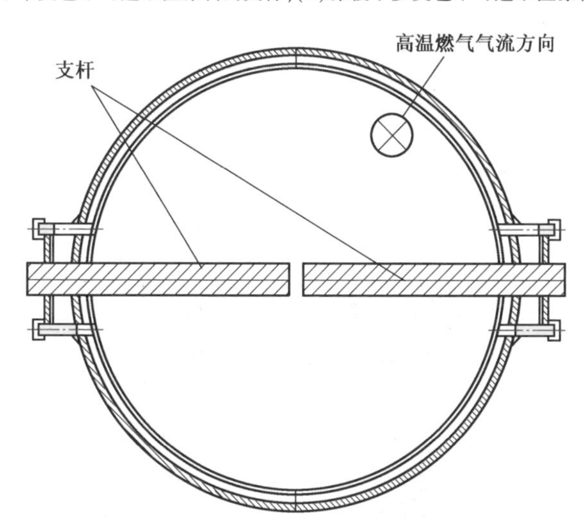


图 3-30 试验件安装示意图

试验中对试验件进行了 5 次换装，完成了 10 支试验件冲击试验。设计的试验状态有高温恒温的冲击状态，高温、低温循环冲击状态两大类（高温低温冲击的循环次数为 3 次，低温温度为 900K，峰值恒温时间 10min），具体的高温温度和峰值恒温时间参数如表 3-9 所列。

表 3-9 高温燃气气流冲击试验状态表

| 试验状态 | 冲击方式 | 最高温度/K | 峰值恒温时间/min | 进口流量/(kg/s) |
|---|---|---|---|---|
| 1 | 恒温冲击 | 1209.8 | 10 | 1.120 |
| 2 | 恒温冲击 | 1309.3 | 20 | 1.102 |
| 3 | 高温、低温循环冲击 | 1308.5 | 10/次 | 1.084 |
| 4 | 恒温冲击 | 1315.8 | 40 | 1.112 |
| 5 | 高温、低温循环冲击 | 1300.9 | 15/次 | 1.107 |

试验状态 1~5 的高温燃气气流试验结果如图 3-31~图 3-35 所示,左侧均为涂覆单变色不可逆示温涂料的支杆,5 次试验均为同一种单变色不可逆示温涂料;右侧均为涂覆多变色不可逆示温涂料的支杆,5 次试验均为同一种多变色不可逆示温涂料。

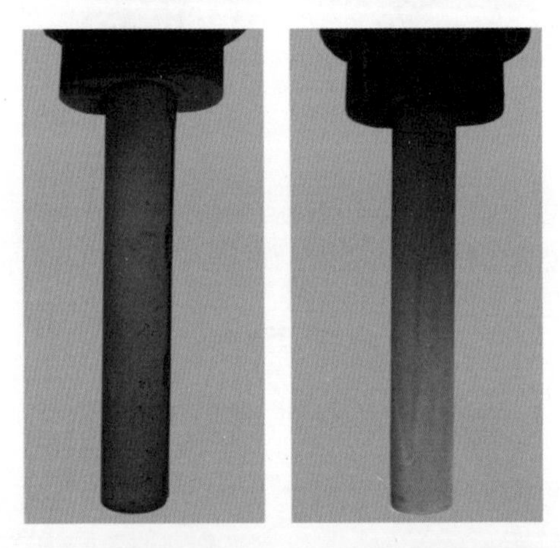

图 3-31 试验状态 1 的高温燃气气流试验结果

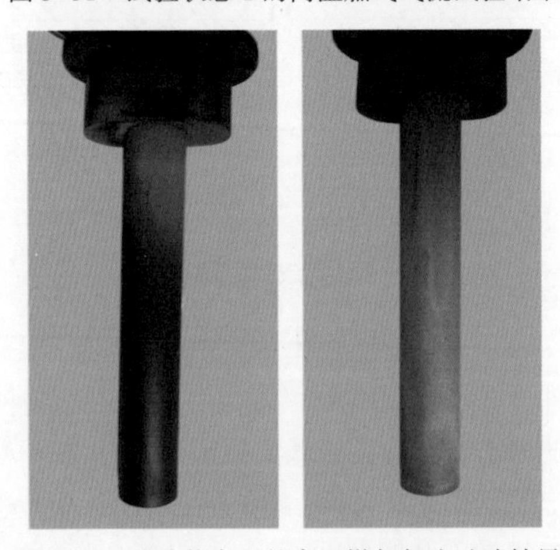

图 3-32 试验状态 2 的高温燃气气流试验结果

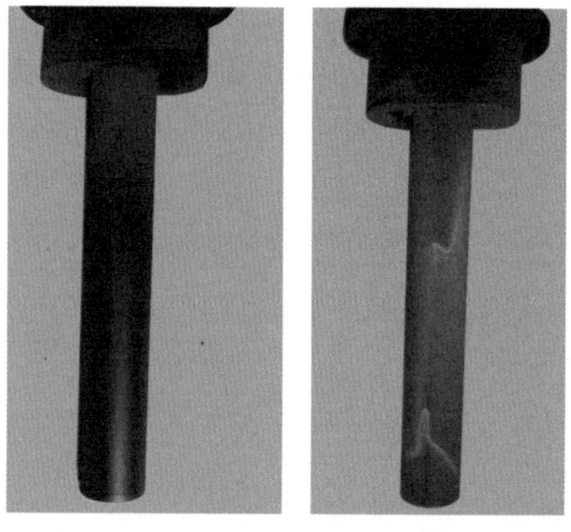

图 3-33　试验状态 3 的高温燃气气流试验结果

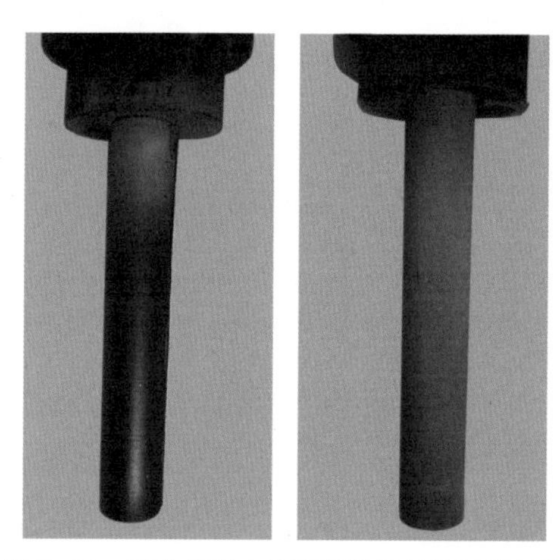

图 3-34　试验状态 4 的高温燃气气流试验结果

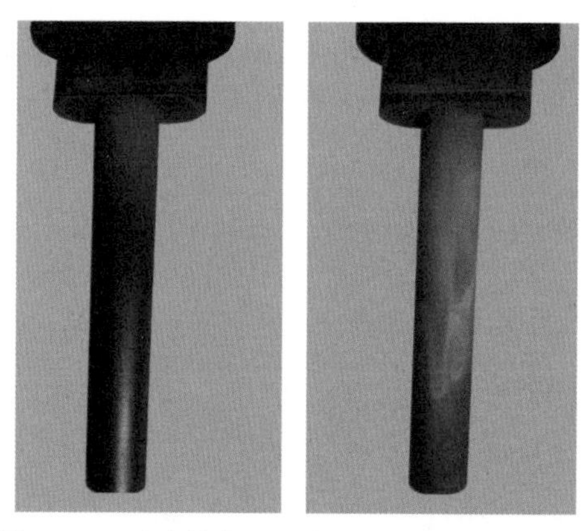

图 3-35　试验状态 5 的高温燃气气流试验结果

通过对试验结果的目视检查发现,在 1315.8K 高温下恒温 40min 的长时间高温燃气气流冲击下以及高温低温循环冲击状态(高温 1300.9K,低温 900K,每个温度段恒温 15min,循环次数 3 次)的高温燃气气流冲击下,不可逆示温涂料涂层均未出现脱落现象。这表明了不可逆示温涂料涂层在高温燃气气流冲击条件下附着牢靠,能够完成测温的目的。

# 第 4 章 不可逆示温涂料的标定、不确定度评定及判读方法

为了更准确地测试出试验件的温度,首先要保证不可逆示温涂料的标定精度。不可逆示温涂料标定是不可逆示温涂料测试的基础,是实现不可逆示温涂料测试的量值溯源基础,也是不可逆示温涂料温度判读的依据。不可逆示温涂料的标定是将不可逆示温涂料喷涂在耐高温金属片上,按一定的升温时间、升温速度和恒温时间对其变色颜色和等温线的温度进行的标定。不可逆示温涂料标定数据的准确性直接影响着不可逆示温涂料的判读结果,如果标定结果不准确,那么测温的结果必定不准确[52]。

不可逆示温涂料的标定方法有电加热和炉加热。电加热是不可逆示温涂料标定最有效、最快捷、最准确的方法,这种方法就是用高温合金制成 T 形试片,在其表面涂覆不可逆示温涂料,按峰值恒温时间进行标定试验,以确定不同颜色分界线的等温线温度值和不同峰值恒温时间下等温线温度值的变化情况。一种不可逆示温涂料在一个峰值恒温时间下,其等温线的温度值用 2~4 片 T 形试片在 4h 之内就可以完成标定。炉加热是用厚度为 1mm 或 2mm 的高温合金制成 25mm×25mm 的正方形或 30mm×20mm 的长方形试片,在其表面喷涂不可逆示温涂料后在高温炉中加热,以 10℃ 为间隔覆盖整个温度测量范围,从而显示不可逆示温涂料颜色与温度值之间的对应关系。但这需要花费大量的时间、使用大量的不同温度样本,不断重复该过程。

不可逆示温涂料虽然是同一种配方、配制工艺及施工条件下获得的,但不同批次的材料所配制的不可逆示温涂料,其颜色、等温线的温度值是有变化的,因此,每批次的不可逆示温涂料都必须重新进行标定。

## 4.1 标定装置

不可逆示温涂料使用时,需通过等温线的温度值来确定被测试验件的表面温度分布。因此,需通过标定装置得到等温线的准确温度值。

国内许多科研院校是通过马弗炉加温烘烤的方式对不可逆示温涂料进行标定，每隔10℃标定一个温度点，然后采用色差对比的方式进行不可逆示温涂料判读，该种方法的缺点是无法准确获取等温线的温度，误差较大，且劳动强度非常大，效率低。中国航发四川燃气涡轮研究院采用基于等温线标定及判读的方法，研制了标定装置，该方法可以一次获取不可逆示温涂料的变色温度点，采用人工或自动判读系统进行等温线的提取与判定，标定精度高，劳动强度低，工作效率高。

### 4.1.1 标定原理

标定装置的作用是为不可逆示温涂料的涂层提供一个标准的有温度梯度分布的温度场环境。其设计原理是：首先，将待标定的不可逆示温涂料试片与电加温系统连接，通过电加温系统对试片进行通电加热，并通过温度传感器（热电偶）与控制系统完成试片温度控制；然后，通过人工或自动判读软件来完成等温线的识别与判定；最后，通过温度传感器（热电偶）来完成变色温度点（等温线处）的温度值测量[53]。标定装置原理图如图4-1所示。

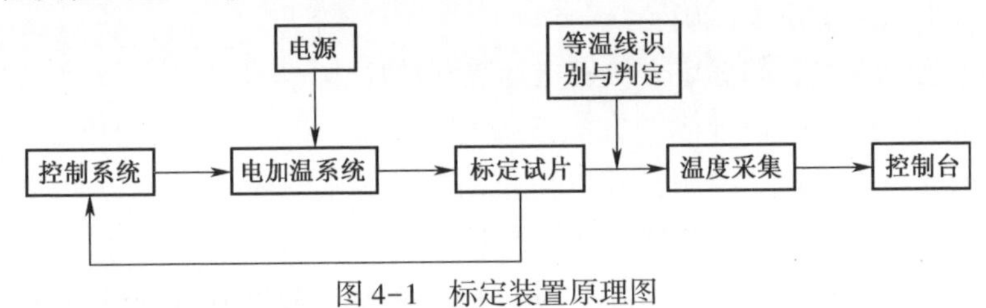


图4-1 标定装置原理图

### 4.1.2 标定装置的组成

**1. 系统组成**

标定装置主要由电加温系统、PID调节器、试片、温度采集系统等组成。标定装置的最高加温温度不低于1350℃，且升温速度可控、温度控制恒定、准确。标定装置示意图如图4-2所示。

**2. 电加温系统**

电加温系统的主要功能是给标定试片加温，通过对大功率变压器的适应性改造，为标定试片提供大电流，完成试片标定。

### 4.1.3 标定试片

标定试片的主要功能是为不可逆示温涂料涂层提供有温度梯度分布的温度场，使涂层能够感受到温度变化。因采用电加温的方式，为在试片上产生不同的

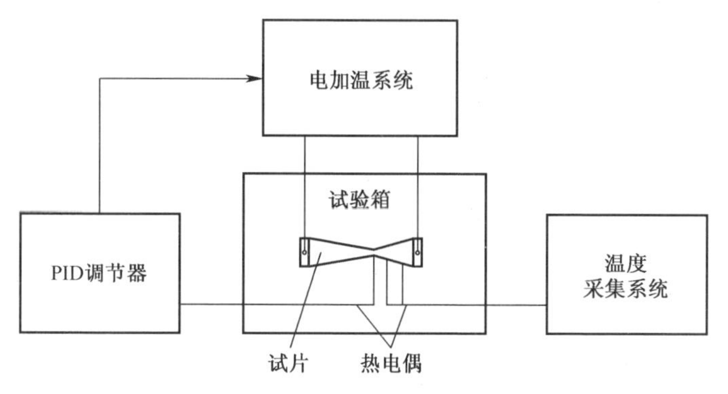


图 4-2 标定装置示意图

温度分布，标定试片采用T形结构，如图4-3所示。不可逆示温涂料的变色受涂覆表面物体材料的影响不大，标定试片可以采用常用的不锈钢材料或高温合金材料。为了能显示出颜色随温度变化的关系，要求标定过程中试片的温度能够呈梯度变化。

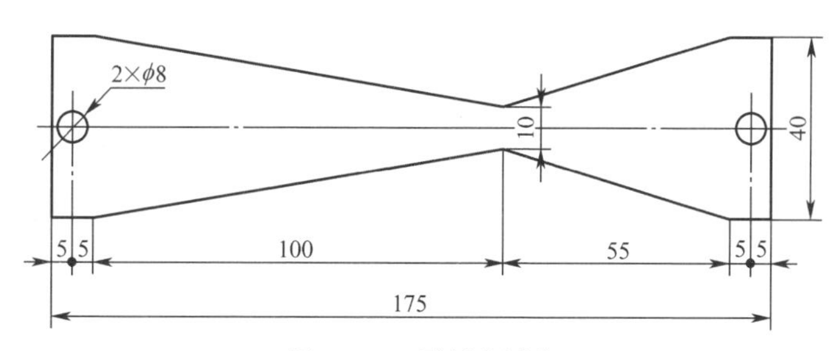


图 4-3 T形标定试片

在加温过程中，电流通过试片，由于截面的变化，即电阻值的不同，产生温度梯度，从而使涂层显示不同的颜色。因此，与不可逆示温涂料温度有关的颜色的变化显示在一个独立的试片上，用热电偶测量不同颜色之间的交界线的温度，即为不可逆示温涂料等温线的温度，这样就得到了不可逆示温涂料的标定温度。最高温度的控制调节可以通过将热电偶布置在试片最狭窄处实现。

根据不可逆示温涂料的研制经验，标定试片采用长边与短边相结合的方式，便于不可逆示温涂料变色等温线的相互对比与验证。为了防止试验件在标定过程中发生弯曲变形以及高温时试片熔断，试片厚度一般设计为2mm。为使温度场更加均匀，要求试片金属材料密度分布均匀，导电性能良好。

### 4.1.4 温度控制方式

温度控制是通过PID调节器来完成的，PID调节器与电加温系统构成外环温度闭环控制，内环电流闭环控制，通过标定试片上热电偶反馈温度值与目标设定温度值的差值，控制电加温系统供电电流的大小，从而达到控制标定试片温度的升降的目的。温度控制原理如图4-4所示[54-55]。

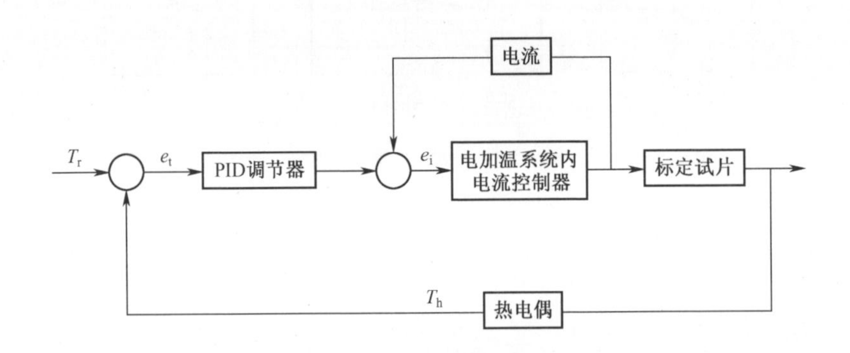


图4-4 温度控制原理图

### 4.1.5 等温线识别与判定

等温线是指不可逆示温涂料变色后的不同颜色区域的分界线，等温线处的温度值相同，不可逆示温涂料的测温功能是通过测量不可逆示温涂料变色后的等温线温度来完成的。目前，等温线的识别与判定有人工判读和计算机自动化判读两种方法，具体的判读方法详见4.4节。

## 4.2 标定试验流程

### 4.2.1 标定流程

在标定试片吹砂面涂覆需要标定的不可逆示温涂料，标定试验流程主要分为两部分，即一次标定和二次标定。一次标定主要是确定等温线在试片上的位置，以便在二次标定时布置等温线温度值测量用的热电偶；二次标定主要是完成等温线温度值的测量工作。不可逆示温涂料的标定试验流程如图4-5所示。

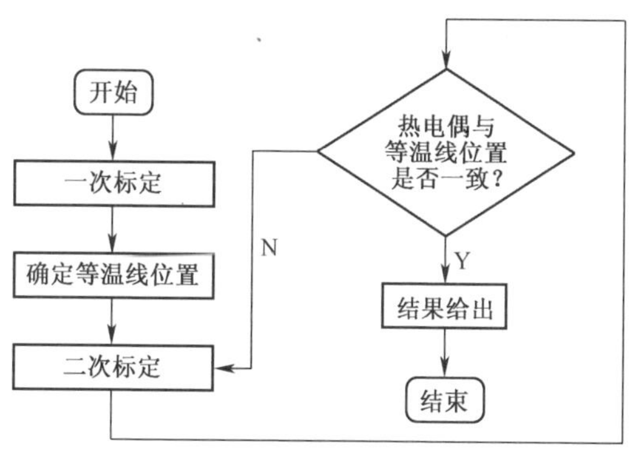

图 4-5　标定试验流程图

### 4.2.2　一次标定

一次标定时，在标定试片未涂覆不可逆示温涂料的一面的中间最窄处与中心线垂直方向布置一支热电偶，用于控制标定时所需的温度值，并将试片安装在标定设备上。开启设备控制电源，用 10min 将试片加温至不可逆示温涂料标定所需的最高温度，并在最高温度处恒温工作 3min，然后将试片降至室温，降温时间控制在 10min。

### 4.2.3　等温线判定

将标定后的试片置于自然光或标准光源下，根据试片上所显示的等温线，确定等温线的位置。通过人工判定或等温线自动判定系统对一次标定时试片上所显示的等温线进行判定。

### 4.2.4　二次标定

二次标定时，在另一片涂有同一不可逆示温涂料的标准试片上布置热电偶，其位置尺寸与一次标定时等温线的位置尺寸相同。通过高精度温度采集系统采集并记录等温线处热电偶采集温度值。标定结束后，对比等温线与热电偶的位置，二者位置不一致时，重新进行标定，直到热电偶采集到等温线温度为止。

### 4.2.5　峰值恒温时间标定

进行检测标定时，峰值恒温时间为 3min，制作标定表时，峰值恒温时间分别为 1min、3min、5min、10min、15min、20min、25min、30min 等。标定时，按一次标定、等温线判定和二次标定等方法完成不同型号的不可逆示温涂料的标定。标定后,可参考表 4-1 的形式制作标定表。应该注意的是,不同型号的不可逆示温涂料的标定只适用于该批次的不可逆示温涂料,若配方中配比发生变化或用不同批次的颜料、填料配制不可逆示温涂料时,都必须重新进行标定。

### 4.2.6 数据处理与误差

对测得的数据,取至少 12 个采集值来计算其平均值,所得的平均值即为不可逆示温涂料的变色温度值。用多次测量结果的算术平均值计算其绝对误差和相对误差,从而得出等温线测温的误差。

### 4.2.7 特殊标定

某些发动机部件在高温(1500~2000K)和高速气流($Ma=5\sim10$)下工作很短的时间(≤60s),对于此类部件测温,应在该时间段内进行标定。由于自然界中物质的运动在一定条件下都有一定的稳定状态,任何物质在一定的稳定状态下,都具有一定的能量,状态改变,能量随着改变,能量的积累或衰减需要一个过程,也就是说它的动能不能突变。同理,金属表面的温度也不能突变,这就决定了涂覆在金属试片表面的不可逆示温涂料的温度也不能突变。因此,标定时,电加温器对金属试片加温,不能在室温状态下短时间(≤60s)内加温到 1500~2000K,必须按照金属试片所能承受的温度时间进行加温,到达所需温度后峰值恒温时间控制在 60s 内。

### 4.2.8 外购示温涂料的标定

外购的不可逆示温涂料一般都不提供等温线标定试片,因此对购置的不可逆示温涂料都要进行标定,如罗·罗公司和 TPTT 公司的不可逆示温涂料是不提供标定试片的,罗·罗公司只提供该批次的标定表,如表 4-1 所列,而 TPTT 公司不可逆示温涂料只说明有几个变色点。因此使用前必须进行标定,以确定其变色点及等温线变色温度。

表 4-1 罗·罗公司不可逆示温涂料标定表 (单位:℃)

| 峰值恒温时间/min | 3 | 5 | 10 | 30 |
|---|---|---|---|---|
| TP5 | 510 | 500 | 500 | 480 |
| | 840 | 820 | 810 | 790 |
| | 950 | 940 | 930 | 910 |
| | 1020 | 1010 | 1000 | 980 |

（续）

| 峰值恒温时间/min | 3 | 5 | 10 | 30 |
|---|---|---|---|---|
| TP5 | 1050 | 1040 | 1030 | 1010 |
| | 1080 | 1060 | 1050 | 1050 |
| | 1100 | 1080 | 1070 | 1070 |
| TP6 | 550 | 530 | 520 | 500 |
| | 830 | 810 | 800 | 780 |
| | 970 | 950 | 940 | 930 |
| | 1070 | 1040 | 1020 | 1000 |
| | 1100 | 1090 | 1080 | 1080 |
| | 1140 | 1130 | 1100 | 1100 |
| | 1180 | 1160 | 1130 | 1130 |
| TP10 | 280 | 280 | 260 | 250 |
| | 390 | 380 | 360 | 340 |
| | 480 | 470 | 450 | 430 |
| | 550 | 550 | 510 | 490 |
| | 580 | 570 | 550 | 540 |
| | 720 | 720 | 700 | 690 |
| | 840 | 840 | 840 | 830 |
| | 870 | 870 | 870 | 870 |
| | 1010 | 990 | 980 | 950 |
| | 1050 | 1040 | 1020 | 980 |
| C3A | 510 | 500 | 490 | 490 |
| | 590 | 580 | 570 | 550 |
| | 620 | 620 | 610 | 580 |
| | 680 | 670 | 670 | 650 |
| | 780 | 760 | 750 | 730 |
| | 870 | 860 | 850 | 840 |
| | 920 | 920 | 910 | 870 |
| | 1080 | 1070 | 1040 | 990 |
| | 1130 | 1110 | 1080 | 1050 |
| | — | 1230 | — | — |

（续）

| 峰值恒温时间/min | 3 | 5 | 10 | 30 |
|---|---|---|---|---|
| TP8 | 430 | 430 | 420 | 410 |
| | 530 | 530 | 520 | 500 |
| | 610 | 610 | 600 | 570 |
| | 770 | 760 | 750 | 740 |
| | 860 | 850 | 840 | 820 |
| | 910 | 900 | 880 | 860 |
| | 930 | 920 | 910 | 890 |
| TP12 | 530 | 520 | 520 | 480 |
| | 880 | 860 | 850 | 840 |
| | 970 | 960 | 950 | 920 |
| | 1010 | 1000 | 990 | 970 |
| | 1030 | 1020 | 1010 | 980 |
| | 1070 | 1050 | 1040 | 1040 |
| | 1090 | 1070 | 1060 | 1060 |
| TP11 | 480 | 480 | 470 | 460 |
| | 570 | 560 | 540 | 520 |
| | 770 | 760 | 750 | 730 |
| | 930 | 930 | 920 | 900 |
| | 970 | 960 | 950 | 930 |
| | 980 | 970 | 960 | 950 |
| | 990 | 980 | 970 | 960 |
| | 1020 | 1010 | 1000 | 980 |
| TP9 | 470 | 460 | 440 | 420 |
| | 560 | 540 | 530 | 500 |
| | 600 | 590 | 580 | 560 |
| | 710 | 700 | 690 | 670 |
| | 850 | 840 | 830 | 810 |
| | 910 | 900 | 890 | 870 |
| | 1030 | 1010 | 980 | 920 |
| | 1080 | 1060 | 1030 | 980 |
| | 1170 | 1160 | 1150 | 1130 |

（续）

| 峰值恒温时间/min | 3 | 5 | 10 | 30 |
|---|---|---|---|---|
| MC25 | 240 | 240 | 210 | 210 |
| | 270 | 260 | 240 | 230 |
| | 380 | 370 | 340 | 330 |
| | 430 | 410 | 360 | 350 |

对购置的不可逆示温涂料在马弗炉中进行间隔为10℃的标定是不现实的，因此所进行的标定都是用电加热方式进行。从罗·罗公司和TPTT公司的不可逆示温涂料标定结果来看，罗·罗公司给出的变色点及等温线变色温度与其标定表基本吻合，对TP8、C3A、MC25等的标定如图4-6～图4-8所示。而TPTT公司给出的变色点是有差异的，对KN8和KN3的标定如图4-9、图4-10所示，其中KN3的标定结果与其给出的7个变色点相差太远，因此外购的不可逆示温涂料要在发动机高温部件上使用时，需进行标定。

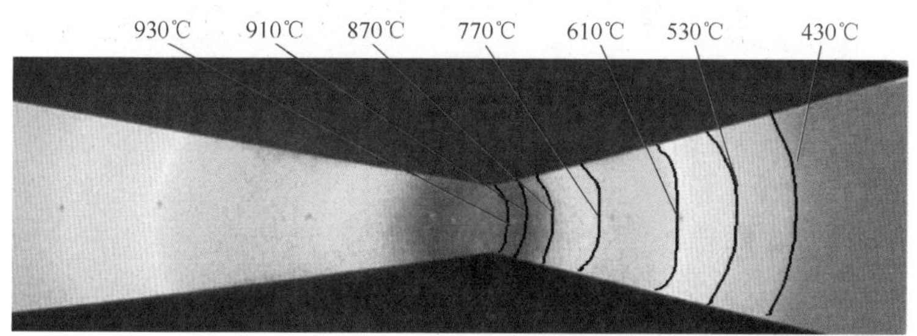


图4-6　TP8的标定结果

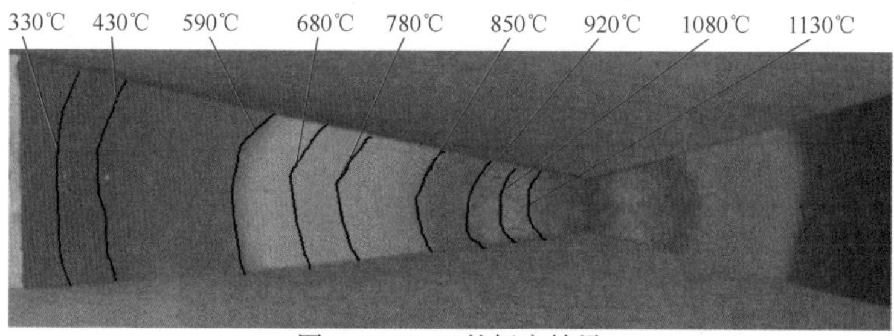


图4-7　C3A的标定结果

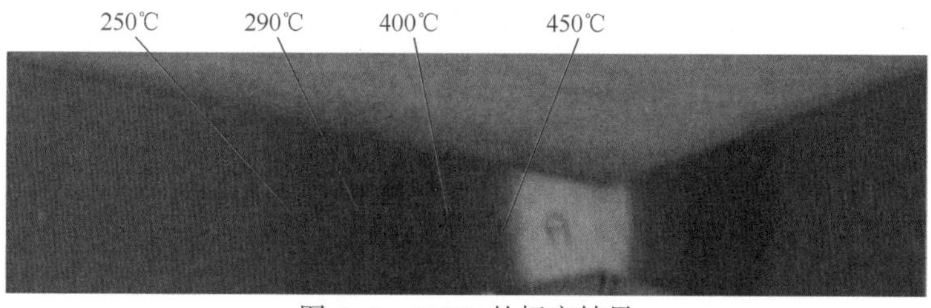


图4-8　MC25的标定结果

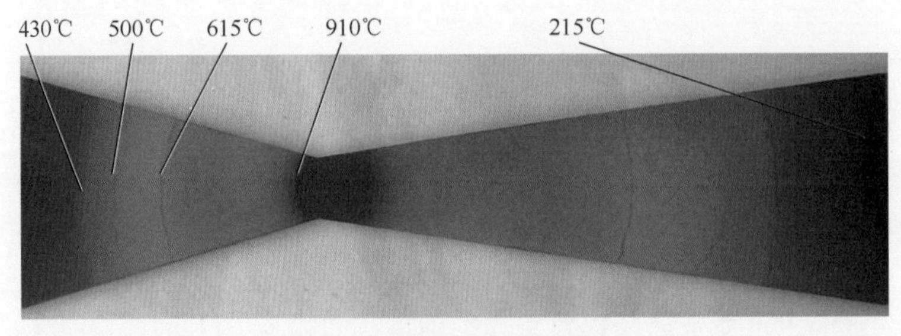


图 4-9　KN8 的标定结果

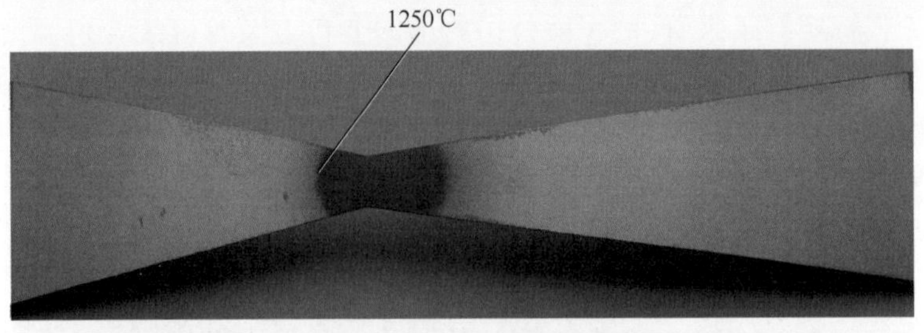


图 4-10　KN3 的标定结果

## 4.3　不确定度

### 4.3.1　不确定度来源

测量不确定度是表征合理赋予被测量之值的分散性,与测量结果相关联的参数。测量不确定度是考虑对测量影响的各种因素在受控于统计状态之下,对一个量在相同条件下进行了多次测量,其测量结果不是同一值,是以一定概率分布在某一区域内的许多值,这个分散性用不确定度定量描述。测量不确定度与测量结果在一起,构成最终测量的完整表达式[56]。测量对象、测量资源、测量环境等均会在测量过程中对测量结果产生不同程度的影响。对测量结果会产生影响的因素,可能来自于以下几个方面:①实现测量的定义不完整或不完善;②取样的代表性不够;③对测量过程受环境影响的认识不全或对环境条件的测量与控制不完善;④模拟式仪器的读数存在人为偏移;⑤仪器计量性能的局限性,测量仪器的分辨力或鉴别力不够;⑥赋予测量标准和标准物质的标准值不准确;⑦引用常数或其他参数不准确;⑧与测量方法和测量程序有关的近似性或假定性;⑨在表面看来完全相同的测量条件下,被测量重复观测值的变化等。

### 4.3.2　建立数学模型

由不可逆示温涂料标定系统的构成可知,系统的测量不确定度主要源于 3

个环节:控制系统环节、采集系统环节和温度传感器系统环节。其测量误差数学模型可用下式表示:

$$\Delta = \Delta_1 + \Delta_2 + \Delta_3 \tag{4-1}$$

$$\Delta_1 = \sigma_a + \sigma_b \tag{4-2}$$

$$\Delta_2 = x_{d2} - x_{s2} \tag{4-3}$$

式中:$\Delta_1$ 为控制系统环节误差;$\Delta_2$ 为采集系统环节误差;$\Delta_3$ 为温度传感器系统环节误差;$\sigma_a$ 为传感器允许误差;$\sigma_b$ 为转换部件(二次仪表)允许误差;$x_{d2}$ 为数据采集系统采集值;$x_{s2}$ 为数据采集系统标称值。

### 4.3.3 不确定度计算

**1. 评定方法**

测量不确定度一般包含若干个分量,按评定方法的不同,可分为 A 类和 B 类。A 类是指对一系列试验观测数列进行统计分析方法评定的不确定度;B 类为根据所有可利用的信息用非统计分析方法评定的不确定度。在评定过程中主要针对标定系统的主要部件的主要参数进行不确定度分析,以在一定程度上简化,最后合成不确定度的计算。

**2. 控制系统环节误差标准不确定度 $u_1$ 的分析**

控制系统环节误差标准不确定度主要由传感器(热电偶)和转换部件(PID 控制器)引入,属于 B 类评定[57]。

1) 传感器引入不确定度 $u_{11}$

根据热电偶的技术指标或检定证书,可得传感器允许误差为 $\pm\sigma_a$,取被测量可能值的半区间宽度 $a = \sigma_a$,假设其服从均匀分布,则 $k = \sqrt{3}$,可得

$$u_{11} = \frac{a}{k} = \frac{\sigma_a}{\sqrt{3}} \tag{4-4}$$

式中:$k$ 为置信因子。

2) 转换部件引入不确定度 $u_{12}$

根据转换部件(PID 控制器)的技术指标或检定/校准证书,可得其允许误差为 $\pm\sigma_b$,取被测量可能值的半区间宽度 $a = \sigma_b$,假设其服从均匀分布,则 $k = \sqrt{3}$,可得

$$u_{12} = \frac{a}{k} = \frac{\sigma_b}{\sqrt{3}} \tag{4-5}$$

**3. 采集系统环节误差标准不确定度 $u_2$ 的分析**

采集系统环节的误差标准不确定度主要由采集系统精度、温度漂移、参数补偿、重复性以及标准信号发生器的输出精度引入,属于 B 类评定。而在实际应

用过程中,标准仪器测量不确定度一般不大于被检定数据采集系统允许误差的 $\frac{1}{4}$,可见其引入的不确定度分量很小,可忽略不计。

1) 采集系统精度引入不确定度 $u_{21}$ 的分析

采集系统测量精度可由技术说明书获取,也可通过标准源校准法获取。为简化数据转化的计算过程,下面将通过第 2 种方法获取其精度进行评定计算。在测量通道中,各加载点重复采样的平均值 $\overline{X}$ 与输入的标准值(约定真值,由标准信号源提供) $X_S$ 之差为各加载点的误差,取各加载点误差最大值的绝对值作为该通道误差 $\sigma_c$ ,即

$$\sigma_c = \max|\overline{X} - X_S|_k \tag{4-6}$$

取半区间宽度 $a = \sigma_c$ ,假设其服从均匀分布,则 $k = \sqrt{3}$ ,可得

$$u_{22} = \frac{a}{k} = \frac{\sigma_c}{\sqrt{3}} \tag{4-7}$$

2) 采集系统温度漂移引入不确定度 $u_{22}$ 的分析

根据数据采集系统说明书可知其温度漂移技术指标,经过数据转换可得其引入误差$\pm\sigma_d$ ,取半区间宽度 $a = \sigma_d$ ,假设其服从均匀分布,则 $k = \sqrt{3}$ ,可得

$$u_{22} = \frac{a}{k} = \frac{\sigma_c}{\sqrt{3}}$$

$$\sigma_d = [\delta_{AT} \times \Delta T]/\mu \tag{4-8}$$

式中: $\delta_{AT}$ 为数据采集系统随温度变化的漂移; $\Delta T$ 为使用时环境温度的变化范围; $\mu$ 为转换系数。

3) 采集系统参数补偿引入不确定度 $u_{23}$ 分析

采集系统使用过程中,会用到部分配套的补偿模块,例如,热电偶温度采集系统需要冷端温度补偿以提高测试数据的准确度。根据参数补偿模块的检定结果或产品说明书给出的指标,可以得到补偿模块的误差$\pm\sigma_e$ ,取半区间宽度 $a = \sigma_d$ ,假设其服从均匀分布,则 $k = \sqrt{3}$ ,可得

$$u_{23} = \frac{a}{k} = \frac{\sigma_d}{\sqrt{3}}$$

4) 标准装置输出误差引入测量不确定度 $u_{24}$ 的分析

根据标准装置说明书或检定证书说明书可获知其输出误差为$\pm\sigma_e$ ,取半区间宽度 $a = \sigma_e$ ,假设其服从均匀分布,则 $k = \sqrt{3}$, 可得

$$u_{24} = \frac{a}{k} = \frac{\sigma_c}{\sqrt{3}} \tag{4-9}$$

5）重复性引入不确定度 $u_A$ 的分析

测量结果的重复性通常都是测量结果的不确定度来源之一，因此在进行不确定度评定时，应考虑重复性对测量结果的影响。

重复件通常用测量结果的分散性来定量地表示，即用单次测量结果的试验标准差表示。在测量结果的不确定度评定中，当测量结果由单次测量得到时，它直接就是由重复性引入的不确定度分量 $s(x)$，当测量结果由 $n$ 次重复测量的平均值得到时，由重复性引入的不确定度分量为 $s(\bar{x})$。

重复性引入的测量不确定度属于 A 类评定。各加载点标准偏差计算方法如下：

$$\bar{X} = \frac{1}{n}\sum_{i=1}^{n} X_i \tag{4-10}$$

$$s(x) = \sqrt{\frac{1}{n-1}\sum_{i=1}^{n}(X_i - \bar{X})^2} \tag{4-11}$$

$$s(\bar{x}) = \frac{s(x)}{\sqrt{n}} = \sqrt{\frac{1}{n(n-1)}\sum_{i=1}^{n}(X_i - \bar{X})^2} \tag{4-12}$$

式中：$X_i$ 为各加载点第 $i$ 次测量的数据；$\bar{X}$ 为各加载点有限次（$n$ 次）测量数据的算术平均值；$n$ 为各加载点测量次数；$s(x)$ 为各加载点标准偏差；$s(\bar{x})$ 为各加载点平均值标准偏差。

采集系统在采集过程中，采用平均值作为各点测量值，在不确定度评定中选取该通道所有加载点中平均标准偏差的最大值作为该通道由重复性引入的测量不确定度，即

$$u_A = s_k(\bar{x})_{\max} \tag{4-13}$$

式中：$s_k(\bar{x})_{\max}$ 为某测量通道加载点中平均值标准偏差的最大值。

**4. 温度传感器系统环节误差标准不确定度 $u_3$ 的分析**

温度传感器系统环节误差标准不确定度主要由温度传感器（K 型热电偶）引入，属于 B 类评定。

据热电偶的技术指标或检定证书，可得传感器允许误差为 $\pm\sigma_a$，取半区间宽度 $a = \sigma_a$，假设其服从均匀分布，则 $k = \sqrt{3}$，可得

$$u_3 = \frac{a}{k} = \frac{\sigma_a}{\sqrt{3}} \tag{4-14}$$

### 4.3.4 不确定度合成

**1. 标准不确定度合成**

当测量结果受多个因素影响而形成若干个不确定度分量时,测量结果的标准不确定度可通过这些标准不确定度分量合成得到,称其为合成标准不确定度。

当各分量之间不相关或相关性很小时,合成标准不确定度可用各不确定度分量的计算公式:

$$u_c = \sqrt{\sum_{i=1}^{n} u_i^2} \tag{4-15}$$

式中:$u_c$ 为合成标准不确定度;$u_i$ 为第 $i$ 个标准不确定度分量。

**2. 扩展不确定度计算**

尽管合成标准不确定度可以表示测量结果的不确定度,但是它仅对应于标准差,由它所表示的测量结果含被测量真值的概率仅为68%。而在实际工作中,要求给出的测量结果区间包含被测量真值的置信概率较大,即给出一个测量结果区间,使被测量值大部分位于其中,为此需要通过计算扩展不确定度来表示测量结果。计算扩展不确定度的关键是确定包含因子 $k$ ,确定包含因子 $k$ 主要通过自由度法、超越系数法和简易法3种方法。包含因子 $k$ 确定后,扩展不确定度由下式计算:

$$U = ku_c \tag{4-16}$$

式中:$U$ 为扩展不确定度。

**3. 相对不确定度计算**

用±$X$ 表示参数的测量范围,它的测量不确定度为 $U$ ,则可计算该参数的相对不确定度 $U_r$ 为

$$U_r = \frac{U}{X} \times 100\% \tag{4-17}$$

### 4.3.5 评定结果

根据上述不确定度评定过程并结合校准数据,对不可逆示温涂料标定系统进行不确定度分析,相关信息如下:

(1) 工作温度范围0~1000℃;

(2) 控制系统转换部件为XSC5智能PID控制器,误差小于0.2%;

(3) 温度传感器系统均采用Ⅰ级K型热电偶,误差为0.4%;

(4) 温度采集系统采用AMAD4118;

(5) 标准装置采用MCX-Ⅱ过程校验仪,K型电偶模拟输出误差为±0.1℃。

在校准时,根据使用温度范围等分为 6 个校准点,经数据采集模块和计算机转换成等效的工程单位值(物理量)输出,共录取 5 遍正反行程特性。标准不确定度来源及评定如表 4-2 所列。

表 4-2 标准不确定度来源及评定

| 标准不确定度分量 | 不确定度来源 | 性能参数/℃ | 分布 | $k$ | 标准不确定度值/℃ | 类别 |
|---|---|---|---|---|---|---|
| $u_{11}$ | 控制用 K 型热电偶 | ±4.0 | 均匀 | $\sqrt{3}$ | 2.31 | B |
| $u_{12}$ | PID 控制器 | ±2.0 | 均匀 | $\sqrt{3}$ | 1.16 | B |
| $u_{21}$ | 数据采集系统测量误差 | ±0.65 | 均匀 | $\sqrt{3}$ | 0.38 | B |
| $u_{22}$ | 温度漂移 | ±0.20 | 均匀 | $\sqrt{3}$ | 0.12 | B |
| $u_{23}$ | 冷端补偿误差 | ±0.3 | 均匀 | $\sqrt{3}$ | 0.17 | B |
| $u_{24}$ | 标准装置输出误差 | ±0.1 | 均匀 | $\sqrt{3}$ | 0.06 | B |
| $u_A$ | 重复性 | — | — | — | 0.06 | A |
| $u_3$ | 采集用 K 型热电偶 | ±4.0 | 均匀 | $\sqrt{3}$ | 2.31 | B |

由表 4-2 可知,合成标准不确定度为

$$u_c = \sqrt{\sum_{i=1}^{6} u_i^2} = \sqrt{u_{11}^2 + u_{12}^2 + u_{21}^2 + u_{22}^2 + u_{23}^2 + u_{24}^2 + u_A^2 + u_3^2} = 3.49℃$$

采用简易法计算扩展不确定度,当置信概率 $p = 95\%$,包含因子 $k = 2$ 时,则有

$$U = ku_c = 2 \times 3.49 = 6.98\ ℃$$

热电偶测试系统测量通道的扩展不确定度为 6.98℃,则转换为相对不确定度为

$$\mu = \frac{U}{X} \times 100\% = \frac{6.98}{1000} \times 100\% \approx 0.70\%$$

## 4.3.6 评定结果分析

标定系统的误差源主要来自 K 型热电偶,可通过采用误差值较小的 K 型热电偶或采用其他精度更高的温度传感器来提高精度。不可逆示温涂料标定系统的精度具有时变性,其测量特性会随时间发生变化(例如,传感器的精度或采集控制系统的精度等),其特性的变化又会直接影响测量系统的精度,因此需要定期对标定系统进行不确定度评定,以保证不可逆示温涂料标定系统的有效性。

## 4.4 判读

不可逆示温涂料测量结果的判读是在不可逆示温涂料使用后处理的一个重要环节,即根据所测试验件表面的等温线来判读温度,从而得到部件表面的温度分布。不可逆示温涂料测量结果的判读方法主要包括人工判读方法和等温线自动判读方法。

### 4.4.1 人工判读方法

不可逆示温涂料测量结果的人工判读方法是指熟练的不可逆示温涂料技术人员通过目视检查的方法将被测试验件的颜色变化及色彩的分界线与标准试片进行比对,并用铅笔在试验件上手工绘制出等温线。人工判读的主要步骤如下:

(1) 有多个试验件的,先进行编号,利用软毛刷、棉花等尽可能清除试验件表面污染物;

(2) 将试验件放置在自然光或标准光源环境下;

(3) 戴上干净手套,通过与不可逆示温涂料的标准试片综合对比分析,变换角度进行观察,绘制出等温线;

(4) 将标准样片与画过等温线的试验件认真、仔细地核对,补画可能遗漏的等温线;

(5) 将各等温线的温度值标注在试验件上。

人工判读不可逆示温涂料测量结果的方法对于个人的依赖性较大,受主观影响因素较大,如技术人员的个人经验、色彩辨识能力、情绪状况等。为解决这一问题,采用计算机软件来判读等温线的方法被逐步开发并使用。

### 4.4.2 自动判读方法

自动判读是指用计算机自动化判读,自动判读方法是一种基于不可逆示温涂料图像处理的等温线识别方法。通过不可逆示温涂料等温线自动识别系统,实现不可逆示温涂料的图像采集与处理、等温线的自动识别与判定,从而提高判读时的精度、效率和可靠性。

不可逆示温涂料等温线自动判读软件是利用计算机图像处理技术将不可逆示温涂料标定后的图片进行处理后,通过特定的算法将等温线识别出来并绘制出等温线,最后通过综合比对,判定不可逆示温涂料变色等温线的位置。等温线识别与判定的流程图如图 4-11 所示。

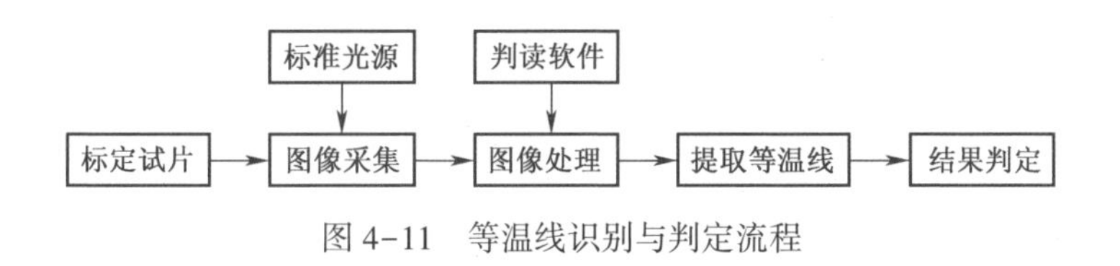


图 4-11 等温线识别与判定流程

**1. 国内研究情况及最新进展**

目前国内对于自动判读方法的研究尚处于起步阶段,从事相关研究的科研人员认为可通过数字图像处理这一途径来实现自动判读,并在此基础上有了很多的积累。其中,国防科技大学的张志龙等提出了一种自动判读系统的硬件结构:通过自然光源照射待测试验件,然后进行图像采集,将结果输入计算机中进行处理,并传输到打印机上,最后由打印机打印出结果,其结构如图 4-12 所示[58]。这一套硬件结构具有很强的可行性,提供了很好的参考。

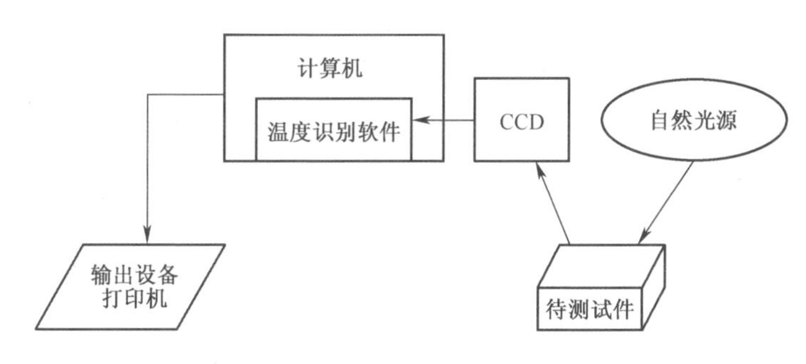


图 4-12 自动判读系统的硬件结构

另外,电子科技大学的王荣华、南京航空航天大学的马春武、西南科技大学的龚巍等都对自动识别算法进行了研究,针对不可逆示温涂料图像的特点,提出了多种滤波算法,对图像进行优化处理,这为后续研究提供了很好的积累。而在温度判读算法上,他们提出了基于三次样条插值曲线来拟合不可逆示温涂料温度曲线、以色度值对比标准比色卡色度值等方法。

这些算法可以在特定条件下较好地识别温度,但是缺点也很明显,它们对于图像 RGB 值准确度的依赖性很强,导致判读的可靠性很低。通常来说,对同一物体进行拍摄,在不同的光照条件、拍摄角度等情况下,图片上各个点的 RGB 值都会有区别。所以以上这些算法对图像的采集要求非常严格,包括标准光源、摄像机分辨率、彩色视频采集卡等硬件的选用条件,光源、摄像机、待测部件的距离限定,采集环境的光照条件等。这无疑为自动判读系统的实际应用造成了非常大的阻碍[59]。

总的来说，在图像处理技术日趋完善的今天，不可逆示温涂料自动判读技术的研究已经有了一定的技术积累，并逐步发展成熟[60]，但这项技术现阶段存在的瓶颈导致其距离实际工程应用还有一定的差距。

**2. 等温线提取算法**

在之前的不可逆示温涂料自动判读研究中，其判读方法都是基于图像颜色与标准色片的对比，同时也进行了很多改进，例如，在颜色空间上进行突破，将RGB 颜色空间与温度的映射关系改进为 LUV 颜色空间与温度的映射关系。但最终得到的结果不尽理想[61]。

为了突破传统算法的限制，采用基于等温线的温度自动判读方法。其判读温度用到的特征信息是颜色变化的梯度，而非单纯的颜色本身，这样就在很大程度上降低了对图像颜色的准确度的要求，在实际应用中具有更高的普适性。在温度判读时，只需要确认不可逆示温涂料图像的变色数，将图像聚类为不同的色块，通过温度梯度提取出颜色边缘，其颜色边缘即为本算法中的等温线，然后根据标准色块温度信息对等温线温度依次进行赋值，进而得到温度信息。相比于单纯地将图像中的颜色信息与标准色块颜色信息进行对比，基于等温线的判读方法无疑具有更高的准确度。因此，精确地找出等温线位置及其两侧的颜色信息是本算法研究中的关键要素。

需要说明的是，在一般的颜色边缘提取算法中，颜色边缘的数量是基于其温度梯度阈值的选取，阈值越高，边缘数量越少，但是边缘的具体数量无法确定。另外，提取出来的边缘线条通常都非常的不规则。在等温线提取算法中，等温线信息需要根据不可逆示温涂料的变色数确定，并尽量规则平滑，因此，在图像中提取等温线位置将通过两个步骤完成。首先，对图像进行聚类运算，将图像划分为若干个色块，其中各个色块内部颜色信息相同；然后，在完成聚类的图像中提取出颜色边缘，并画出等温线。

1）*K* 均值聚类算法[62-68]

*K* 均值（*K*-means）聚类算法由 MacQueen 在 1967 年首次提出，目前已经在图像处理领域的科学研究和实际工程中广泛应用，并有许多高效、简单的成功案例，是一种非常经典的聚类算法。

*K* 均值算法是一种基于距离的聚类算法，其核心思想是在给定的所有数据中选取 $k'$ 个作为聚类中心，其他数据与中心越靠近则认为其与中心越相似。于是，将其与中心归为一类，最终将数据划分为紧凑且独立的各个类。

在算法中，给定的数据为所有的像素点，每个像素值有 R、G、B 三个分量，因此认为给定了 $n$ 个三维数据点集 $X = \{x_1, x_2, \cdots, x_i, \cdots, x_n\}$，其中 $x_i = \{x_{iR}, x_{iG}, x_{iB}\}$（$x_{iR}$、$x_{iG}$、$x_{iB}$ 分别为相应像素点的 R、G、B 值），将这些像素点划分为 $K$ 类

$M = \{m_i, i = 1, 2, \cdots, k'\}$，在每类 $m_i$ 中选取一个点 $\mu_i$ 作为聚类中心，选取两点之间的欧几里得距离（简称"欧氏距离"）作为相似度的判断标准，每类中任意一点与聚类中心的欧氏距离为

$$d_i = \sqrt{(x_{iR} - \mu_{iR})^2 + (x_{iG} - \mu_{iG})^2 + (x_{iB} - \mu_{iB})^2} \quad (x_i \in m_i) \tag{4-18}$$

该类中各点与聚类中心距离的平方和为

$$J(m_i) = \sum d_i^2 \tag{4-19}$$

聚类算法的目标即为所有类得到的距离平方和相加所得的值最小，即

$$J(M) = \sum_{i=1}^{K} J(m_i) \tag{4-20}$$

取最小值。

获得 $J(M)$ 的计算是一个反复迭代的过程，其流程如图 4-13 所示。首先，输入聚类数 $k'$、$n$，然后，通过初始化得到 $k'$ 个聚类中心，在遍历所有的数据并计算到聚类中心的欧氏距离。将各个数据分配到其距离最近的类中，然后重新计算各个聚类的中心，再判断其是否收敛，若不收敛则再次计算所有数据与新的聚类中心距离并进行分配，然后重新确定聚类中心。如此重复，直至收敛，最后得到聚类结果。

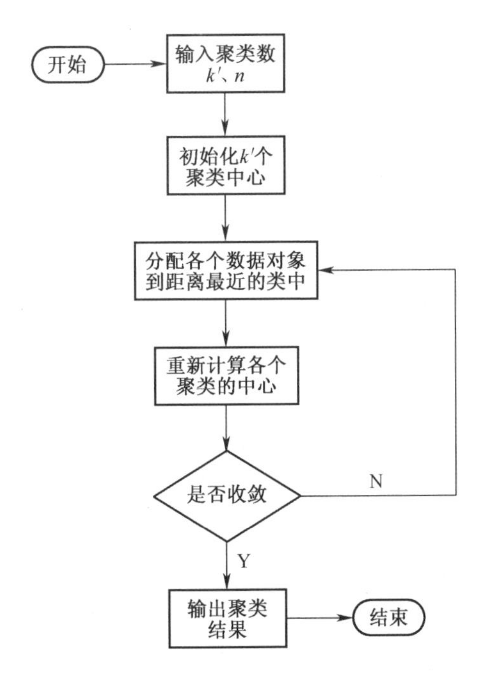


图 4-13　K 均值算法流程图

$K$ 均值聚类算法的缺陷是聚类数 $k'$ 值的选取，由于缺少严格的数学标准，很多人提出了不同的准则，但是一直没有准确的结论。而等温线提取法，每种不可逆示温涂料的变色数是确定的，变色数即为聚类数 $k'$，这恰好规避了 $k'$ 值难以选取的问题，这也是选择 $K$ 均值聚类算法的原因之一。

图 4-14 所示为 TSP-M04 型不可逆示温涂料试片使用 $K$ 均值聚类算法处理以后的图像，处理的结果是比较满意。

图 4-14　TSP-M04 型不可逆示温涂料试片使用 $K$ 均值聚类算法处理以后的效果图

2）边缘提取算法

示温涂料测量温度的识别的关键信息为颜色之间的边界，那么有关边缘提取的图像分割算法则成为图像处理的首选。选取具有代表性的不可逆示温涂料图像分别与现下流行的边缘提取算法（Sobel 算子、Robert 算子、Prewitt 算子和 Canny 算子）进行试验对比，并对各个算法的参数进行有针对性的修正，基本达到了可实现的最佳效果。为了减少干扰，截取了不可逆示温涂料图像的部分关键信息，算法效果如图 4-15 所示。为了能够充分看到几种算法的区别，此处选取的图像相对比较复杂。

从图 4-15 可以发现，在 Sobel 算子的提取结果中，边缘信息丢失的情况比较严重，大量有用的边缘线未被提取，同时已提取的边缘也出现多处断裂。Robert 算子和 Prewitt 算子的处理结果均遍布着大量噪声，使得边缘图像模糊不清，为后续判读工作造成了不利影响。试验结果表明，针对不可逆示温涂料图像的处理，Canny 算子在不可逆示温涂料图像的边缘提取效果是明显优于其他算法的。

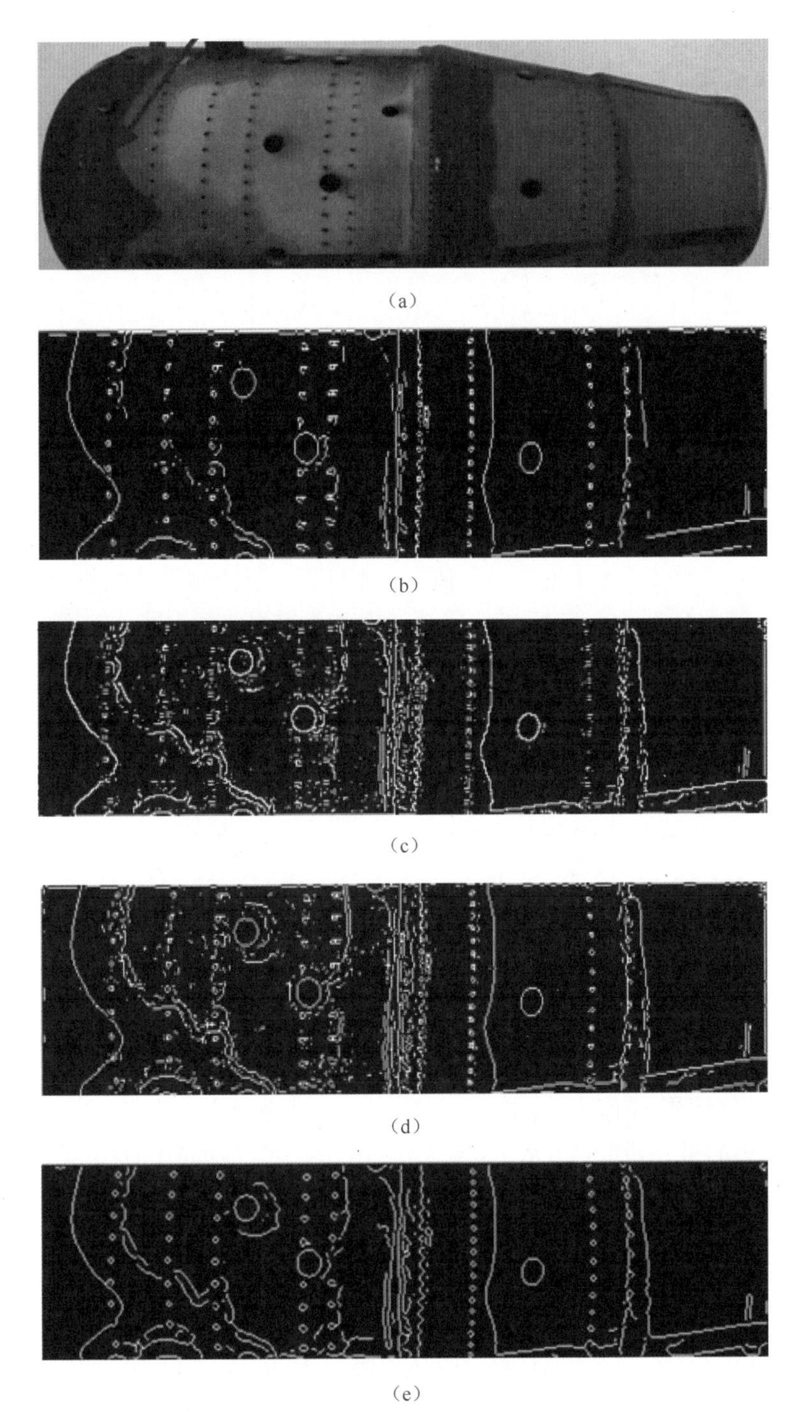

图 4-15 不同算子的边缘提取效果对比
(a)原始图像;(b)Sobel 算子;(c)Robert 算子;(d)Prewitt 算子;(e)Canny 算子。

这是因为,Robert 算子采用的是对角方向相邻两像素之差,即

$$G_x = f(x,y) - f(x-1,y-1) \tag{4-21}$$

$$G_y = f(x-1,y) - f(x,y-1) \tag{4-22}$$

其幅值为

$$G(x,y) = [G_x^2 + G_y^2]^{\frac{1}{2}} \tag{4-23}$$

Robert 梯度以$\left(x-\frac{1}{2},y-\frac{1}{2}\right)$为中心,所以它度量的是$\left(x-\frac{1}{2},y-\frac{1}{2}\right)$点处相互正交的45°和135°方向的像素灰度值变化。然后适当取阈值 $T$ ,当 $G(x,y) > T$ 时,则 $(x,y)$ 为边缘点。这种方法可以完整检测出边缘,而由于其在预想边缘的区域都会产生比较宽的响应,导致这些区域内除了检测到边缘以外,还包含了很多的无用信息,所以采用上述算子检测的边缘还需要做细化处理,边缘定位的精确度不是很高。

而 Prewitt 算子和 Sobel 算子类似,都加大了边缘检测算子的模板,扩大成 3 ×3 来计算差分算子。其中,Prewitt 算子在其垂直方向和水平方向上的算子模板分别为

$$\boldsymbol{P}_1 = \begin{pmatrix} -1 & -1 & -1 \\ 0 & 0 & 0 \\ 1 & 1 & 1 \end{pmatrix}, \quad \boldsymbol{P}_2 = \begin{pmatrix} -1 & 0 & 1 \\ -1 & 0 & 1 \\ -1 & 0 & 1 \end{pmatrix} \tag{4-24}$$

类似地,Sobel 算子从不同的方向检测边缘,同时进行了加权:

$$\boldsymbol{P}_1 = \begin{pmatrix} -1 & -2 & -1 \\ 0 & 0 & 0 \\ 1 & 2 & 1 \end{pmatrix}, \quad \boldsymbol{P}_2 = \begin{pmatrix} -1 & 0 & 1 \\ -2 & 0 & 2 \\ -1 & 0 & 1 \end{pmatrix} \tag{4-25}$$

分别用上述模板对图像做卷积,则可根据下式得出图像的幅值 $T_0$:

$$T_0 = \sqrt{x^2 + y^2} \tag{4-26}$$

之后同样设置阈值 $T$ ,若 $T_0 > T$ ,则判定为边缘像素。其中,Prewitt 算子采用的是简单的平方和求根方法,这样做对噪声有一定的抑制作用,但是敏感度不够。Prewitt 算子对像素进行平均处理,其原理类似于低通滤波,这就导致了图像中边缘位置信息丢失,甚至比 Robert 算子的效果会更差。与前两种算子将图像内所有像素直接进行加权不同,Sobel 算子的理论出发点是邻域中不同位置的像素的加权对中心像素的影响并不一样,不同的邻域像素应该对中心像素进行不同的加权。该算子对噪声具有一定的抑制能力,但是不能完全排除检测结果中出现虚假边缘。虽然该算子的定位效果不错,但是检测的边缘容易出现多像素宽度。

Canny 算子则是先对要处理的图像选择一定的高斯滤波器,进行平滑处理,抑制图像噪声,其二维高斯函数为

$$G(x,y) = \frac{1}{2\pi\delta^2}e^{-\frac{x^2+y^2}{2\delta^2}} \tag{4-27}$$

另外,使用二维高斯函数的导函数作为平滑滤波器。在某一方向 $G(x,y)$ 的方向倒数为 $\nabla G(x,y)$。而求导和卷积是可以交换的,所以可以先用高斯模板进行平滑处理,然后再求导,即

$$I(x,y) = [\nabla G(x,y)] * f(x,y) = \nabla[G(x,y) * f(x,y)] \tag{4-28}$$

平滑后,采用 2 × 2 邻域一阶偏导的有限差分计算平滑后的图像 $I(x,y)$ 的梯度方向和幅值:

$$P_x[i,j] = (I[i+1,j] - I[i,j] + I[i+1,j+1] - I[i,j+1])/2 \tag{4-29}$$

$$P_y[i,j] = (I[i,j+1] - I[i,j] + I[i+1,j+1] - I[i+1,j])/2 \tag{4-30}$$

求出 $x$ 方向和 $y$ 方向的偏导数后,利用二范数来计算梯度幅值,有

$$F[i,j] = \sqrt{P_x[i,j]^2 + P_y[i,j]^2} \tag{4-31}$$

梯度方向为

$$\theta[i,j] = \arctan(P_y[i,j]/P_x[i,j]) \tag{4-32}$$

为了确保所提取边缘的准确性和唯一性,就需要对图像中梯度幅值 $F[i,j]$ 最大的区域进行处理,只对其中梯度变化最大点进行保留。具体实现方法为:在梯度最大区域中,将每一个点与其梯度变化方向上相邻的两个点的梯度进行比较,若此点小于梯度方向上的其他两个相邻点的梯度幅值,则说明该点不是区域中梯度最大的点,即该点不是边缘点。

最后,进行双阈值算法边缘判断和链接断点。设定好双阈值方法检测盒链接边缘需要的低阈值 THL 和高阈值 THH。当检测到某像素梯度幅值大于 THH 时,该点判定为边缘点;若幅值小于 THL,则一定不是边缘点。这样做将排除掉绝大多数假边缘,但是会有间断。因此,当检测到某像素梯度幅值介于 THL 和 THH 之间时,判断其周围 8 个邻域中是否存在边缘点,如果有,则判定为边缘点;如果没有,则判定为非边缘点。

图像经过了之前提到的聚类算法处理以后,再用 Canny 算子提取出等温线,其结果如图 4-16 所示。

**3. 颜色空间转换**

人类通过视觉收集信息,经过大脑的处理,就可以对周围的各种颜色进行分

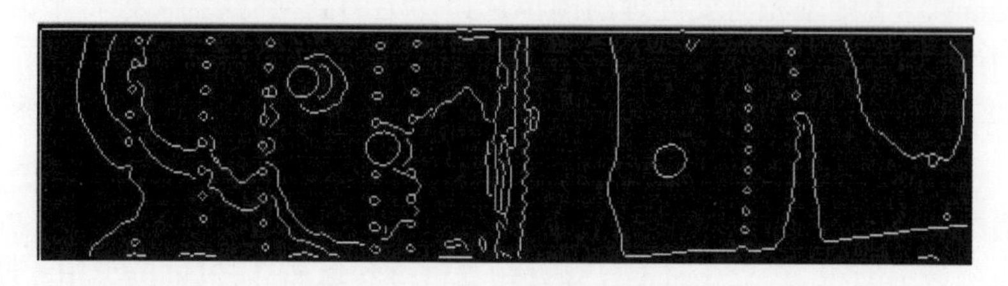

图 4-16　聚类算法处理后用 Canny 算子提取出等温线的效果

辨,是一种感知行为。而计算机对颜色的识别则是通过数字来完成的,称为数字颜色模式。通过这种方法可以对每一种颜色进行准确的记录。

颜色空间的分类有很多,其中最为大家所熟知的就是 RGB 颜色空间。它将颜色分为红(R)、绿(G)、蓝(B)3 个分量,通过红、绿、蓝这三原色的不同搭配来描述所有的颜色,每个分量的变化范围为 0~255。之所以为大家所熟知是因为大量的硬件设备色彩输出都是选择 RGB 颜色空间,它与人类的视觉感知是一致的。但是其缺陷在于,RGB 颜色空间对色度、亮度、饱和度等参量没有进行划分,所以在图像处理研究领域,通常还需要其他的颜色空间来配合使用。

其他比较常用的颜色空间类型还包括 CMY、HSI、Lab、LUV 等。其中,CMY 由青、品红、黄 3 色组成,原理与 RGB 类似,常用于彩色打印。HSI 颜色空间是通过色调、饱和度、强度 3 个分量来对颜色进行描述的,其中色度与光波波长相关,饱和度代表了颜色的纯度,数值越高颜色越鲜艳,强度则代表了颜色的明亮程度。在 Lab 颜色空间中,L 代表颜色的亮度,变化范围为 0~100;a 代表颜色在红色和绿色之间的位置,b 代表颜色在黄色和蓝色之间的位置,a 和 b 的取值范围均为-127~128。通过该方法可以直接得到颜色空间内不同颜色之间的几何距离,以此来进行分析,可以很好地解决图像中色彩较小的问题。LUV 与 Lab 均为 CIE 提出的照明光源标准,LUV 的原理也与 Lab 类似。

在采集到的原始图像中,有时会碰到颜色梯度过小而难以识别的情况,而在应用中又需要提取出相应位置的信息,如图 4-17 所示的 TSP-M02 型不可逆示温涂料试片中圆圈中所标注的地方。

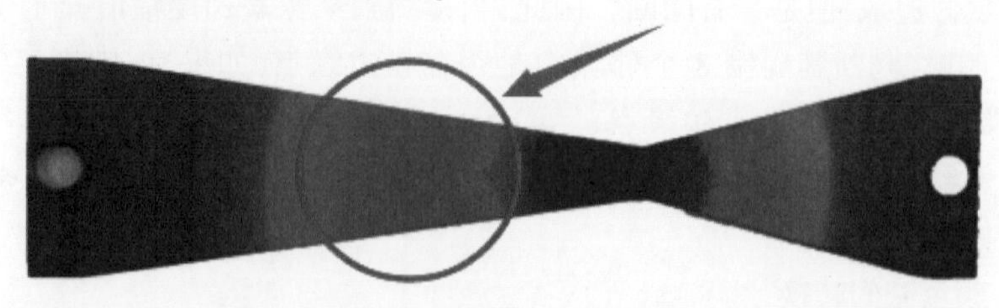

图 4-17　TSP-M02 型不可逆示温涂料试片提取的相应位置的信息

由图 4-18 可以看到，从白灰色到蓝色过渡区域的颜色变化梯度非常小，边界非常模糊，如果对图像直接进行处理，就会出现白灰色区域与蓝色区域归于一块的情况。而不可逆示温涂料颜色的变化都代表了温度的变化，若是这部分的颜色信息出现丢失，那么相应地，这部分的温度信息就无法识别。这种情况就需要对图像进行一定的处理，让颜色变化梯度小的地方也能被识别出来。

通常所说的颜色相似是针对 RGB 颜色空间来说的，如果对颜色空间进行转换，就可以以颜色的其他参数入手，来找出颜色之间的其他差异。因此考虑通过变换颜色空间的方法来设法解决这一问题。

图 4-18 所示为图像在不同颜色空间中的效果，可以看到，在不同的颜色空间中，各图像所凸显出的特征信息均不一样，原图中信息不明显的地方在其他的颜色空间中得到了很大的改善。

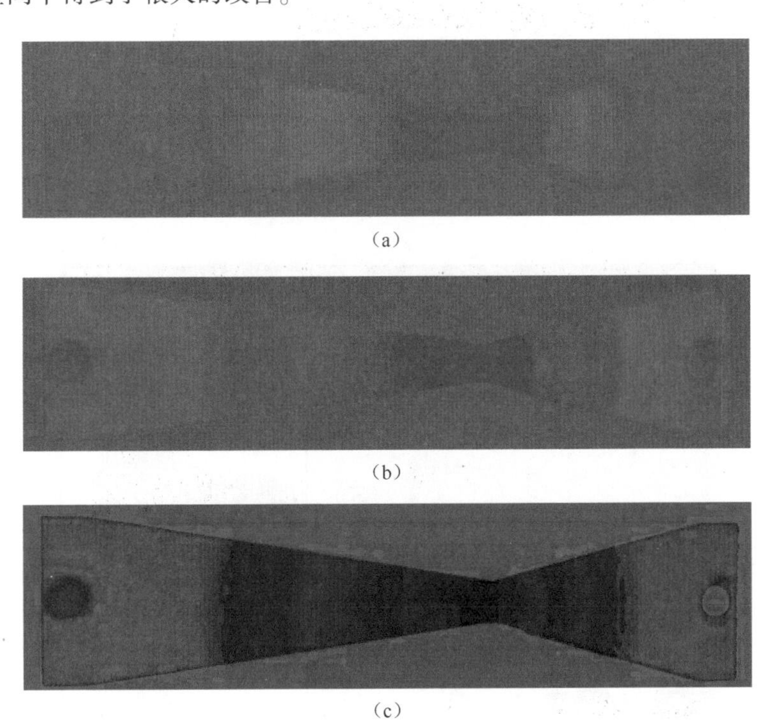

图 4-18 图像基于不同颜色空间的效果

(a) LUV 颜色空间转换；(b) Lab 颜色空间转换；(c) HSI 颜色空间转换。

由图 4-18 可以看到，经过颜色空间转换后，图片上的效果发生了变化，这是因为不同的颜色空间，表征图像信息的参数发生了变化，其实其承载的信息并没有改变，经过一次反变换后，可以将图像还原为原图。转换之后，之前模糊区域的颜色变化梯度明显增大了,这为图像聚类算法提供了很好的便利。

**4. 彩色对比度方法**

在不可逆示温涂料图像聚类的时候,因为有些不可逆示温涂料的颜色搭配问题,颜色的过渡位置很不明显,这样在图像处理的过程中会出现信息丢失的情况。在颜色空间变换的基础上,继续对图像信息进行分析,可以得到其他的方法。其中一种很好的方法就是增强图像的对比度,增大不同颜色之间的差距。

一般来说,传统的图像对比度增强算法都是针对灰度图像的,其基本思想就是将直方图进行均衡化。从图 4-19 所示的一组对比可以非常清晰地看到,均衡化、继续拉伸对图像对比度的影响。

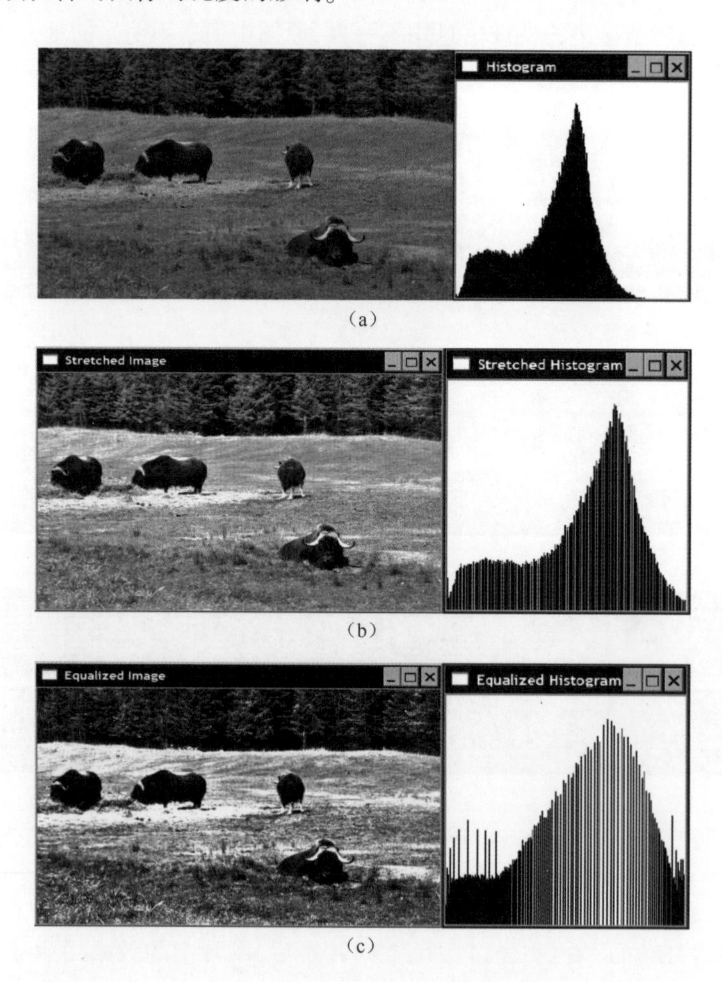


(a)

(b)

(c)

图 4-19　图像对比度与灰度直方图相关性

(a)原图像及其直方图;(b)均衡化后的图像和直方图;(c)继续拉伸后的图像和直方图。

由图 4-19 可以看到,通过对直方图的控制,可以很好地控制图像的对比度。但是这种方法是针对灰度图像这种单通道图像的,只需要对灰度这一个变量进行控制,而对于三通道彩色图像,相应的变量就变成了 3 个,这就导致直方图均衡的方法不再适用。

解决问题最初的设想是相应地对三通道图像的每一个通道都进行均衡化,例如,将 RGB 的 R、G、B 三个分量分别进行均衡化,但是这样得到的效果非常混乱,因为所有的分量都包含了颜色的信息,导致颜色信息被大量改变,得到的结果无法使用。

如何只对图像颜色强度进行均衡化,而不影响图像的颜色,之前提到的颜色空间转换给这一问题提供了解决思路。前面介绍了 HSI 颜色空间,其中的 I 分量即为强度,而其他两个分量用来控制颜色信息,所以考虑先将图像转换为 HSI 图像空间,然后单独对强度分量直方图分布进行均衡化,其他分量保持不变,然后将图像合成,再将得到的结果转换回 RGB 颜色空间。

经过试验,证明了这种方法是可行的,原图像与彩色对比度增强后的图像的对比如图 4-20 所示。

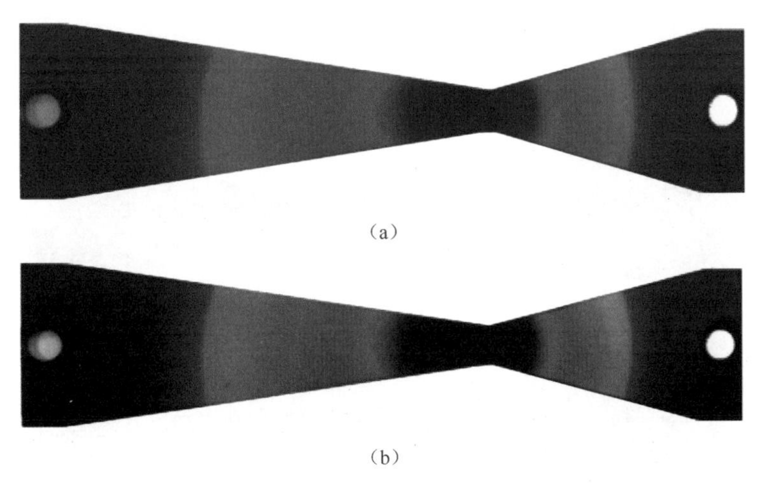

(a)

(b)

图 4-20 原图像与彩色对比度增强后的图像的对比

(a)原图像;(b)彩色对比度增强后的图像。

为了得到最好的等温线效果,用上述方法对图像进行处理,并针对实例进行了相应的试验。这里以提取难度较大的 TSP-M02 型不可逆示温涂料试片为例进行说明。

对图像进行聚类运算后直接提取等温线,可以发现信息的丢失是很严重的,如图 4-21 所示。

图 4-21　直接提取等温线效果图

在提取等温线之前对图像进行对比度增强处理,得到了更多的等温线信息。但是图像中的杂质也被增强,会出现多余的干扰线条,之前所关注的丢失信息也并未被补全,其效果如图 4-22 所示,圆圈标注处为干扰信息。有些地方观察起来的时候,直观上会觉得颜色差距较大,但其 RGB 值并不相差多少,这就说明其变化发生在其他方面。

图 4-22　对比度增强处理后提取等温线效果图

因此，在对比度增强的基础上进行颜色空间转换可突出颜色的其他参数信息。最后确定技术路线为将这几种方法进行结合，先进行对比度增强，然后变换颜色空间，再聚类并转换回 RGB 颜色空间，最后提取等温线，从而得到比较完善的等温线提取算法。试验结果如图 4-23 所示，可以看到，开始丢失的信息都被找出，并且等温线质量比较高。

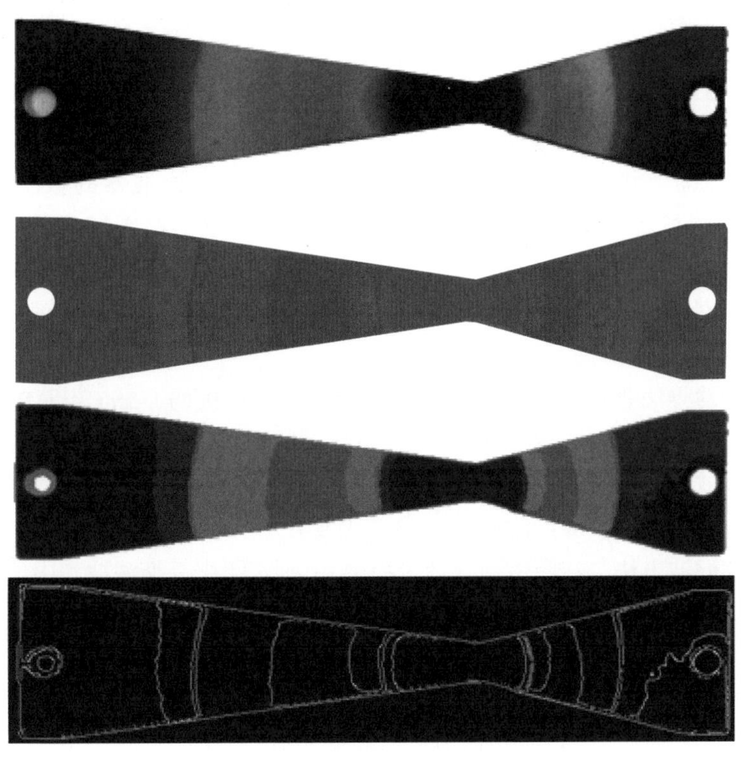

图 4-23　完整算法提取的等温线效果图

**5. 基于图像处理的对象优化处理算法**

在对不可逆示温涂料进行图像采集时，通常会存在一些干扰因素，例如，光照强度、拍摄角度和距离、图像噪声、试片污染、待测元件结构边缘等，这些干扰都会影响后续等温线判读的准确度。因此，在进行判读之前，需要有一道工序对图像中的干扰因素进行排除，这一步工序称为图像预处理，下面对图像预处理方法进行介绍。

数字图像在采集和传输的过程中，非常容易受到噪声源的干扰而产生噪声。在图像采集的过程中，受到图像采集器工作发热、传感元件的质量、光照、温度等因素的影响，都可能导致噪声的产生。在图像传输过程中，会受到信道噪声的影响。如果在无线条件下进行传输,还会受到大气、温度等因素的影响而产生噪声。这些噪声的存在都会影响图像质量,进而影响判读结果的准确性。

另外,由于判读对象的特殊性,如工件上无法消除的污染物,图像中会存在一些无法去除的污染,使得采集得到的图像质量比较差,增大判读难度。因此,需要进行合适的图像预处理从而尽量去除干扰。

在图像预处理中,去噪的过程可以形象地表现为平滑或是模糊,其实质是使用了滤波的手段。滤波就是设定一个特定的频段,然后对信号进行过滤,只允许频段内的信号通过,这样就可以有效地剔除干扰信号。对于图像来说,首先需要将图像数据进行能量转化,然后建立滤波器的数学模型,波段之外的能量就是噪声部分。可以将图像滤波理解为在图像上放了一个包含加权系数的窗口,透过窗口观测到的图像就是经过滤波处理之后的效果。通过滤波处理可以很好地去除图像上的噪点和失真,在低分辨率图像上的表现尤为突出。

滤波的方法非常多,分别具有不同的特点,在使用的 OpenCV 库中,提供了五种常用的滤波器,并且在库中封装为函数,可以直接进行调用。这些函数分别为均值滤波函数、方框滤波函数、高斯滤波函数、中值滤波函数、双边滤波函数。均值滤波、方框滤波、高斯滤波属于线性滤波方法,而中值滤波和双边滤波则属于非线性滤波方法。在图像预处理过程中,分别选用了高斯滤波和中值滤波,下面将对这两种方法进行介绍。

1) 高斯滤波

线性滤波器可以对输入信号中多余的频率进行剔除或从多种频率中选取需要的频率。常见的有高通、低通、带通、带阻等类型的滤波器。在线性滤波方法里,所有的滤波器均为线性,所有输入信号之和的响应和各个输入信号的响应之和相等,即每个像素的输出都与其输入像素线性相关,其原始数据和输出信号之间是一种算术运算,从频率响应的角度对线性滤波进行分析也比较容易。具体运算过程如图 4-24 所示。

图 4-24 中左侧矩阵与中间矩阵做卷积得到右侧矩阵,右侧矩阵深色框数据通过左侧矩阵深色框数据计算得到,即输入的像素值 $f(i+k,j+l)$ 通过线性滤波矩阵处理得到输出的像素值 $g(i,j)$:

$$g(i,j)=\sum_{k,l}f(i+k,j+l)h(k,l) \tag{4-33}$$

即

$$g(x,y)=f(x,y)\otimes h(x,y) \tag{4-34}$$

| 45 | 60 | 98 | 127 | 132 | 133 | 137 | 133 |
|---|---|---|---|---|---|---|---|
| 46 | 60 | 93 | 121 | 129 | 128 | 131 | 133 |
| 47 | 59 | 87 | 114 | 119 | 123 | 135 | 137 |
| 47 | 61 | 86 | 107 | 113 | 122 | 138 | 134 |
| 50 | 59 | 80 | 97 | 110 | 123 | 133 | 134 |
| 49 | 53 | 63 | 83 | 97 | 113 | 128 | 133 |
| 50 | 50 | 58 | 70 | 84 | 102 | 116 | 126 |
| 50 | 50 | 52 | 58 | 69 | 86 | 101 | 120 |

$f(x,y)$

*

| 0.1 | 0.1 | 0.1 |
|---|---|---|
| 0.1 | 0.2 | 0.1 |
| 0.1 | 0.1 | 0.1 |

$h(x,y)$

=

| 69 | 95 | 116 | 125 | 129 | 132 |
|---|---|---|---|---|---|
| 68 | 92 | 110 | 120 | 126 | 132 |
| 66 | 86 | 104 | 114 | 124 | 132 |
| 62 | 78 | 91 | 108 | 120 | 129 |
| 57 | 69 | 83 | 98 | 112 | 124 |
| 53 | 60 | 71 | 85 | 100 | 114 |

$g(x,y)$

图 4-24　线性滤波运算过程

式中：$g(x,y)$ 为图像输出像素信号；$f(x,y)$ 为图像输入像素信号；$h(x,y)$ 为滤波器的滤波函数。

高斯滤波是一种常用的线性滤波，应对高斯噪声有非常好的效果。其基本原理就是将像素点的值与其邻域内的值进行加权平均，用这种方法遍历整幅图像。其具体的实现是使用模板（也可称为掩模或卷积）对图像中的点进行扫描，每一个被扫描的值通过模板来确定一个邻域，对邻域内的像素值进行加权平均计算，将结果赋给中心像素点。

高斯函数实际上就是正态分布函数，高斯滤波的过程就是将图像与正态分布进行卷积运算，它可以使图像更为平滑。高斯滤波的阈值决定了其函数的形状，可以针对不同特点的噪声，对于消除服从正态分布的噪声效果比较好。一维零均值高斯函数为

$$G(x) = e^{-\frac{x^2}{2\sigma^2}} \tag{4-35}$$

式中：$\sigma$ 为函数的阈值，决定了函数的宽度。

在图像预处理中，通常使用二维零均值高斯函数：

$$G(x,y) = Ae^{\frac{-(x-u_x)^2}{2\sigma_x^2}+\frac{-(y-u_y)^2}{2\sigma_y^2}} \tag{4-36}$$

在 OpenCV 中，高斯滤波被封装为高斯滤波函数。

高斯滤波函数在定义好变量之后就可以直接进行调用，滤波效果如图 4-25 所示。从图中可以看到，经过处理后，图像变得比较模糊，边缘位置比较尖锐的地方都被钝化了，颜色的变化更为平滑，色块更为纯净。

(a)

(b)

图 4-25　高斯滤波前后的效果图
(a)原始图像;(b)高斯滤波后图像。

2) 中值滤波

非线性滤波器的工作原理则是从统计的角度入手,其输入数据与输出数据之间是一种逻辑关系,例如,中值滤波、双边滤波这些方法都是将像素值与其邻域内的像素值的灰度值大小进行比较。不同的滤波方法,其模板也是不一样的,具有较大的特异性,所以不能像线性滤波那样总结为一个输入、输出函数。

在图像预处理的实际运用中,很多时候非线性滤波方法可以取得更好的效果。例如,图像中噪声是呈散粒分布而非正态分布的高斯噪声,在图像中表现为很多明显的噪点。对于这种情况,如果用高斯滤波等线性滤波方法进行处理的话,只能将这些突兀的噪点做平滑处理,而不能消除这些噪点。改变滤波阈值或是进行多次滤波可以将噪点处理得更好,但是同时会丢失很多图像原有的信息。这种情况下非线性滤波就可以发挥很大的作用,通过逻辑的设定,直接将突兀的噪点剔除掉,而不影响图像其他信息。

中值滤波就是一种非常典型并且常用的非线性滤波方法,其思路基于排序统计理论,将像素点与邻域的灰度值进行比较并排序,选择排序的中值赋予原像素点,用此方法对整个图像进行遍历,完成滤波。这种方法可以很好地将离散而突兀的噪点剔除,使其变为接近周围像素的真实值。对于斑点噪声、椒盐噪声噪点如同椒盐撒在图像上,因此得名,是一种在图像上出现很多孤立的黑白点的噪声)这类与邻域内像素值关联不大的噪声,其处理效果非常突出,在去除噪声的同时又能很好地保留图像的边缘信息。

线性滤波方法中的均值滤波与中值滤波的使用方法类似,它是将像素值与邻域内的像素值进行取平均值处理,并将结果赋予中心像素点,但这种方法依然将噪点的像素加入了运算。而中值滤波则是直接将噪点信息剔除在外,所以其去噪的效果会更好,这也是非线性滤波的突出优势。但是其劣势在于输出图像的平滑度较差,而且相比于线性滤波方法,其消耗的时间成倍增加。

中值滤波的具体实现方式与线性滤波的实现方式相似,都是将像素点放入一个模板中,但是其运算方式发生了改变,不是进行加权运算,而是将邻域中的一个值取出作为输出。例如,取 3×3 的滤波模板,计算以点$(i, j)$为中心的模板的像素中值,其步骤如下:

(1) 将所有像素值按灰度值大小进行排列;

(2) 完成排序后,选取结果中的中间值作为新值赋予点$(i, j)$,过程如图 4-26所示。

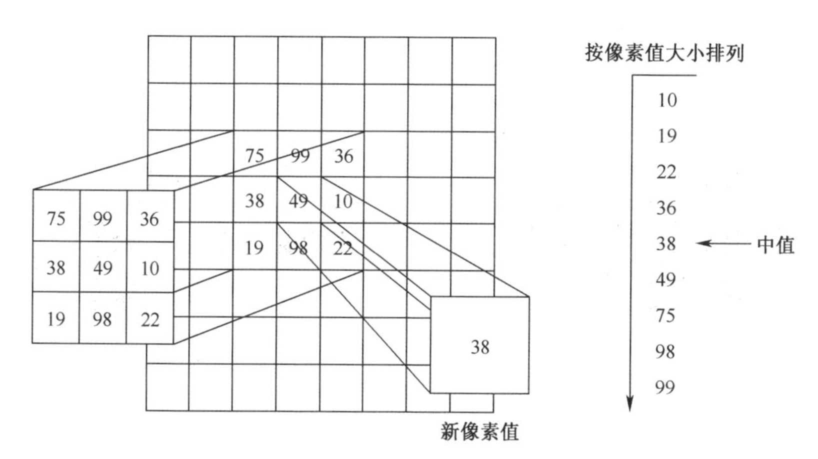


图 4-26 中值滤波过程

在选取滤波的模板时,其邻域点的个数一般选用奇数值。若邻域中点的个数为偶数值,则选取排序结果中中间两点的平均值作为中值。

在 OpenCV 中,中值滤波被封装为中值滤波函数。

中值滤波的效果如图 4-27 所示。可以看到,去噪的力度非常大,原图中涡轮中部的油污在很大程度上被去除,而整个图像的原始信息都得到了比较完整的保留。另外,相比于高斯滤波,其边缘位置更尖锐,在一定程度上克服了线性滤波所造成的细节模糊。

滤波的作用也是非常重要的。图 4-28 所示为 TSP-M04 型不可逆示温涂料试片,以此图为例对滤波算法进行分析。

图 4-29 所示为在不进行滤波处理的情况下提取的等温线效果图。可以看到,每条等温线周围都有很多毛边,很不平滑,并且在图像中有较多的白色小点,

（a） （b）

图 4-27　中值滤波前后的效果图
(a)原始图像;(b)中值滤波后图像。

图 4-28　TSP-M04 型不可逆示温涂料试片

这些都是原始图像中的噪声信息被提取出来以后的结果。这样的等温线效果显然是不能令人满意的。

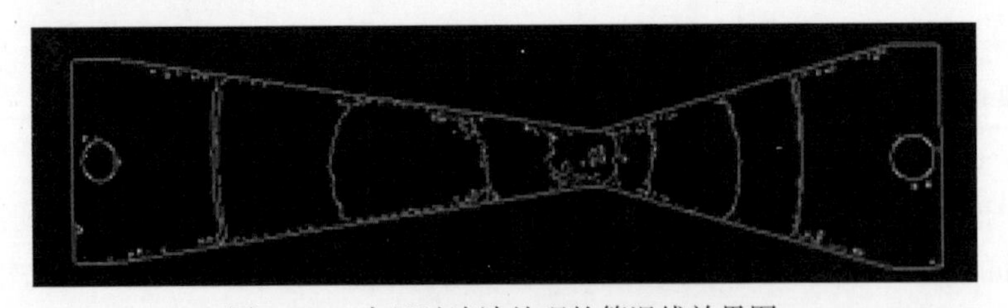

图 4-29　未经过滤波处理的等温线效果图

图 4-30 所示为对图像单独进行高斯滤波的效果图。可以看到,经过处理之后,图像模糊的效果还是比较明显的,大部分的噪声都已被过滤,但是相比于中值滤波的效果来说,它对噪声处理的力度仍然不够大,使得很多多余的线条还是保留了下来。而其优势在于等温线的平滑度比较好,说明图像模糊在处理过

程中起到了作用。

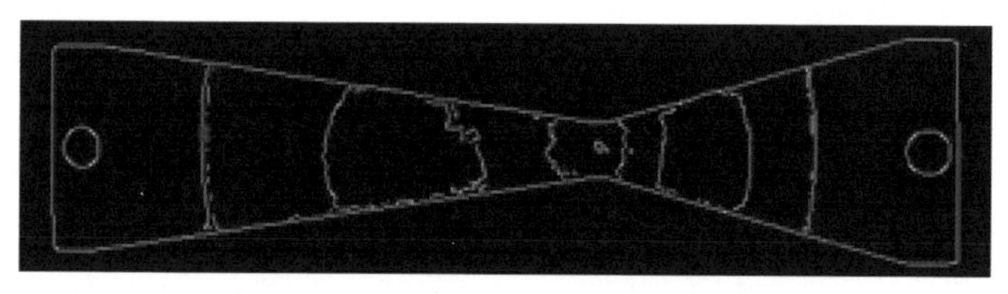

图 4-30　高斯滤波处理后的等温线效果图

对图像进行中值滤波处理，效果如图 4-31 所示。可以看到，图像中明显的噪点都已经被清除，等温线干净、清晰，中值滤波的效果得到了很好的体现。但是从线条平滑度的角度来看，其效果甚至比不上原图像，显然中值滤波还是使图像颜色边缘的信息发生了变动。

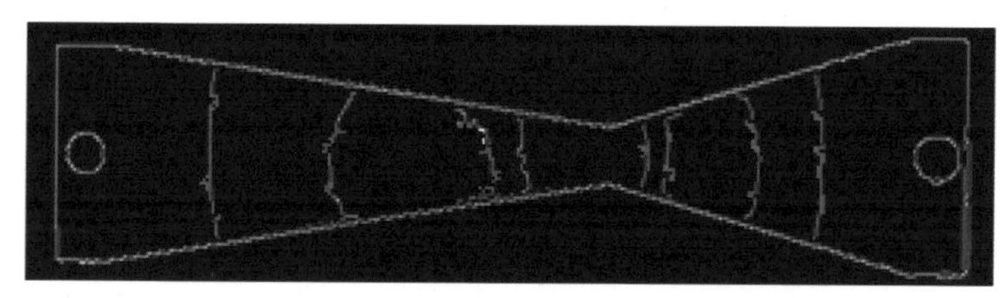

图 4-31　中值滤波处理后的等温线效果图

在总结了两种方法的优缺点之后，最后选择对图像先进行中值滤波，再进行高斯滤波，图 4-32 所示就是经过两种方法结合处理后图像等温线的效果图。可以看到，噪声信息都被剔除掉了，等温线清晰、平滑，达到了比较理想的效果。

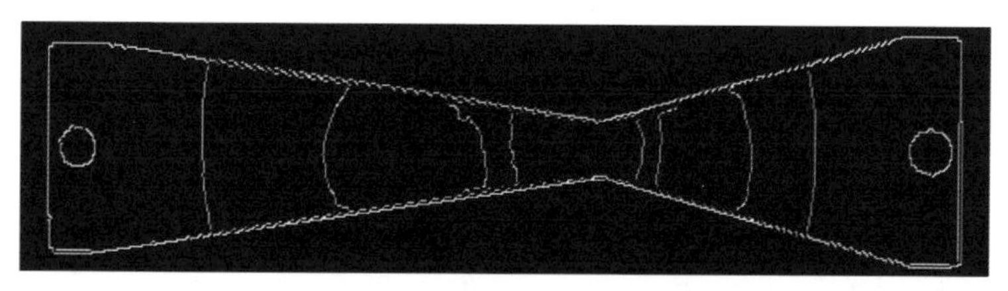

图 4-32　中值滤波、高斯滤波结合处理后的等温线效果图

系统对结合后的滤波功能进行了重新封装，用户可以进行一键操作选择。在这个过程中，还开放了聚类数和平滑度两个参数供用户选择，让用户可以通过调整得到最好的效果。另外，在系统中将中值滤波称为去噪，将高斯滤波称为滤波，这两项功能都单独对用户提供了接口，如果用户对集成处理的效果不满意，

可以通过接口单独操作,达到改善图像效果的目的。

**6. 温度识别算法**

在完成了之前的等温线提取工作之后,下面就开始对等温线的温度进行判读。

将所寻得的边缘颜色均设置 RGB 数值为 (255,255,255) ,即纯白色。

扫描 Canny 算子处理后的边缘图像,得到所有疑似等温线的边缘信息(包括每条边缘线的编号和相应的坐标)。通过算法过滤,排除掉非等温线的边缘,如轮廓和细小的噪点。此处可以使用线的长度作为依据,判别其是否为等温线。在整体图像尺寸一定的前提下,等温线的长度(所包含的像素数)一般是居中的,太短或者太长都不是等温线,较短的一般都是噪点或者污染,而过长的一般都是器件的结构边缘。然后将等温线结果标注到原始图像上。

此外,在无须判读结果,仅仅观察等温线效果时,可以将边缘图像与原图像进行加权。由于纯等温线图像背景为纯黑(即 RGB 值均为零),加权并不会对原图造成任何影响,而等温线部分为纯白色,已达到像素最大值,加权后将继续为最大值 (255,255,255) 。这样原图中的等温线就被勾勒出来了。

在用 $K$ 均值聚类算法处理过的图像中,扫描每个等温线像素坐标,每当扫描到一个等温线像素点时,需要进行如下计算:在该像素周围的 8 邻域内存在 4 组相对位置像素 ($A_1,A_2;B_1,B_2;C_1,C_2;D_1,D_2$) ,如图 4-33 所示。

| | | |
|---|---|---|
| $A_1$ | $B_1$ | $C_1$ |
| $D_2$ | 白像素点 | $D_1$ |
| $C_2$ | $B_2$ | $A_2$ |

图 4-33　等温线像素邻域

进行组内的距离计算,得出距离 $D$ 最大的一组,即

$$D=\sqrt{(R_{A_1}-R_{A_2})^2+(G_{A_1}-G_{A_2})^2+(B_{A_1}-B_{A_2})^2} \tag{4-37}$$

此处以 $A$ 组为例,其余 3 组类推。等温线的温度信息是由该等温线所分割的两种颜色来决定的,在图像中任意 3×3 像素范围内,等温线有如图 4-34 所示的(a)、(b)、(c)、(d)四种情况(其中灰色代表等温线,两侧颜色分别以红色和绿色为例)。若要得知等温线两侧颜色的变化,则必须取出等温线像素周围最

具有代表性的一对像素颜色的变化信息，称为“特征组”。为了保证所选的像素正处在等温线的两侧，对可疑组都进行欧几里得距离计算。显然，若该像素组处于等温线两侧，则颜色差异一定最大，那么距离最大的一组即为所需像素组，若多组符合，则从中随机选择一组。

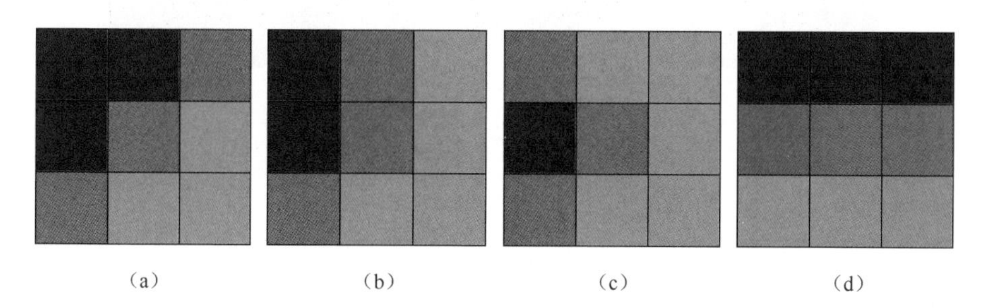

(a)　　(b)　　(c)　　(d)

图 4-34　3×3 像素范围内的 4 种等温线

(a)*ABD* 三组对比；(b)*AD* 两组对比；(c)*D* 单组对比；(d)*ABC* 三组对比。

如图 4-34 中图(a)的情况，选取图 4-33 中 ($A_1$,$A_2$)、($B_1$,$B_2$)、($D_1$,$D_2$) 组就比较适合表达颜色变化，而这种表达方法对图(d)显然是不具有代表性的。而图(b)的情况则选取 ($A_1$,$A_2$)、($D_1$,$D_2$) 组比较合适，而对其他两组就不能适用。

得到“特征组”后，分别读取该组中两像素的像素值，分别与数据库中数据进行比对，得出对应温度再进行等温线的赋值。在此注意：计算机并不知道该等温线是由红至绿还是由绿至红的分界线。如果一对“红与绿”的特征组在与数据库进行比对时，两者分别同“绿与红”进行欧几里得距离计算欧几里得距离，那么得出的结果值是非常大的，不会被归为其类，这就造成了误判。为了避免这一现象，将每组数据分别赋予属性，以防止逆向比对，具体方法如下。

针对不可逆示温涂料标准试片(图 4-35)先进行上述同样的处理(*K* 均值聚类及 Canny 边缘提取)，读取各个等温线两侧的“特征组”，然后根据每个“特征组”RGB 中 *R* 值的大小(若需要改变颜色空间，如 Lab 颜色空间，则选取 *L* 值)，将每组中 *R* 值较大的像素存放于 *H* 组中，*R* 值较小者则存放于 *L* 组中(以图4-35 中的 4 条等温线为例)，形成表 4-3 所列的一组等温线数据。其中每一纵列中 *H*、*L*、*T* 为一组数据。那么对采集来的试验件图片得出的特征组也进行同样规则的分组，即可得出试验件中某等温线特征组的 *H* 值和 *L* 值。用图片中得出的特征组 *HL* 与对应不可逆示温涂料数据库中的 *HL* 分别做计算(欧氏距离计算)，得出 *HL* 两者距离和最短的一组，把对应的 *T*(温度)赋值给该等温线。

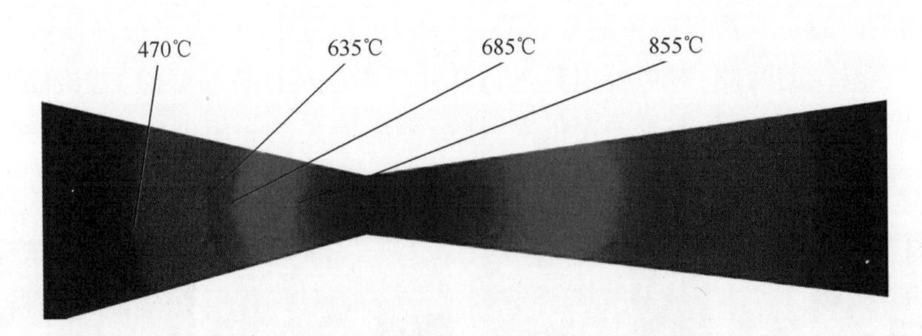


图 4-35　进行 $K$ 均值聚类及 Canny 边缘提取处理前的
不可逆示温涂料标准试片

表 4-3　等温线数据

| 项目 | 等温线 1 | 等温线 2 | 等温线 3 | 等温线 4 |
|---|---|---|---|---|
| $H$ 组 | (146,7,29)<br>红 | (146,7,29)<br>红 | (68,77,89)<br>灰 | (39,114,114)<br>青 |
| $L$ 组 | (0,0,0)<br>黑 | (68,77,89)<br>灰 | (39,114,114)<br>青 | (0,0,0)<br>黑 |
| $T$/℃ | 470 | 635 | 685 | 855 |

$$D_0 = \sqrt{(R_{H_0} - R_{H_1})^2 + (G_{H_0} - G_{H_1})^2 + (B_{H_0} - B_{H_1})^2} + \sqrt{(R_{L_0} - R_{L_1})^2 + (G_{L_0} - G_{L_1})^2 + (B_{L_0} - B_{L_1})^2} \tag{4-38}$$

式中：$D_0$ 为试验件中某边缘点（等温线）的 $H$、$L$ 两组数据欧氏距离之和，取表 4-3中的所有等温线分别进行计算，选取其中 $D_0$ 值最小的一条，并把对应的 $T$（温度）赋值给该等温线，至此算法结束。等温线赋值如图 4-36 所示。

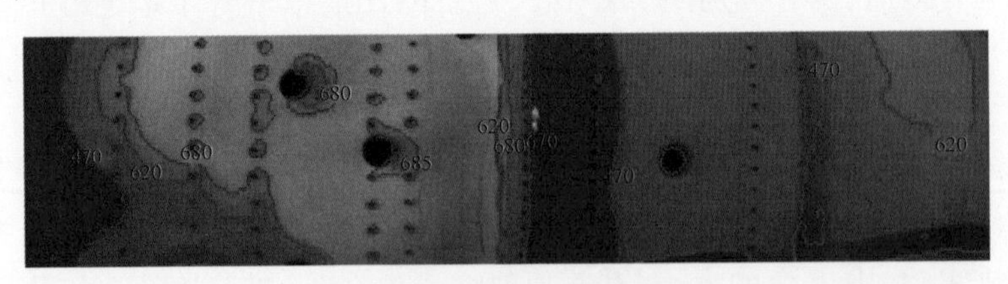


图 4-36　等温线赋值

该算法可较好地完成不可逆示温涂料图像的前景提取、增强滤波、色块分割，以及等温线提取、基于等温线的温度判读等。

由于试验件在试验过程中受各种因素的影响，在试验件表面涂覆的不可逆示温涂料污染较严重时，计算机自动识别较难，因此不可逆示温涂料图像的自动判读具有局限性，还应深入研究，完善软件功能，提高软件的适用范围，建立大量的数据库。

# 第 5 章 测量的影响因素

不可逆示温涂料的变色温度都是在一定的条件下得到的,这个温度称为标准变色温度。实际应用时,变色温度和变色颜色会受各种外界因素的影响,主要有恒温时间、升温速度、试验环境、涂层厚度、喷涂、烟熏、油液、锈蚀等影响。

## 5.1 恒温时间的影响[69]

峰值恒温时间对不可逆示温涂料的变色温度的影响是很大的,恒温时间越长,变色温度越低。公式表达如下:

$$\theta = a - b\lg t \tag{5-1}$$

式中:$\theta$ 为变色温度(℃);$a$,$b$ 对某一种不可逆示温涂料而言为常数(实测);$t$ 为恒温时间(min)。

品种为 TSP-04 和 TSP-05 的两种单变色不可逆示温涂料在不同峰值恒温时间下的标定结果如图 5-1、图 5-2 所示,从图中可以明显地看出,峰值恒温时间越长,等温线的温度也越向 T 形试片宽边扩展,温度也越来越低(试片为通电加热,试片面越窄,电流密度越大,温度越高;相反,试片面越宽,电流密度越低,温度也越低)。表 5-1 所列为 TSP-S04 和 TSP-S05 峰值恒温时间与温度的关系,图 5-3 所示为 TSP-S04 和 TSP-05 峰值恒温时间与变色温度的关系曲线。再者,峰值恒温工作时间越长,其表面喷涂的不可逆示温涂料颜色越模糊。如罗·罗公司的不可逆示温涂料 TP11,峰值恒温时间 3min 显色如图 5-4 所示。其峰值恒温时间 3min 的火焰筒壁温测试显色如图 5-5 所示,试验件表面不可逆示温涂料本体颜色和变色颜色及等温线温度清晰可辨;其恒温 1.5h 的涡轮盘壁温测试显色如图 5-6 所示,试验件表面不可逆示温涂料本体颜色和变色颜色及等温线温度就较模糊,因此用不可逆示温涂料测量试验件表面温度应不超过其规定的试验时间。

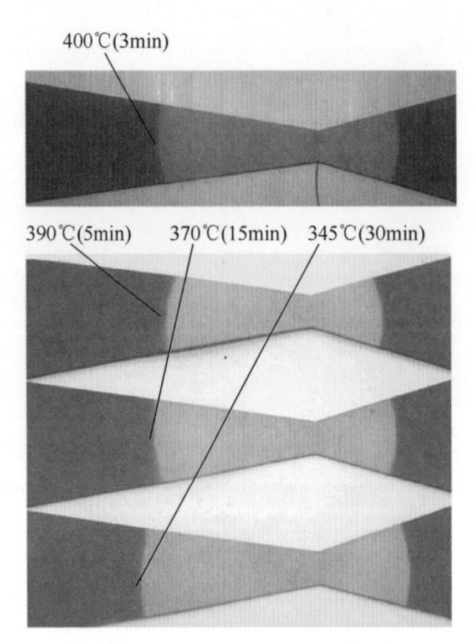


图 5-1 TSP-04 标定结果

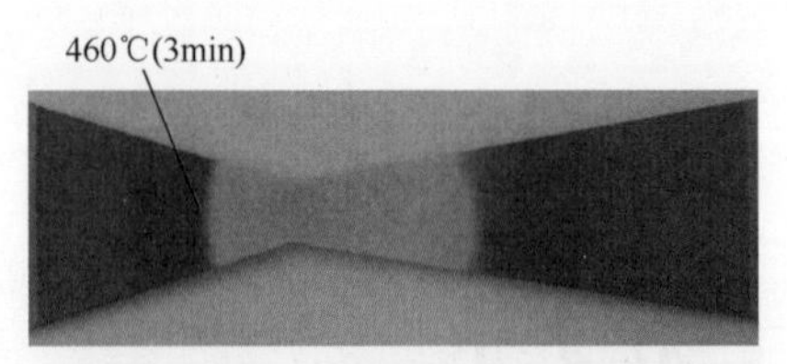


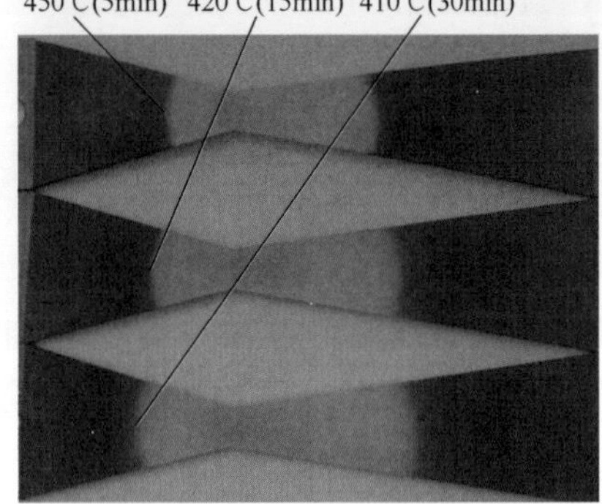


图 5-2 TSP-05 标定结果

表 5-1 TSP-04 和 TSP-05 峰值恒温时间与温度的关系 （单位:℃）

| 品 种 | 峰值恒温时间/min | | | |
|---|---|---|---|---|
| | 3 | 5 | 15 | 30 |
| TSP-S04 | 400 | 390 | 370 | 345 |
| TSP-S05 | 460 | 450 | 420 | 410 |

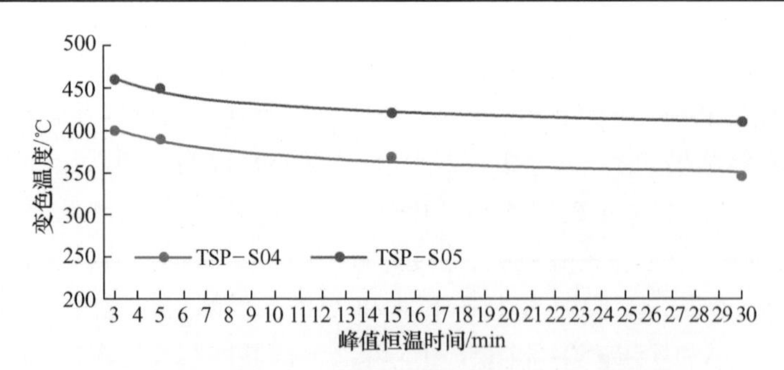


图 5-3 TSP-04 和 TSP-05 峰值恒温时间与变色温度的关系曲线

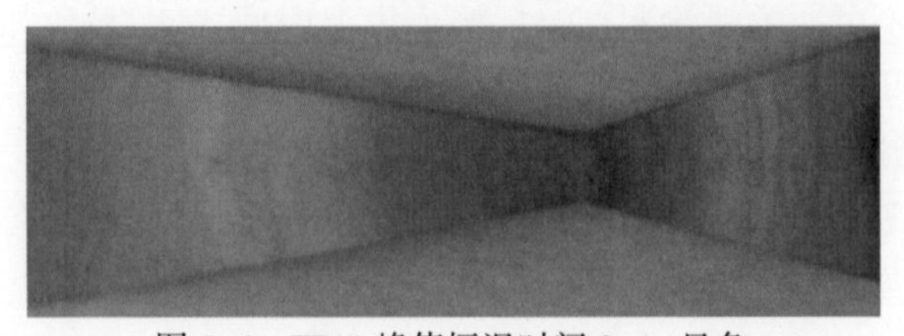

图 5-4 TP11 峰值恒温时间 3min 显色

图 5-5　峰值恒温时间 3min 的火焰筒

图 5-6　峰值恒温时间 1.5h 的涡轮盘

罗·罗公司生产的几种不可逆示温涂料在一定的升温时间、升温速度和不同的峰值恒温时间下的标定结果如表 5-2 所列,这与表 5-1 在一定的升温时间、升温速度和不同的峰值恒温时间下的标定结果规律是一致的。每一种不可逆示温涂料所显示的变色温度,都是在一定的峰值恒温时间下得到的,每一种不可逆示温涂料一般都有使用条件说明或标准色板,使用时只有按规定条件进行才能得到准确结果。

表 5-2　MC40、MC43、MC44 峰值恒温时间与温度关系　（单位:℃）

| 品　种 | 峰值恒温时间/min | | | |
|---|---|---|---|---|
| | 3 | 5 | 10 | 30 |
| MC40 | 430 | 420 | 400 | 380 |
| MC43 | 450 | 440 | 430 | 410 |
| MC44 | 470 | 460 | 450 | 430 |

## 5.2　升温速度的影响

不可逆示温涂料的变色温度不但随升温速度的变化而变化,而且不同品种的不可逆示温涂料,升温速度对其影响程度也不一样。加热时间长,即升温速度慢,变色温度降低。但同一个品种慢慢加热所发生颜色变化的温度比标准变色温度要低一些。反之,当快速加热时,变色温度会提高,但底材温度的上升跟不上升温速度的变化,即变色颜料本身的温度变化跟不上升温速度的变化,因此它所积蓄的能量不足以使变色颜料产生化学变化或物理变化,只有当其达到一定能量,发生反应,出现变色时,指示的温度会偏高。

大量试验研究表明,升温速度对不可逆示温涂料变色温度的影响较小。潘勇等研究了不可逆示温涂料升温速度对变色温度的影响,如表 5-3 所列,由此可以看出,升温速度对不可逆示温涂料变色温度的影响较小。

表 5-3　升温速度对变色温度的影响

| 升温速度/(℃/min) | 实际变色温度/℃ | 理论变色温度/℃ |
|---|---|---|
| 5 | 87~91 | 99~102 |
| 10 | 91~93 | 99~102 |
| 20 | 93~94 | 100~102 |
| 25 | 93~95 | 100~103 |

一般地,不可逆示温涂料升温速度与变色温度的关系可以用如下经验公式表示:

$$T = A + B\lg v \tag{5-2}$$

式中:$T$ 为变色温度(℃);$A$,$B$ 对某一种不可逆示温涂料而言为常数(实测);$v$ 为升温速度(℃/min)。

## 5.3 涂层厚度的影响

涂层厚度将直接影响不可逆示温涂料附着力的大小。经验表明,不可逆示温涂料的涂层厚度控制在 20~25μm 时,测温效果最佳。涂层厚度在此范围内变化对不可逆示温涂料的变色温度的影响较小,过厚则变色温度偏高,试验中不可逆示温涂料易崩落,过薄则变色温度偏低,且颜色浅不容易辨别。因此,在涂覆不可逆示温涂料时,应注意控制涂层厚度。

## 5.4 喷涂的影响

喷涂时,要调节好喷枪的雾化压力及出料,使喷涂出的涂料在试验件表面是湿润有光泽的,并且不出现流挂现象。若喷涂出的涂料在试验件表面不显湿润且无光泽,那么干燥后试验件表面的涂料会掉粉或脱落,直接影响试验件的测试结果。

## 5.5 试验环境的影响

不可逆示温涂料变色温度与周围的环境息息相关。大量试验表明,在航空发动机工作环境下,部分品种的不可逆示温涂料在高温燃气的作用下很容易与介质发生反应,从而妨碍原反应的发生,改变了变色的色调或变色温度,此时不能准确判读温度。这说明周围环境对反应起了作用,影响了颜色的变化。

如某航空发动机动力装置涡轮工作叶片测试主要采用6种不可逆示温涂料,不可逆示温涂料品种如图5-7~图5-12所示。

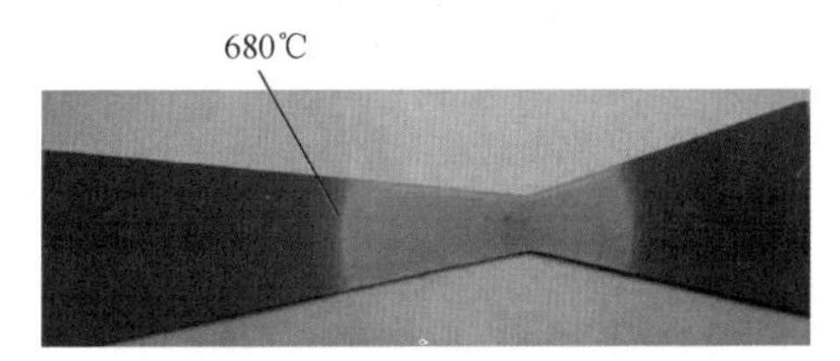


图5-7 动力装置涡轮工作叶片测试采用不可逆示温涂料TSP-S01

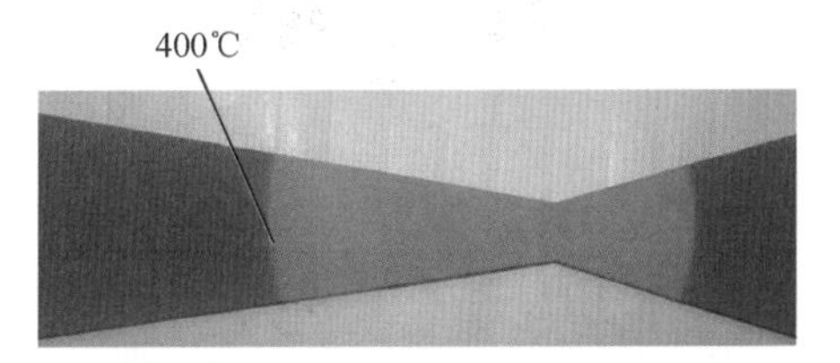


图5-8 动力装置涡轮工作叶片测试采用不可逆示温涂料TSP-S04

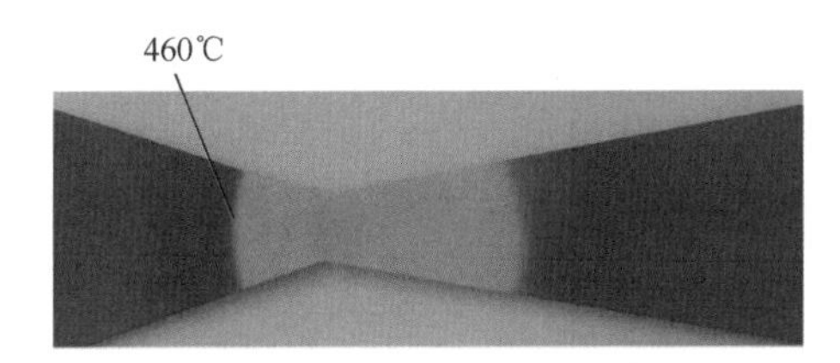


图5-9 动力装置涡轮工作叶片测试采用不可逆示温涂料TSP-S05

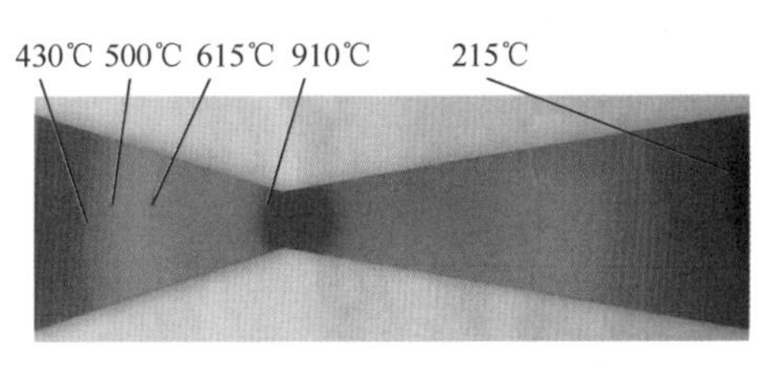


图5-10 动力装置涡轮工作叶片测试采用不可逆示温涂料KN8

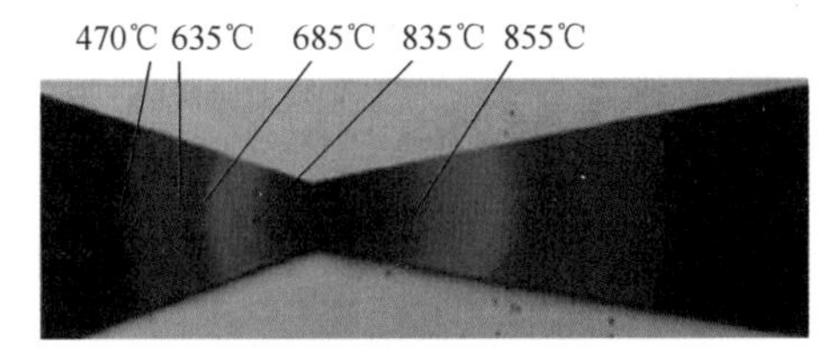


图5-11 动力装置涡轮工作叶片测试采用不可逆示温涂料TSP-M04

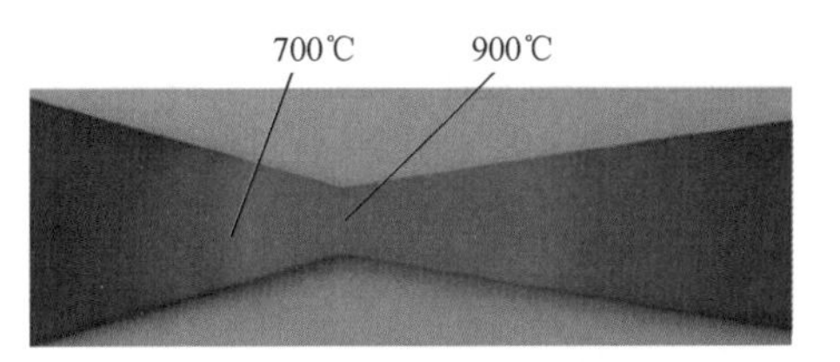


图5-12 动力装置涡轮工作叶片测试采用不可逆示温涂料TSP-S03

不可逆示温涂料在涡轮工作叶片上的测试位置如图5-13所示,与之相对应的测试结果如图5-14所示。

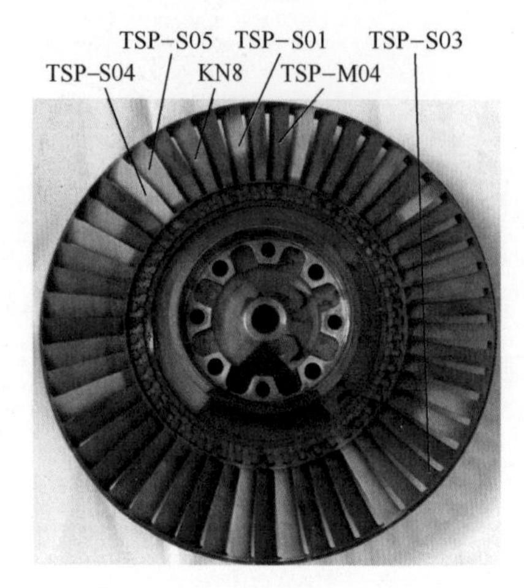


图 5-13 不可逆示温涂料的测试位置

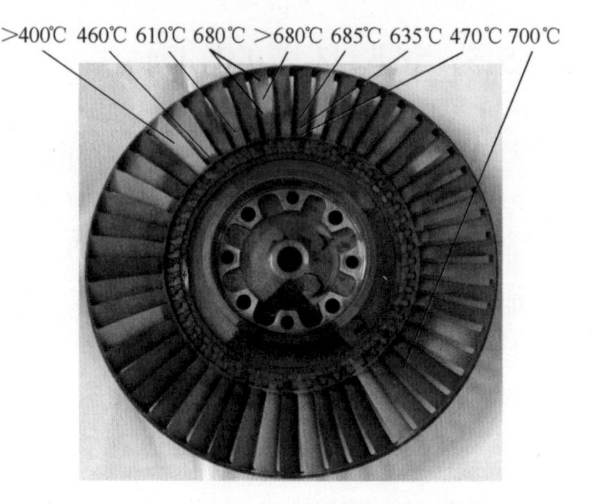


图 5-14 不可逆示温涂料的测试结果

试验后,判读时发现多变色不可逆示温涂料 TSP-M04 和单变色不可逆示温涂料 TSP-S03 与另外 4 种不可逆示温涂料的判读结果差异较大。从图5-14 可以明显看出,TSP-S05 不可逆示温涂料在叶片表面 460℃ 的等温线位置,高于 TSP-M04 在叶片表面 470℃ 的等温线位置;KN8 不可逆示温涂料在叶片表面 610℃ 的等温线位置,高于 TSP-M04 在叶片表面 685℃ 的等温线位置;TSP-S01 不可逆示温涂料在叶片表面 680℃ 的等温线位置,高于 TSP-M04 在叶片表面 685℃、TSP-S03 在叶片表面 700℃ 的等温线位置。从发动机涡轮部件热传导规律来看,显然 TSP-M04 和 TSP-S03 的测试结果是错误的。如罗·罗公司研制的 TP10、C3A 等不可逆示温涂料的使用条件是在空气气氛中使用,主要用途是测量燃烧室(外部)、盘、压气机叶片等表面温度,而 TP8、TP11 等不可逆示温涂料的使用条件是在燃气和空气中均可使用,主要用途是测量喷口导向叶片、涡轮叶片、燃烧室(内部)等表面温度。TPTT 公司的不可逆示温涂料 KN8 等同于 TP8,从 KN8 的使用条件可以判定其 610℃ 的等温线温度的是正确的,而 TSP-S05和 TSP-S01 不可逆示温涂料在涡轮叶片上显现的等温线温度与 KN8 不可逆示温涂料在涡轮叶片上显现的等温线温度的趋势相同,其测试结果是可信的。

从罗·罗公司 TP10 和 C3A 不可逆示温涂料的使用条件来看,并结合中国航发四川燃气涡轮研究院对不可逆示温涂料进行的试验研究分析,TSP-M04 和 TSP-S03 不可逆示温涂料配方中含有铬元素,其他 4 种不可逆示温涂料都不含有铬元素。虽然罗·罗公司的不可逆示温涂料的配方是保密的,但从 TP10 原始绿色和 C3A 原始红色可知(图 5-15),TP10 原始绿色应为铅铬绿或铬绿,分子式为 $PbCrO_4 \cdot xPbSO_4 \cdot yFeNH_4Fe(CN)_6$ 或 $Cr_2O_3$,含有铬元素;C3A 原始红色为钼铬红,是钼酸铅($PbMoO_4$)和铬酸铅($PbCrO_4$)的混合结晶,分子式为 $xPbCrO_4 \cdot yPbSO_4 \cdot 2yPbMoO_4$,也含有铬元素。其主要原因是燃气中产生的某些化合物对不可逆示温涂料配方中的铬元素有影响,如 $H_2SO_4$、$CaSO_4$、$Na_2SO_4$、HCl 等腐蚀气体的影响。铬是不活泼金属,在常温下对氧和湿气都是稳定的,温度高于 600℃时和水、氮、碳、硫反应生成 $Cr_2O_3$、$Cr_2N$、CrN、$Cr_7C_3$、$Cr_3C_2$、$Cr_3S_3$,铬和氧反应时开始较快,当表面生成氧化薄膜之后速度急剧减缓。铬很容易和稀盐酸或稀硫酸反应生成氯化物或硫酸盐,同时放出氢气。

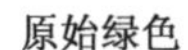
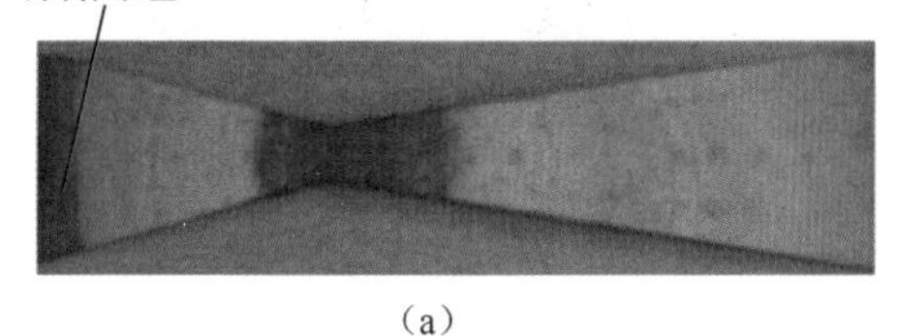


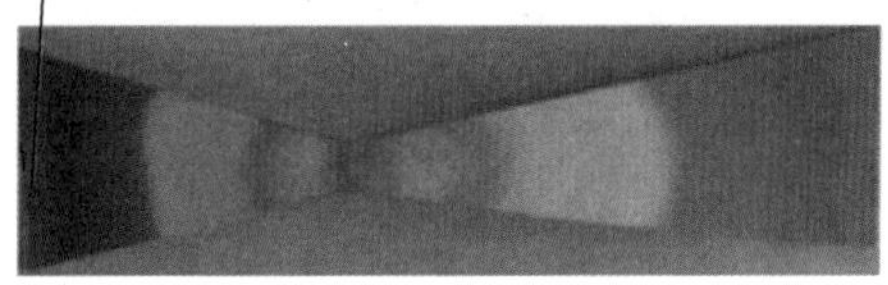


(a) (b)

图 5-15 TP10 原始绿色与 C3A 原始红色

(a)TP10;(b)C3A。

不可逆示温涂料配方中含有该类颜料、填料时不能用于燃气环境下高温部件表面温度测试(燃烧室内部和涡轮叶片)。该类不可逆示温涂料可用于燃烧室(外部)、盘、压气机叶片等表面温度测试。

## 5.6 烟熏、油液、锈蚀的影响

航空发动机在试车台上试验时,部件表面受到烟熏、油液、锈蚀等污染,这些污染对不可逆示温涂料涂层显色的影响较大。虽然颜色变化时不改变实际温度,但是,由于区域颜色严重失真或被遮盖而不能被清除时,判读将很困难。图 5-16 所示黑色区域是试验后烟熏将不可逆示温涂料涂层颜色遮盖。火焰筒

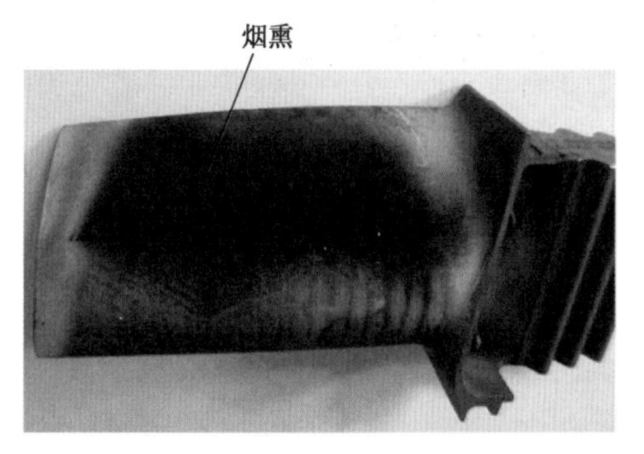


图 5-16 烟熏污染

锈蚀污染如图 5-17 所示。图 5-18 所示的油液污染是试验后拆卸试验件时造成,若油液干净,则对判读影响较小。

图 5-17 锈蚀污染

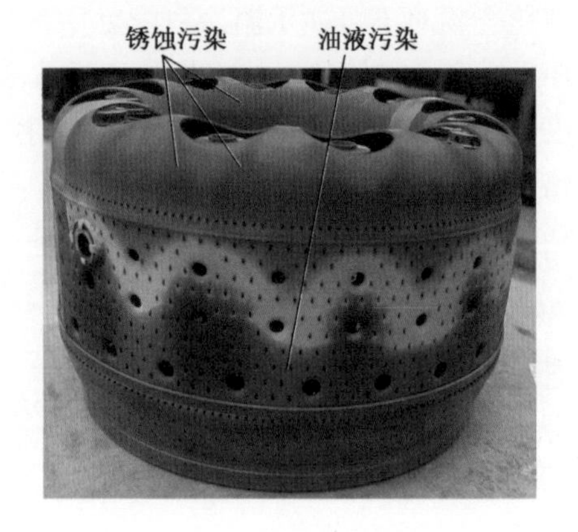


图 5-18 锈蚀和油液污染

在试验过程中,油液附着在不可逆示温涂料的涂层表面时,区域颜色将发生改变(图 5-19),因为不可逆示温涂料的涂层具有吸油的细孔结构,这将引起在可见光谱范围内反应表面的特性改变,由此,颜色发生改变。由于区域颜色确定测量的温度,所以识别区域颜色变得比较困难。此外,在油液附着区域,经高温燃烧后,较低温度的不可逆示温涂料涂层区域的颜色与较高温度区域的颜色变化相同,可能导致判读温度的明显错误。

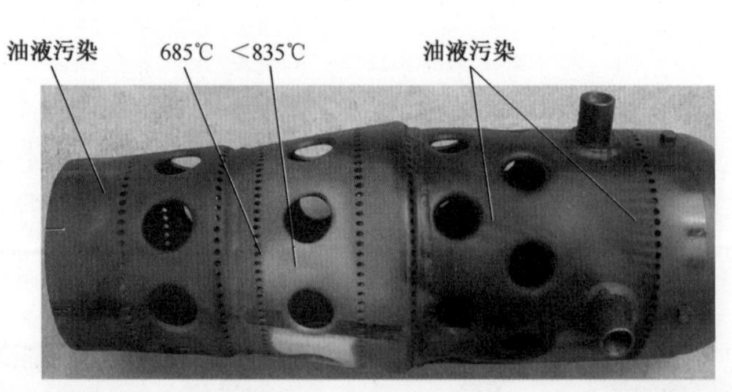


图 5-19 油液污染

## 5.7 颜料体积浓度的影响

颜料体积浓度的影响是指在配方过程中,颜料、基料的用量对变色温度的影响。大量试验研究表明,一个确定的不可逆示温涂料配方,若保持填料和基料不变,在颜料增加时(相应的颜基比发生变化,即颜料体积浓度发生变化),有些配方变色温度会增大,有些配方变色温度差别不大。如两种定型的单变色不可逆示温涂料,品种分别为 TSP-S04 和 TSP-S01,配方原材料以及产地或供应商如表 5-4、表 5-5 所列(由于配方专利保护,用其他代替),峰值恒温时间 3min 等温线的变色温度分别为 400℃和 680℃,如图 5-20、图 5-21 所示。

表 5-4 TSP-S04 的主要原料以及产地或供应商

| 原　　料 | 产地或供应商 |
|---|---|
| 蓝色颜料 | 成都 |
| 白色填料 | 成都光华化学试剂厂 |
| 树脂 | 成都 |
| 溶剂 | 天津致远化学试剂有限公司 |

表 5-5 TSP-S01 的主要原料以及产地或供应商

| 原　　料 | 产地或供应商 |
|---|---|
| 红色颜料 | 湖南金环颜料有限公司 |
| 白色填料 1 | 成都光华化学试剂厂 |
| 白色填料 2 | 成都光华化学试剂厂 |
| 树脂 | 成都 |
| 溶剂 | 天津致远化学试剂有限公司 |

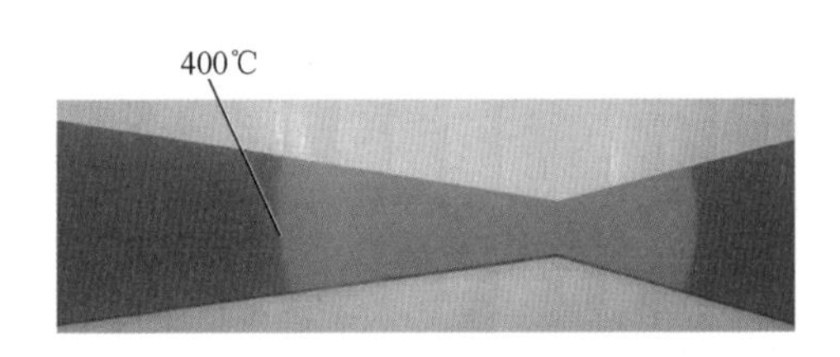


图 5-20 TSP-S04 等温线的原变色温度

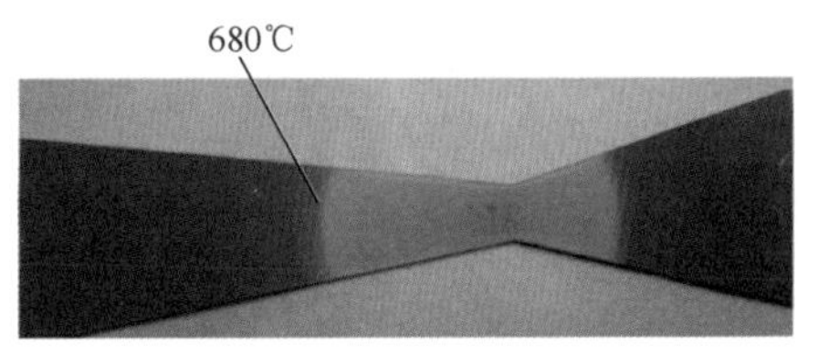


图 5-21 TSP-S01 等温线的原变色温度

不可逆示温涂料 TSP-S04 和 TSP-S01,在填料和基料不变的情况下,颜料都增加 5 倍。TSP-S04 配方的颜基比由原来的 1.8 变为 2.6,其配方如表 5-6 所列;TSP-S01 配方的颜基比由原来的 2.25 变为 9.75,其配方如表 5-7 所列。两种不可逆示温涂料进行峰值恒温时间 3min 标定:TSP-S04 等温线的变色温度为 415℃,比原配方增加了 15℃,如图 5-22 所示;TSP-S01 等温线的变色温度还为 680℃,未发生改变,如图 5-23 所示。

表 5-6 TSP-S04 配方

| | |
|---|---|
| 蓝色颜料 | 增加 5 倍 |
| 白色填料 | 不变 |
| 树脂 | 不变 |
| 原颜基比 | 1.8 |
| 现颜基比 | 2.6 |

表 5-7 TSP-S01 第一次配方

| | |
|---|---|
| 红色颜料 | 增加 5 倍 |
| 白色填料 1 | 不变 |
| 白色填料 2 | 不变 |
| 原颜基比 | 2.25 |
| 现颜基比 | 9.75 |

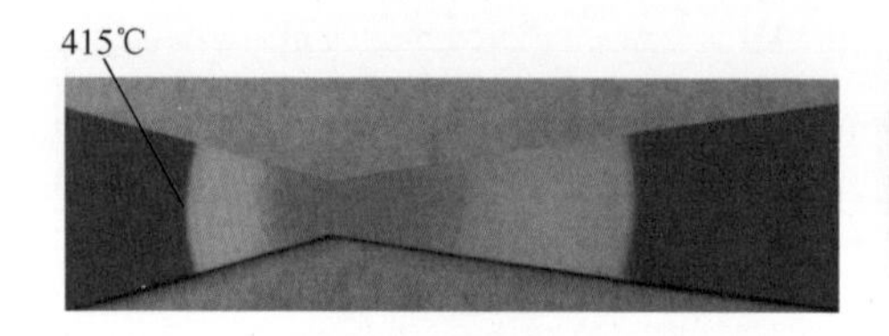


图 5-22 改变颜基比后 TSP-S04 等温线的变色温度

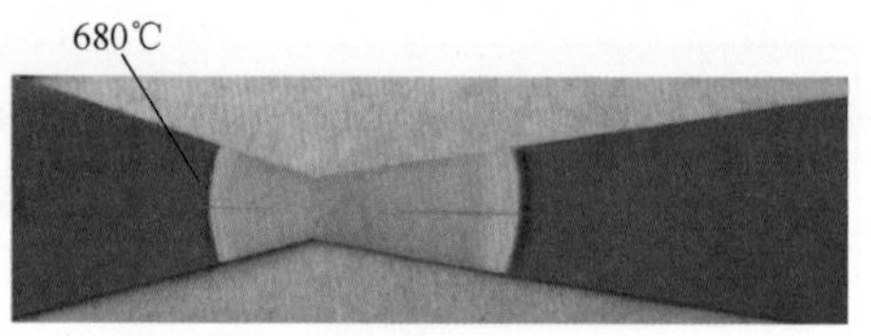


图 5-23 改变颜基比后 TSP-S01 等温线的变色温度

从图 5-22 和图 5-23 可以看出,在不可逆示温涂料配方中,不同的颜料用量变化时,其温度的变化是不同的。在一定的范围内增大或减小原配方的颜基比,有些变色温度会有所升高,有些变色温度差别不大,这与其所选用的颜填料性质有关。

## 5.8 基料的影响

基料的影响是指在配方过程中,保持颜料和填料不变的情况下,基料的用量对变色温度的影响,也是颜料体积浓度改变的一个种类。大量试验研究表明,在保持颜料和填料不变的情况下,基料用量小,变色温度会增高,基料增加量在一定的范围内,其温度变化不大,当基料增加较多时,其变色温度降低。在表 5-7 所列的 TSP-S01 配方的基础上,若基料(树脂)增加 2.4 倍,颜基比由原来的

2.25 变为 3.98；若基料（树脂）增加 6.5 倍，颜基比由原来的 2.25 变为 1.5。TSP-S01 第二次和第三次配方如表 5-8 和表 5-9 所列。TSP-S01 第二次和第三次配方测试结果如图 5-24 和图 5-25 所示。

表 5-8　TSP-S01 第二次配方

| 红色颜料 | 不变 |
|---|---|
| 白色填料 1 | 不变 |
| 白色填料 2 | 不变 |
| 树脂 | 增加 2.4 倍 |
| 原颜基比 | 2.25 |
| 现颜基比 | 3.98 |

表 5-9　TSP-S01 第三次配方

| 红色颜料 | 不变 |
|---|---|
| 白色填料 1 | 不变 |
| 白色填料 2 | 不变 |
| 树脂 | 增加 6.5 倍 |
| 原颜基比 | 2.25 |
| 现颜基比 | 1.5 |

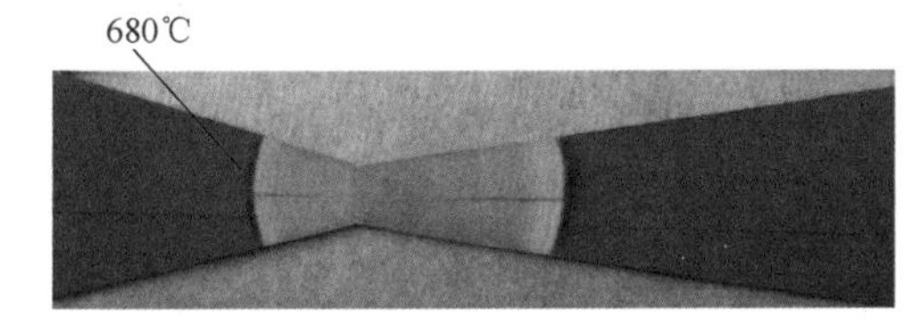


图 5-24　TSP-S01 第二次配方测试结果

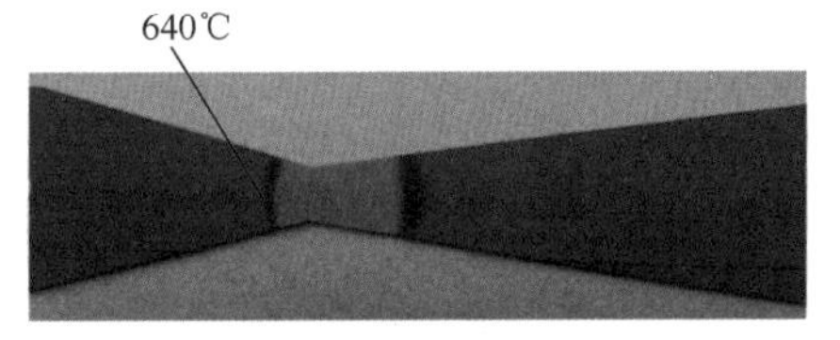


图 5-25　TSP-S01 第三次配方测试结果

从图 5-24 和图 5-25 可以看出，基料增加 2.4 倍，其变色温度基本不变，说明基料用量在一定的范围内增加，其温度变化不大；当基料增加 6.5 倍后，其变色温度降低了 40℃，说明基料用量大，将导致变色温度降低。

利用上述性质，可以在一定的温度范围内调节试验所需的温度配方。

## 5.9　配比的影响

配比的影响是指在配方过程中，配方比例的变化对变色温度的影响。不可

逆示温涂料在研制过程中，为节省材料，在进行配方试验时，用量较小。定型后，配方用量会相应地增大，即配比增加，此时的变色颜色和变色温度与原配比的变色颜色和变色温度相差较大，必须重新进行标定。如 TSP-M02 和 TSP-M10 配比小时变色颜色和变色温度分别如图 5-26、图 5-27 所示，TSP-M02 配比增大 7 倍和 TSP-M10 配比增大 5 倍后的变色颜色和变色温度分别如图 5-28、图 5-29 所示。这说明配比变化对不可逆示温涂料的变色颜色和变色温度是有影响的，这一点在不可逆示温涂料的配制中要引起重视。

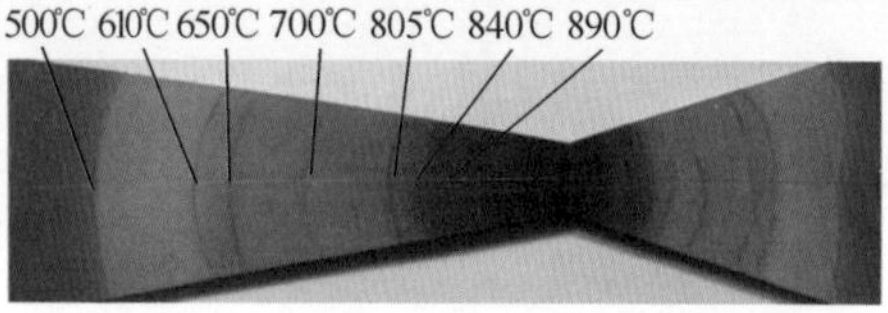

500℃ 610℃ 650℃ 700℃ 805℃ 840℃ 890℃

图 5-26　TSP-M02 配比小时的变色颜色和变色温度

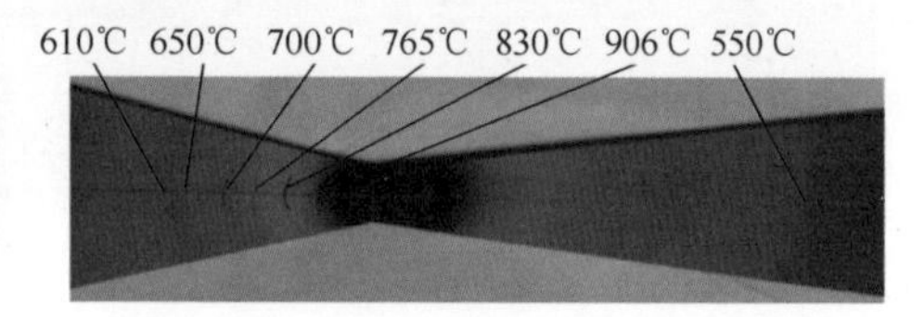


图 5-27　TSP-M10 配比小时的变色颜色和变色温度

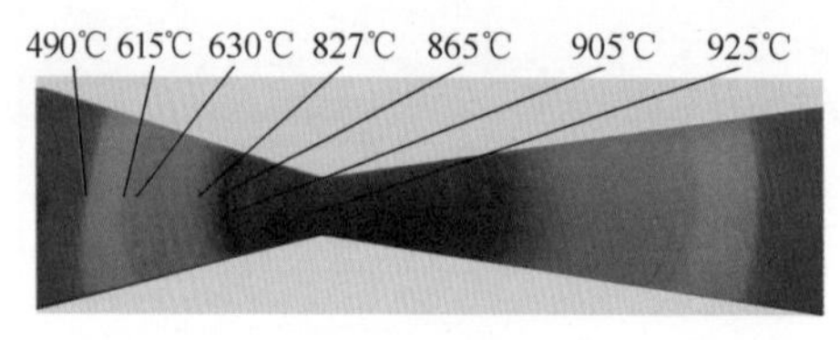


图 5-28　TSP-M02 配比增大 7 倍后的变色颜色和变色温度

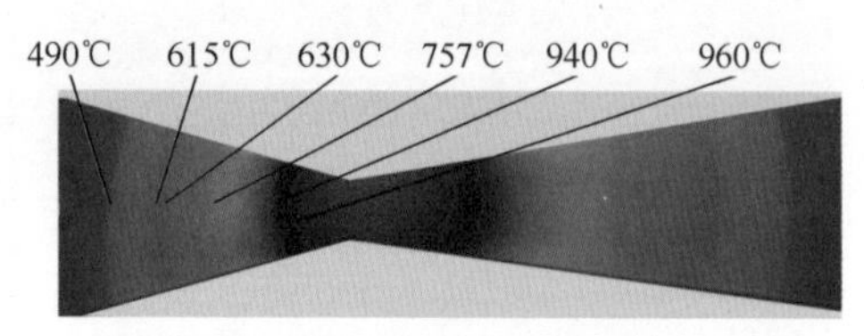


图 5-29　TSP-M10 配比增大 5 倍后的变色颜色和变色温度

# 第 6 章
# 不可逆示温涂料产品

## 6.1 国内不可逆示温涂料产品

国内不可逆示温涂料主要有中昊北方涂料工业研究设计院有限公司研制的 SW-S 单变色不可逆示温涂料系列 25 个品种,SW-M 多变色不可逆示温涂料 8 个品种。其研制的多变色不可逆示温涂料的温度范围分别为 400~600℃(SW-M-1)、600~750℃(SW-M-2)、570~780℃(SW-M-3)、550~900℃(SW-M-4)、600~900℃(SW-M-5)、790~950℃(SW-M-6),900~1150℃(SW-M-7)、1000~1250℃(SW-M-8),变色间隔 30~50℃,变色点都是 5 个。中国航发四川燃气涡轮研究院研发了近 30 个品种的不可逆示温涂料,温度范围为 100~1260℃。测温下限:一种低温三变色不可逆示温涂料,变色点为 90℃、180℃、200℃,如图 6-28 所示;测温上限:一种单变色不可逆示温涂料,变色点为 1260℃,如图 6-10 所示。

### 6.1.1 单变色不可逆示温涂料品种

中国航发四川燃气涡轮研究院研制的 10 个品种的单变色不可逆示温涂料峰值恒温时间 3min 的 T 形标定试片如图 6-1~图 6-10 所示。

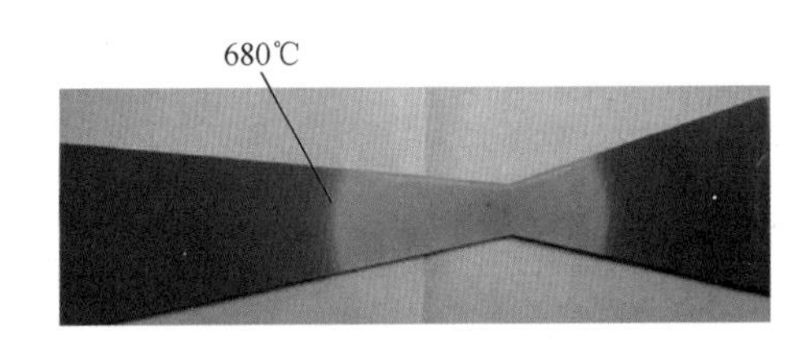


图 6-1 TSP-S01

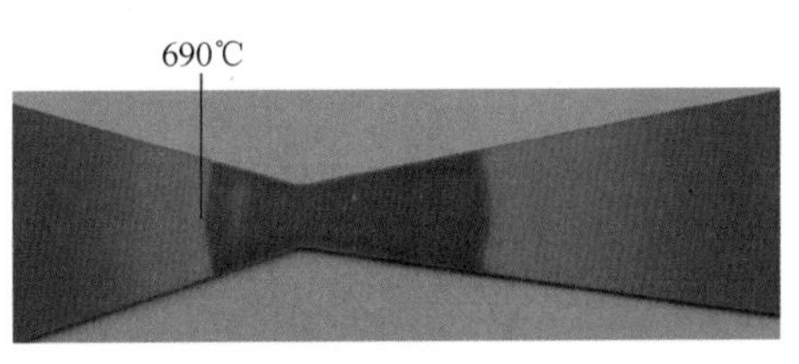


图 6-2 TSP-S02

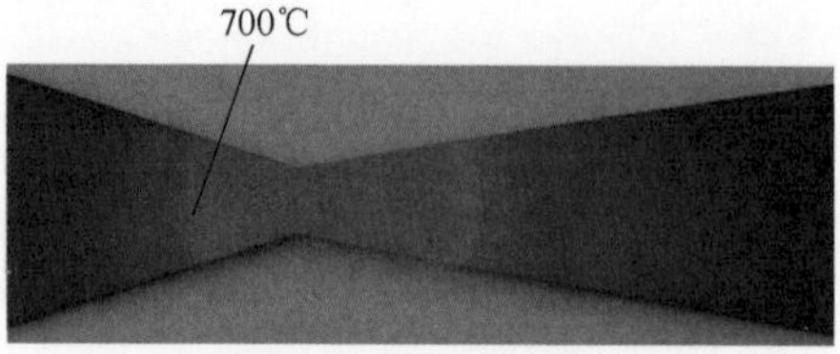

700℃

图 6-3　TSP-S03

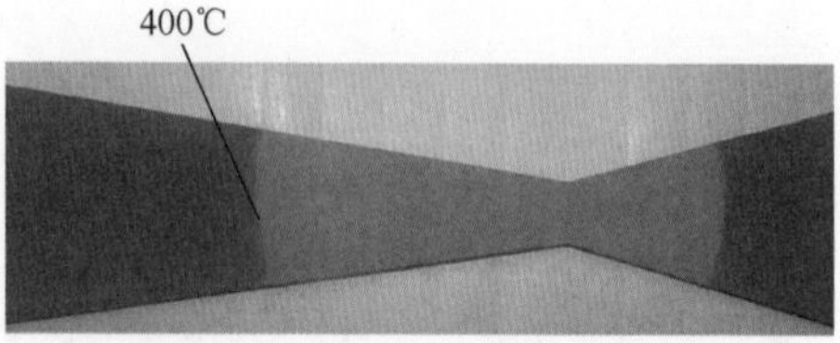

400℃

图 6-4　TSP-S04

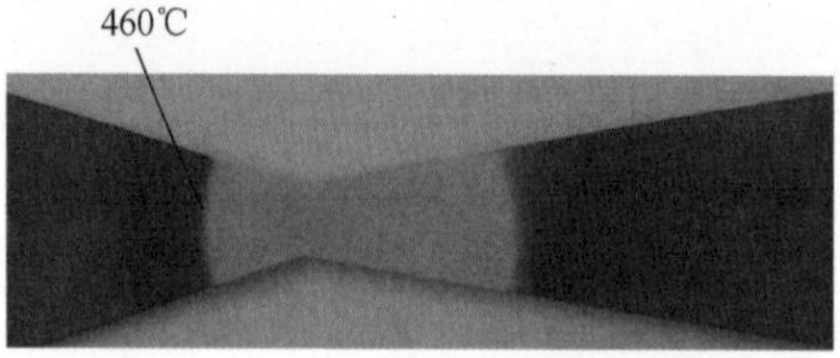

460℃

图 6-5　TSP-S05

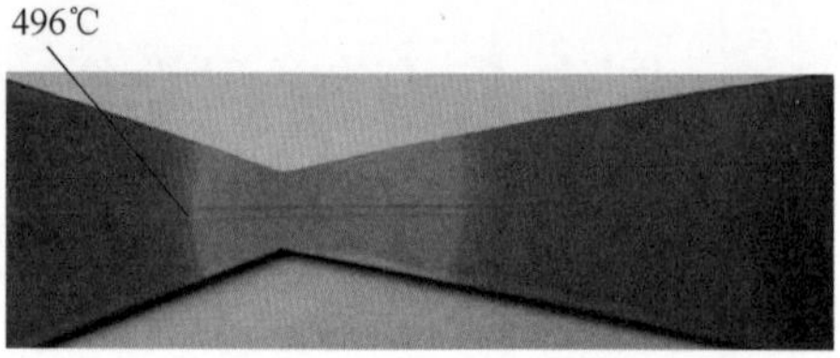

496℃

图 6-6　TSP-S06

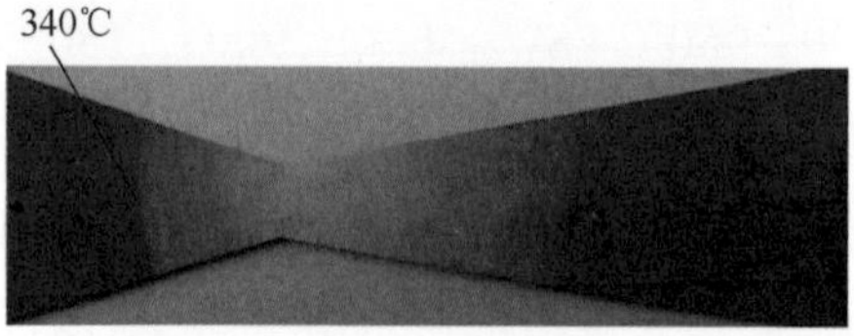

340℃

图 6-7　TSP-S07

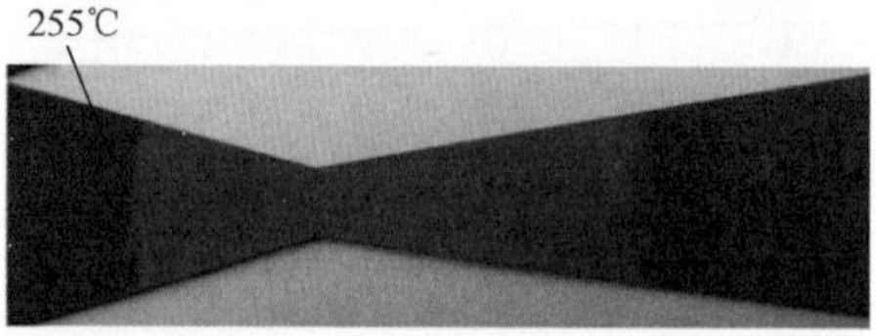

255℃

图 6-8　TSP-S08

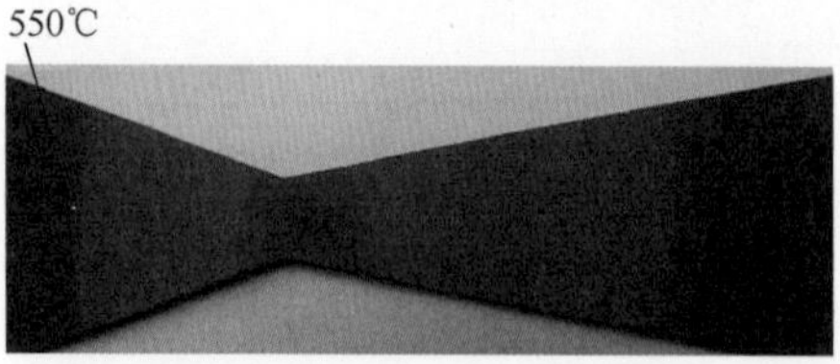

550℃

图 6-9　TSP-S09

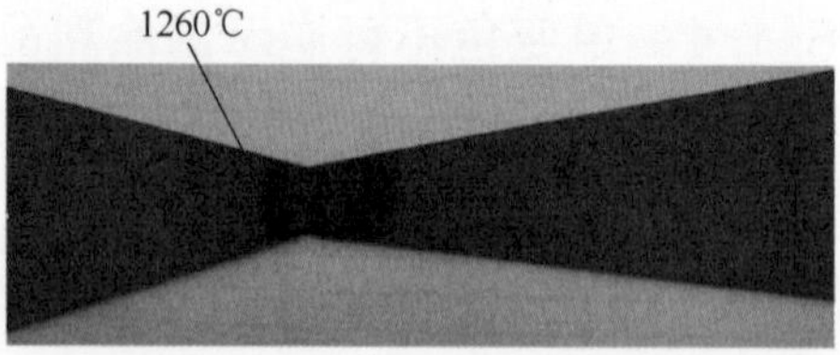

1260℃

图 6-10　TSP-S10

### 6.1.2　多变色不可逆示温涂料品种

中国航发四川燃气涡轮研究院研制的 18 个品种的多变色不可逆示温涂料峰值恒温时间 3minT 形标定试片如图 6-11～图 6-28 所示。

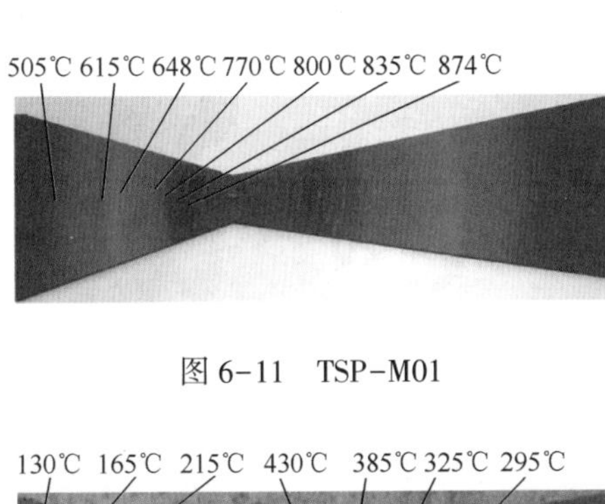


图 6-11 TSP-M01

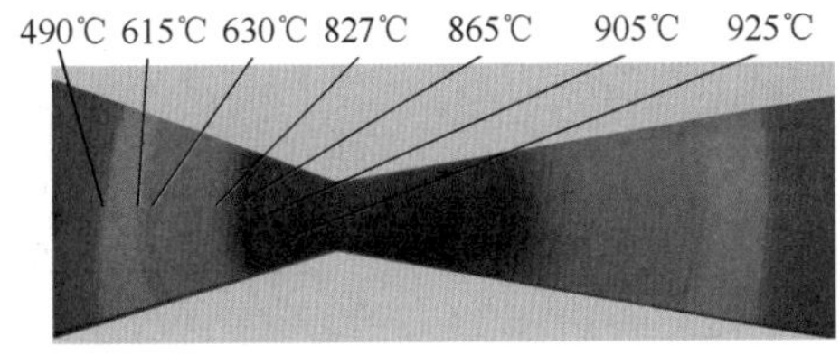

图 6-12 TSP-M02

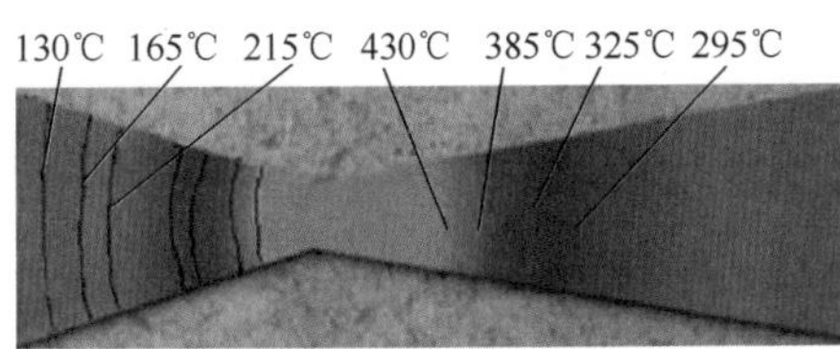


图 6-13 TSP-M03

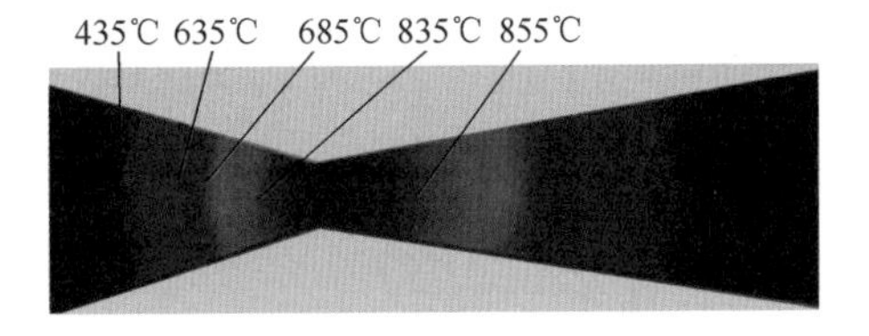


图 6-14 TSP-M04

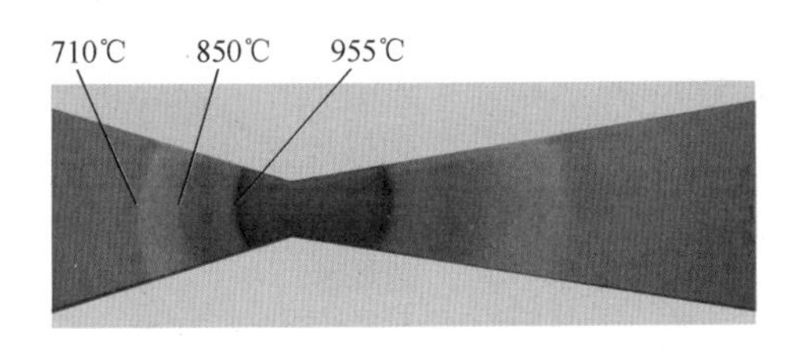


图 6-15 TSP-M05

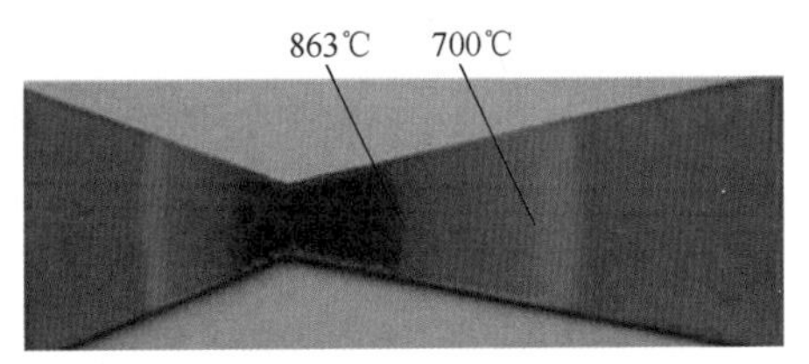


图 6-16 TSP-M06

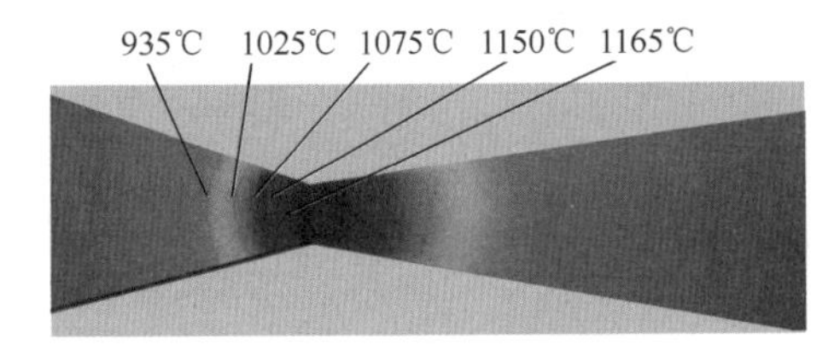


图 6-17 TSP-M07

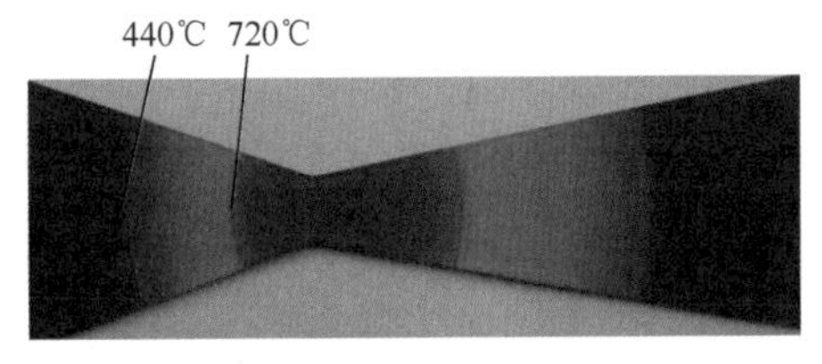


图 6-18 TSP-M08

图 6-19 TSP-M09

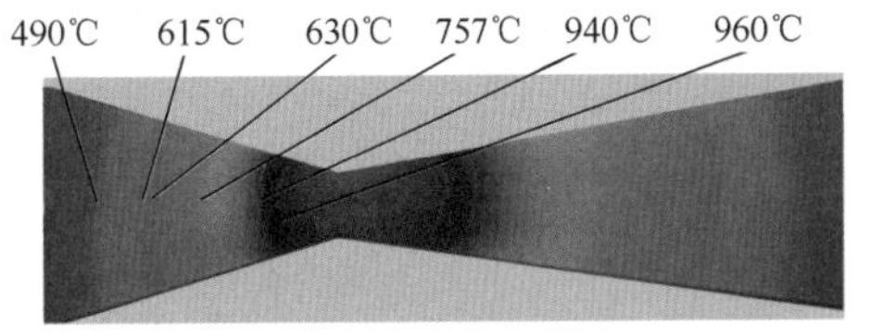


图 6-20 TSP-M10

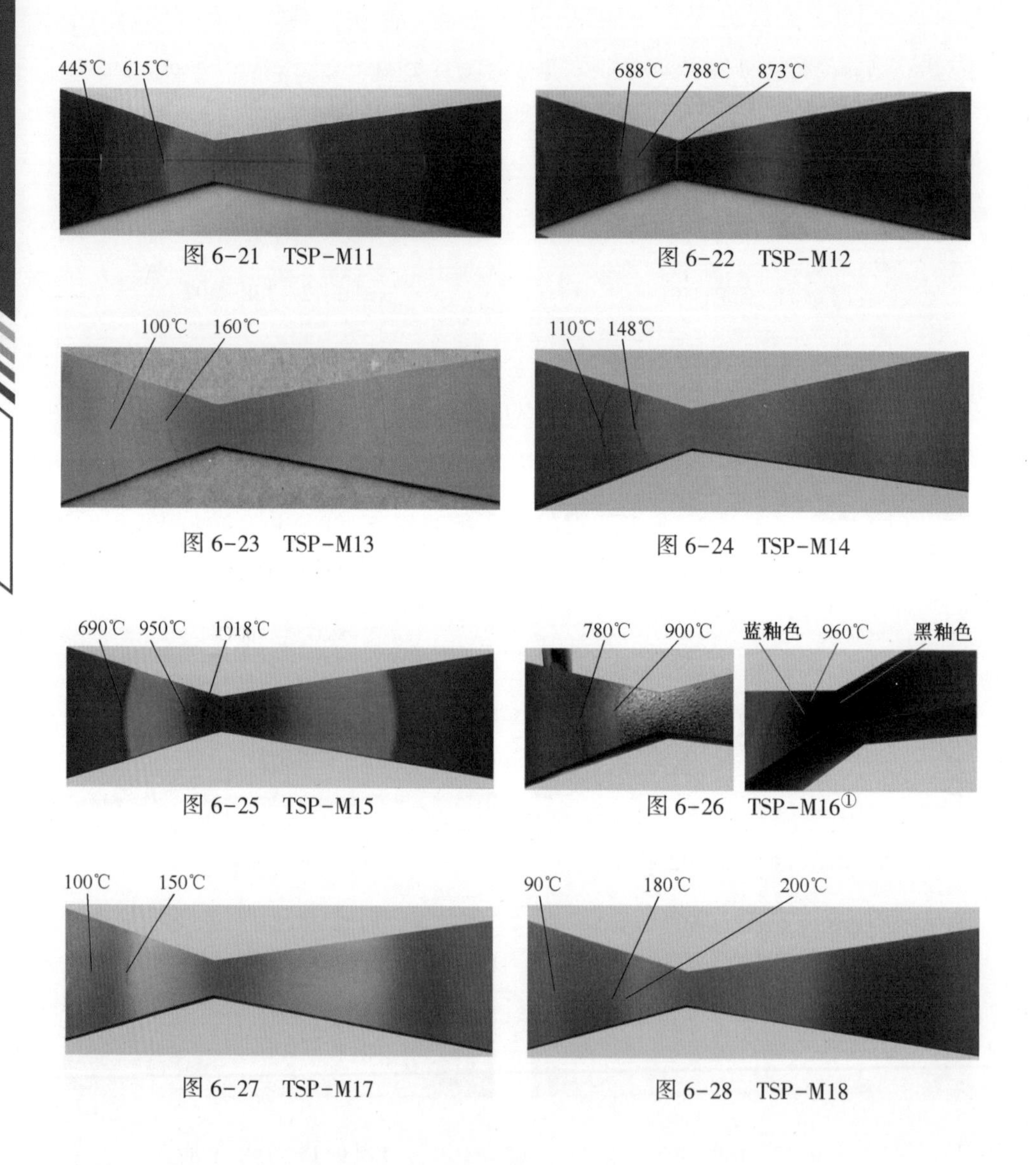


图 6-21 TSP-M11

图 6-22 TSP-M12

图 6-23 TSP-M13

图 6-24 TSP-M14

图 6-25 TSP-M15

图 6-26 TSP-M16①

图 6-27 TSP-M17

图 6-28 TSP-M18

## 6.2 国外不可逆示温涂料产品

国外不可逆示温涂料主要有:罗·罗公司研制的 TP6、TP7、TP8 等系列示温涂料,俄罗斯中央航空发动机研究院研制的 TK19、TK20、TK22、TK24 等系列示

① 图 6-26 采用两个图,是由于 900~960℃是蓝釉色,960℃以上是黑釉色,仅一张平面照片看不到 960℃的等温线位置,调整角度拍照才能看出。

温涂料,TPTT 公司研制的 KN1、KN2、KN3 等系列示温涂料。



## 6.3 国内外不可逆示温涂料产品对比

国内外不可逆示温涂料技术指标如表 6-1~表 6-4 所列。

表 6-1 中昊北方涂料工业研究设计院有限公司研制的不可逆示温涂料

| 品种 | 温度范围 | 主要指标及使用条件 | 主要用途 |
|---|---|---|---|
| SW-M-1<br>(400℃、450℃、500℃、550℃、600℃) | 400~600℃<br>(间隔 50℃左右) | 变色点:5 个<br>误差:±20℃<br>使用环境:空气、燃气 | 测量发动机涡轮盘温度;<br>测量太阳灶的表面温度 |
| SW-M-2<br>(<600℃、620~650℃、650~680℃、680~720℃、720~750℃) | 600~750℃<br>(间隔 30~50℃左右) | 变色点:5 个<br>误差:±20℃<br>使用环境:空气、燃气 | 测量发动机发散叶片温度 |
| SW-M-3<br>(570℃、610℃、660℃、720℃、780℃) | 570~780℃<br>(间隔 50℃左右) | 变色点:5 个<br>误差:±20℃<br>使用环境:燃气 | 测量发动机火焰筒壁温 |
| SW-M-4<br>(550℃、600℃、700℃、800℃、900℃) | 550~900℃<br>(间隔 50~100℃) | 变色点:5 个<br>误差:±20℃<br>使用环境:燃气 | 测量发动机火焰筒壁温 |
| SW-M-5<br>(600℃、650℃~700℃、750℃、800℃~850℃、900℃) | 600~900℃<br>(间隔 50℃) | 变色点:5 个<br>误差:±20℃<br>使用环境:燃气 | 测量发动机火焰筒壁温 |

（续）

| 品种 | 温度范围 | 主要指标及使用条件 | 主要用途 |
| --- | --- | --- | --- |
| SW-M-6<br>（<790℃、<br>790~840℃、<br>840~915℃、<br>915~950℃、<br>>950℃） | 790~950℃<br>（间隔30~50℃左右） | 变色点:5个<br>误差:±20℃<br>使用环境:空气、燃气 | 测量发动机发散叶片及火焰筒壁温 |
| SW-M-7<br>（900℃、950℃、<br>1000℃、1050℃、<br>1100℃、1150℃） | 900~1150℃<br>（间隔50℃） | 变色点:5个<br>误差:±20℃<br>使用环境:燃气 | 测量发动机发散叶片及火焰筒壁温等 |
| SW-M-8<br>（1000℃~1050℃、<br>1100℃、1150℃、<br>1200℃、1250℃） | 1000~1250℃<br>（间隔50℃） | 变色点:5个<br>误差:±20℃<br>使用环境:燃气 | 测量发动机发散叶片及火焰筒壁温等 |

表6-2　中国航发四川燃气涡轮研究院研制的多变色不可逆示温涂料

| 品种 | 温度范围（峰值恒温时间3min） | 主要指标及使用条件 | 主要用途 |
| --- | --- | --- | --- |
| TSP-M01 | 505~874℃ | 变色点:7个<br>升温时间:5~10min<br>等温线误差:±10℃<br>使用环境:空气 | 测量燃烧室（外部）、排气喷管、加力燃烧室（外部）、涡轮盘等温度 |
| TSP-M02 | 490~925℃ | 变色点:7个<br>升温时间:5~10min<br>等温线误差:±10℃<br>使用环境:空气、燃气 | 测量喷口导向叶片、涡轮工作叶片、燃烧室、排气喷管、加力燃烧室、可调喷管等温度 |
| TSP-M03 | 130~430℃ | 变色点:7个<br>升温时间:5~10min<br>等温线误差:±10℃<br>使用环境:空气、燃气 | 测量压气机叶片、压气机盘、涡轮盘、轮轴、电动机、汽柴油机活塞等温度 |
| TSP-M04 | 435~855℃ | 变色点:5个<br>升温时间:5~10min<br>等温线误差:±10℃<br>使用环境:空气 | 测量压气机叶片、压气机盘、涡轮盘、机匣、支撑件、喷管、燃烧室（外部）、加力燃烧室（外部）等温度 |

(续)

| 品种 | 温度范围(峰值恒温时间 3min) | 主要指标及使用条件 | 主要用途 |
|---|---|---|---|
| TSP-M05 | 710~955℃ | 变色点:3 个<br>升温时间:5~10min<br>等温线误差:±10℃<br>使用环境:空气、燃气 | 测量喷口导向叶片、涡轮工作叶片、涡轮盘、燃烧室、排气喷管、加力燃烧室、可调喷管等温度 |
| TSP-M06 | 700℃、863℃ | 变色点:2 个<br>升温时间:5~10min<br>等温线误差:±10℃<br>使用环境:空气 | 测量压气机叶片、压气机盘、涡轮盘、机匣、支撑件、喷管、燃烧室(外部)、加力燃烧室(外部)等温度 |
| TSP-M07 | 935~1165℃ | 变色点:5 个<br>升温时间:5~10min<br>等温线误差:±10℃<br>使用环境:空气、燃气 | 测量喷口导向叶片、涡轮工作叶片、涡轮盘、燃烧室、排气喷管、加力燃烧室、可调喷管等温度 |
| TSP-M08 | 440℃、720℃ | 变色点:2 个<br>升温时间:5~10min<br>等温线误差:±10℃<br>使用环境:空气 | 测量压气机叶片、压气机盘、涡轮盘、机匣、支撑件、喷管、燃烧室(外部)、加力燃烧室(外部)等温度 |
| TSP-M09 | 294℃、380℃ | 变色点:2 个<br>升温时间:5~10min<br>等温线误差:±10℃<br>使用环境:空气、燃气 | 测量压气机叶片、压气机盘、涡轮盘、燃烧室等温度 |
| TSP-M10 | 490~960℃ | 变色点:6 个<br>升温时间:5~10min<br>等温线误差:±10℃<br>使用环境:空气、燃气 | 测量喷口导向叶片、涡轮工作叶片、燃烧室排气喷管、加力燃烧室、可调喷管等温度 |
| TSP-M11 | 445℃、615℃ | 变色点:2 个<br>升温时间:5~10min<br>等温线误差:±10℃<br>使用环境:空气、燃气 | 测量涡轮工作叶片、涡轮导向叶片、涡轮盘、火焰筒等温度 |
| TSP-M12 | 688~873℃ | 变色点:3 个<br>升温时间:5~10min<br>等温线误差:±10℃<br>使用环境:空气、燃气 | 测量涡轮工作叶片、涡轮导向叶片、涡轮盘、火焰筒等温度 |

（续）

| 品种 | 温度范围(峰值恒温时间 3min) | 主要指标及使用条件 | 主要用途 |
|---|---|---|---|
| TSP-M13 | 100℃、160℃ | 变色点:2个<br>升温时间:5~10min<br>等温线误差:±10℃<br>使用环境:空气、燃气 | 测量压气机叶片、压气机盘、涡轮盘、机车轮轴、电动机、管道等温度 |
| TSP-M14 | 110℃、148℃ | 变色点:2个<br>升温时间:5~10min<br>等温线误差:±10℃<br>使用环境:空气、燃气 | 测量压气机叶片、压气机盘、涡轮盘、机车轮轴、电动机、管道等温度 |
| TSP-M15 | 690~1018℃ | 变色点:3个<br>升温时间:5~10min<br>等温线误差:±10℃<br>使用环境:空气、燃气 | 测量涡轮工作叶片、涡轮导向叶片、涡轮盘、火焰筒等温度 |
| TSP-M16 | 780~960℃ | 变色点:3个<br>升温时间:5~10min<br>等温线误差:±10℃<br>使用环境:空气、燃气 | 测量涡轮工作叶片、涡轮导向叶片、涡轮盘、火焰筒等温度 |
| TSP-M17 | 100℃、150℃ | 变色点:2个<br>升温时间:5~10min<br>等温线误差:±10℃<br>使用环境:空气、燃气 | 测量压气机叶片、压气机盘、涡轮盘、机车轮轴、电动机、管道等温度 |
| TSP-M18 | 90~200℃ | 变色点:3个<br>升温时间:5~10min<br>等温线误差:±10℃<br>使用环境:空气、燃气 | 测量压气机叶片、压气机盘、涡轮盘、机车轮轴、电动机、管道等温度 |

表6-3　罗·罗公司研制的不可逆示温涂料

| 品种 | 温度范围(峰值恒温时间 3min) | 主要指标及使用条件 | 主要用途 |
|---|---|---|---|
| TP5 | 510~1110℃ | 变色点:7个<br>升温时间:5~10min<br>等温线误差:±10℃<br>使用环境:空气、燃气 | 测量喷口导向叶片、涡轮工作叶片、燃烧室(内部)、排气喷管、加力燃烧室、可调喷管等温度 |

(续)

| 品种 | 温度范围(峰值恒温时间 3min) | 主要指标及使用条件 | 主要用途 |
| --- | --- | --- | --- |
| TP6 | 555~1180℃ | 变色点:7 个<br>升温时间:5~10min<br>等温线误差:±10℃<br>使用环境:空气、燃气 | 测量喷口导向叶片、涡轮工作叶片、燃烧室(内部)、排气喷管、加力燃烧室、可调喷管等温度 |
| TP8 | 430~930℃ | 变色点:7 个<br>升温时间:5~10min<br>等温线误差:±10℃<br>使用环境:空气、燃气 | 测量涡轮工作叶片、涡轮导向叶片、机匣、支撑件、喷管、推力反向器等温度 |
| TP9 | 470~1170℃ | 变色点:9 个<br>升温时间:5~10min<br>等温线误差:±10℃<br>使用环境:空气 | 测量燃烧室(外部)、排气喷管、盘、压气机叶片等温度,燃气泄漏检测 |
| TP10 | 280~1050℃ | 变色点:10 个<br>升温时间:5~10min<br>等温线误差:±10℃<br>使用环境:空气 | 测量燃烧室(外部)、排气喷管、盘、压气机叶片等温度,燃气泄漏检测 |
| TP11 | 480~1020℃ | 变色点:8 个<br>升温时间:5~10min<br>等温线误差:±10℃<br>使用环境:空气、燃气 | 测量喷口导向叶片、涡轮工作叶片、燃烧室(内部)、排气喷管、加力燃烧室、可调喷管等温度 |
| TP12 | 530~1090℃ | 变色点:7 个<br>升温时间:5~10min<br>等温线误差:±10℃<br>使用环境:空气 | 测量燃烧室(外部)、排气喷管、加力燃烧室(外部)等温度和有限的运行条件 |
| C3A | 510~1130℃ | 变色点:9 个<br>升温时间:5~10min<br>等温线误差:±10℃<br>使用环境:空气 | 测量燃烧室(外部)、涡轮盘等温度 |
| MC25 | 250~450℃ | 变色点:4 个<br>升温时间:5~10min<br>等温线误差:±10℃<br>使用环境:空气、燃气 | 测量涡轮工作叶片、涡轮导向叶片、涡轮盘、火焰筒等温度 |

表 6-4　TPTT 公司研制的不可逆示温涂料

| 品种 | 温度范围(峰值恒温时间 3min) | 主要指标及使用条件 | 主要用途 |
| --- | --- | --- | --- |
| KN1 | 160℃、230℃ | 变色点:2 个<br>升温时间:5~10min<br>等温线误差:±10℃<br>使用环境:空气、燃气 | 测量燃烧室机匣外表面、压气机盘、涡轮盘、支撑件等温度 |
| KN2 | 242℃、255℃ | 变色点:2 个<br>升温时间:5~10min<br>等温线误差:±10℃<br>使用环境:空气、燃气 | 测量燃烧室机匣外表面、压气机盘、涡轮盘、支撑件等温度 |
| KN3 | 490~1250℃ | 变色点:7 个<br>升温时间:5~10min<br>等温线误差:±10℃<br>使用环境:空气 | 测量燃烧室(外部)、涡轮盘等温度 |
| KN4 | 104℃、207℃ | 变色点:2 个<br>升温时间:5~10min<br>等温线误差:±10℃<br>使用环境:空气、燃气 | 测量燃烧室机匣外表面、压气机盘、涡轮盘、支撑件等温度 |
| KN5 | 153~1050℃ | 变色点:10 个<br>升温时间:5~10min<br>等温线误差:±10℃<br>使用环境:空气、燃气 | 测量喷口导向叶片、涡轮工作叶片、燃烧室(内部)、排气喷管、加力燃烧室、可调喷管等温度 |
| KN6 | 150~1170℃ | 变色点:12 个<br>升温时间:5~10min<br>等温线误差:±10℃<br>使用环境:空气、燃气 | 测量喷口导向叶片、涡轮工作叶片、涡轮盘、燃烧室、排气喷管、加力燃烧室、可调喷管等温度 |
| KN7 | 350~825℃ | 变色点:5 个<br>升温时间:5~10min<br>等温线误差:±10℃<br>使用环境:空气、燃气 | 测量涡轮工作叶片、涡轮导向叶片、涡轮盘、火焰筒等温度 |
| KN8 | 215~910℃ | 变色点:6 个<br>升温时间:5~10min<br>等温线误差:±10℃<br>使用环境:空气、燃气 | 测量喷口导向叶片、涡轮工作叶片、燃烧室排气喷管、加力燃烧室、可调喷管等温度 |

（续）

| 品种 | 温度范围(峰值恒温时间3min) | 主要指标及使用条件 | 主要用途 |
|---|---|---|---|
| KN9 | 232℃、262℃ | 变色点:2个<br>升温时间:5~10min<br>等温线误差:±10℃<br>使用环境:空气、燃气 | 测量压气机叶片、压气机盘、涡轮盘、火焰筒等温度 |
| KN10 | 400℃、561℃ | 变色点:2个<br>升温时间:5~10min<br>等温线误差:±10℃<br>使用环境:空气、燃气 | 测量涡轮工作叶片、涡轮导向叶片、涡轮盘、火焰筒等温度 |
| KN11 | 135℃、205℃ | 变色点:2个<br>升温时间:5~10min<br>等温线误差:±10℃<br>使用环境:空气、燃气 | 测量压气机叶片、压气机盘等温度 |
| KN12 | 165℃、245℃ | 变色点:2个<br>升温时间:5~10min<br>等温线误差:±10℃<br>使用环境:空气 | 测量燃烧室(外部)、压气机叶片、压气机盘等温度 |
| KN13 | 520~1105℃ | 变色点:未给出<br>升温时间:5~10min<br>等温线误差:±10℃<br>使用环境:空气 | 测量压气机叶片、压气机盘、涡轮盘、机匣、支撑件、喷管、燃烧室(外部)、加力燃烧室(外部)等温度 |
| KN14 | 395~580℃ | 变色点:3个<br>升温时间:5~10min<br>等温线误差:±10℃<br>使用环境:空气、燃气 | 测量涡轮工作叶片、涡轮导向叶片、涡轮盘、火焰筒等温度 |
| KN15 | 277~1235℃ | 变色点:7个<br>升温时间:5~10min<br>等温线误差:±10℃<br>使用环境:空气 | 测量燃烧室(外部)、排气喷管、盘、压气机叶片等温度,燃气泄漏检测 |

由表6-1~表6-4可以看出,中昊北方涂料工业研究设计院有限公司、中国航发四川燃气涡轮研究院、罗·罗公司、美国TPTT公司研制的不可逆示温涂料的相同之处在于使用时都有其限定的条件,特别是升温时间和恒温时间的限制。同时,它们也存在着差异。中昊北方涂料工业研究设计院有限公司研制的不可逆示温涂料温度是以颜色进行标定和判读的,这种判读只能给出大致的温度范围,无法确定某一位置的具体温度。此方法的不足之处在于颜色是可见光反射

刺激人眼的结果,一种颜色显色的温度范围人眼是很难分辨的,按表 6-1 给定的温度误差来讲,一种颜色本身就有 30~50℃的波动,其误差很难达到±20℃。中国航发四川燃气涡轮研究院、罗·罗公司、美国 TPTT 公司等研制的不可逆示温涂料,其温度的标定和判读是以等温线为标准,即以两种颜色的交界线进行标定和判读,只要试验件试验的峰值恒温时间与不可逆示温涂料标定的峰值恒温时间相对应,等温线上的判读误差为±10℃完全可以达到。

## 6.4 同类技术综合比较

中国航发四川燃气涡轮研究院在不可逆示温涂料的配方设计、制备、涂覆、标定、判读以及实施应用等各个阶段均形成了成熟的技术标准。研制的产品温度范围在高温段与国外先进水平接近,且具有更低的低温段;测试精度明显高于国内同类水平,与国外同类产品水平相当;是国内最先采用与国外相同的、先进的、基于等温线辨识的判读技术,形成了标准化的等温线判读要求;研制的产品在多个重点型号的航空发动机、燃气轮机试验中得到成功应用;具有自主知识产权,达到国际同类技术先进水平,技术成熟度高。

由于不可逆示温涂料配方参数及指标工艺属于技术保密,无法进行比较,故只从不可逆示温涂料的实际应用方面的温度范围、测温误差、涂膜附着力、标定方法、判读方法、工程应用情况、技术标准 7 个方面的性能指标进行了综合比较。同类产品综合性能对比如表 6-5 所列,同类产品标定结果对比如图 6-29 所示。

表 6-5 同类产品综合性能对比

| 序号 | 指标 | 罗·罗公司同类产品 | 国内同类产品 | 中国航发四川燃气涡轮研究院产品 |
|---|---|---|---|---|
| 1 | 温度范围/℃ | 280~1130 | 400~960 | 100~1260 |
| 2 | 测温误差/℃ | ±10 | ±80 | ±10 |
| 3 | 涂膜附着力 | 小于 1 级 | 小于 2 级 | 小于 1 级 |
| 4 | 标定方法 | 专用装置 | 马弗炉烘烤 | 专用装置 |
| 5 | 判读方法 | 等温线辨识 | 颜色判读 | 等温线辨识 |
| 6 | 工程应用情况 | 广泛应用 | 实际工程应用效果差 | 广泛应用 |
| 7 | 技术标准 | 有 | 无 | 有 |

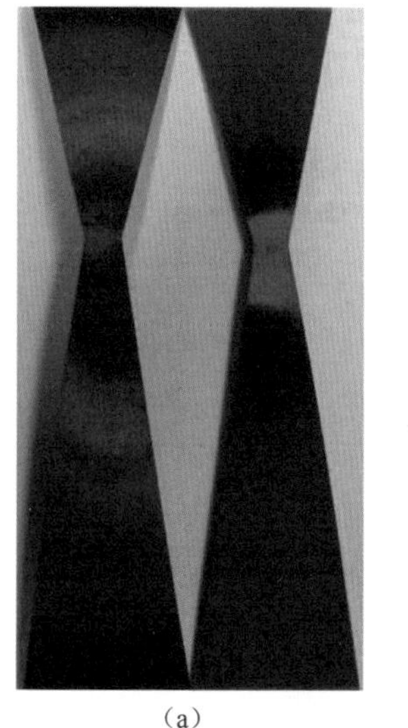
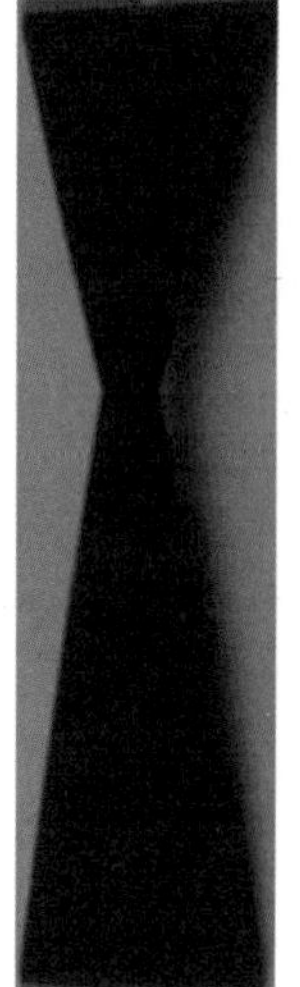
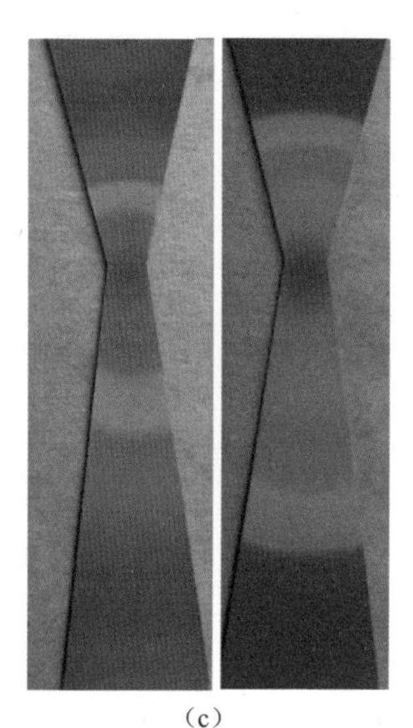

(a)　　(b)　　(c)

图 6-29　同类产品标定结果对比

(a)罗·罗公司的不可逆示温涂料;(b)国产的不可逆示温涂料;
(c)中国航发四川燃气涡轮研究院的不可逆示温涂料。

## 6.5 界面漆

界面漆是指在高温颜料或填料表面显色的不可逆示温涂料,即选择耐温在1000℃以上的颜料或填料作为底漆,再在底漆上喷涂不可逆示温涂料,使不可逆示温涂料在底漆表面显色,两者结合形成新品种不可逆示温涂料。

### 6.5.1 界面漆材料的选择

制作界面漆所选择的材料必须耐高温,在1000~1100℃高温下保持原色彩。因此,选择耐温高的颜料或填料与基料混合研磨制成成品,主要耐高温颜料或填料如表6-6所列。

表 6-6　主要耐高温颜料或填料

| 名　称 | 主要化学成分 | 耐温/℃ |
| --- | --- | --- |
| 海碧蓝 | Co-Al-Zn | 1300 |
| 锆铁红 | Fe-Si-Zr | 1300 |
| 上青 | Co-Si | 1280 |
| 孔雀绿 | Co-Cr-Al-Zn | 1280 |

（续）

| 名　称 | 主要化学成分 | 耐温/℃ |
|---|---|---|
| 包裹红 | Cd-Se-Zr-Si | 1300 |
| 包裹绿 | Cd-Se-Zr-Si | 1300 |
| 深紫 | Sn-Cr-Co-Si | 1250 |
| 灰色 | V-Si-Zr-Cr-Sn | 1300 |
| 锑锡灰 | Sb-Sn | 1300 |
| 孔雀蓝 | Co-Cr-Al-Zn | 1280 |
| 咖啡 | Fe-Cr-Zn | 1300 |
| 蓝绿 | Co-Cr-Al-Zn | 1280 |
| 棕色 | Fe-Cr-Al-Zn | 1280 |
| 二氧化钛 | Ti | 1830 |
| 二氧化硅 | Si | 1400 |
| 氧化锌 | Zn | 1975 |
| 镍钛黄 | Ni-Ti | 1000 |

### 6.5.2 界面漆试验

界面漆试验步骤如下：

（1）选择高温颜料或填料以及基料按不可逆示温涂料制备工艺完成界面漆的制备；

（2）按不可逆示温涂料的喷涂工艺完成界面漆在标准试片上的喷涂和烘烤干燥；

（3）将烘烤干燥后的标准试片在不可逆示温涂料的标定设备上加温到1000~1100℃，观测是否变色和附着牢靠；

（4）选择在温度为1000~1100℃时不变色和附着牢靠的颜料或填料作为界面漆；

（5）在干燥后的界面漆表面喷涂不可逆示温涂料；

（6）烘烤干燥后加温试验。

选择海碧蓝、包裹红、镍钛黄、锆铁红进行初步试验。试片中心加热温度为1300℃。海碧蓝加温后颜色如图6-30所示，包裹红加温后颜色如图6-31所示，镍钛黄加温后颜色如图6-32所示，锆铁红加温后颜色如图6-33所示。

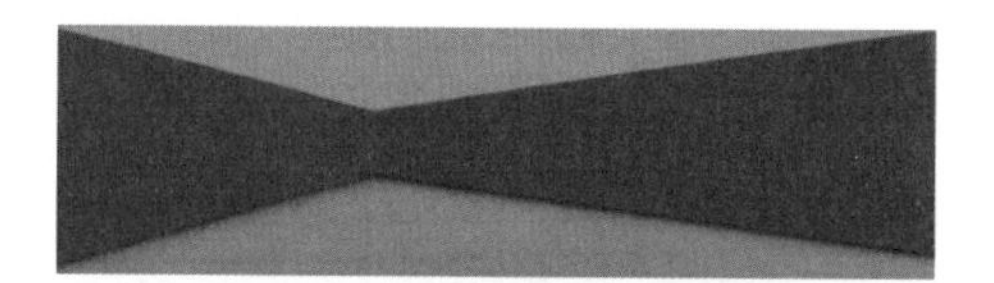

图 6-30 海碧蓝加温后颜色

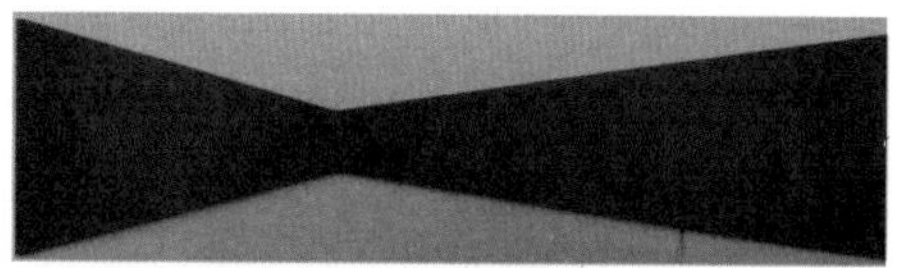

图 6-31 包裹红加温后颜色

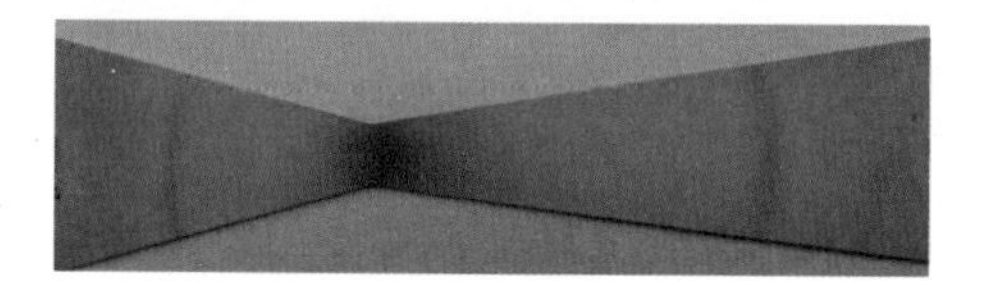

图 6-32 镍钛黄加温后颜色

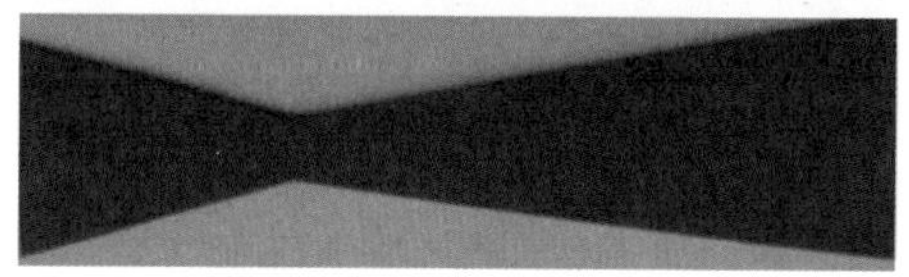

图 6-33 锆铁红加温后颜色

### 6.5.3 标定

在标准试片表面喷涂搅拌均匀的界面漆,经烘烤干燥后待用。界面漆表面喷涂的不可逆示温涂料如下:

(1) 在海碧蓝表面喷涂 TSP-M02;

(2) 在包裹红表面喷涂 TSP-M02、TSP-M05、TSP-M07 和 TSP-M10;

(3) 在镍钛黄表面喷涂 TSP-M02、TSP-M04 和 TSP-M10;

(4) 在锆铁红表面喷涂 TSP-M04 和 TSP-M05。

喷涂完成后,按不可逆示温涂料工艺规范完成烘烤干燥。上述不可逆示温涂料峰值恒温时间 3min 变色颜色及温度如图 6-12、图 6-14、图 6-15、图 6-17、图 6-20 所示。

加温显色情况如下:

(1) 不可逆示温涂料 TSP-M02 在海碧蓝表面加温后颜色如图 6-34 所示,其高温变色点标定温度如图 6-35 所示;在包裹红表面加温后颜色及高温变色点标定温度如图 6-36 所示;在镍钛黄表面加温后颜色及高温变色点标定温度如图 6-37 所示。

(2) 不可逆示温涂料 TSP-M04 在镍钛黄表面加温后颜色及高温变色点标定温度如图 6-38 所示;在锆铁红表面加温后颜色如图 6-39 所示。

(3) 不可逆示温涂料 TSP-M05 在包裹红表面加温后颜色及高温变色点标定温度如图 6-40 所示;在锆铁红表面加温后颜色如图 6-41 所示。

(4) 不可逆示温涂料 TSP-M07 在包裹红表面加温后颜色及高温变色点标定温度如图 6-42 所示;

(5) 不可逆示温涂料 TSP-M10 在包裹红表面加温后颜色及高温变色点标定温度如图 6-43 所示;在镍钛黄表面加温后颜色及高温变色点标定温度如图 6-44所示。

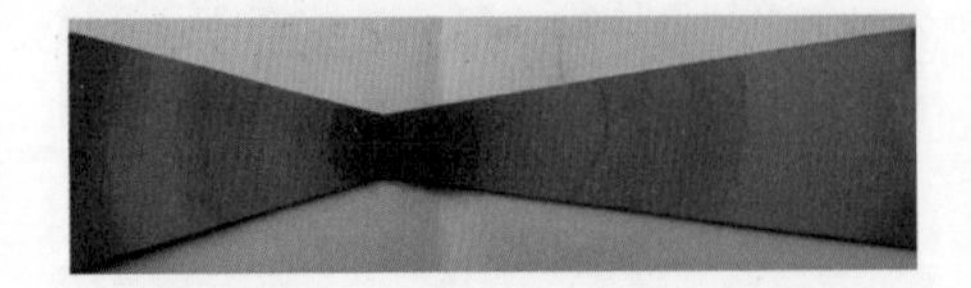

图 6-34 海碧蓝+TSP-M02 显色

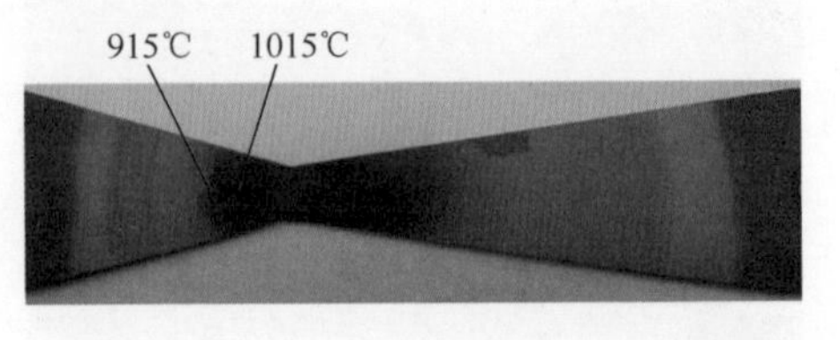


图 6-35 海碧蓝+TSP-M02 标定温度

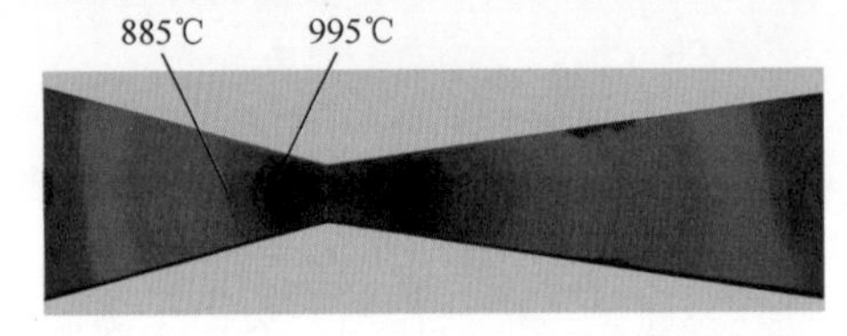


图 6-36 包裹红+TSP-M02 显色及标定温度

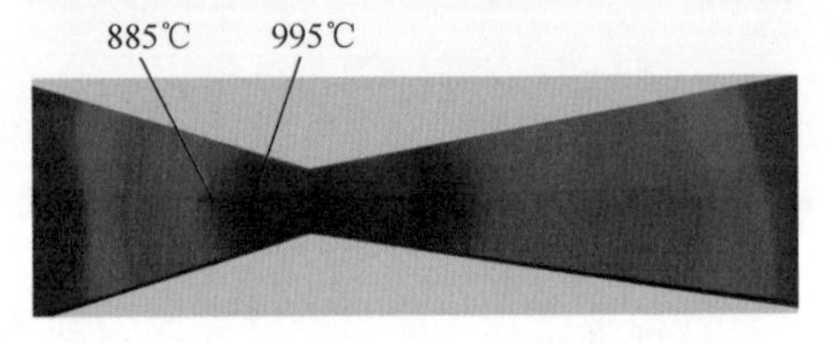


图 6-37 镍钛黄+TSP-M02 显色及标定温度

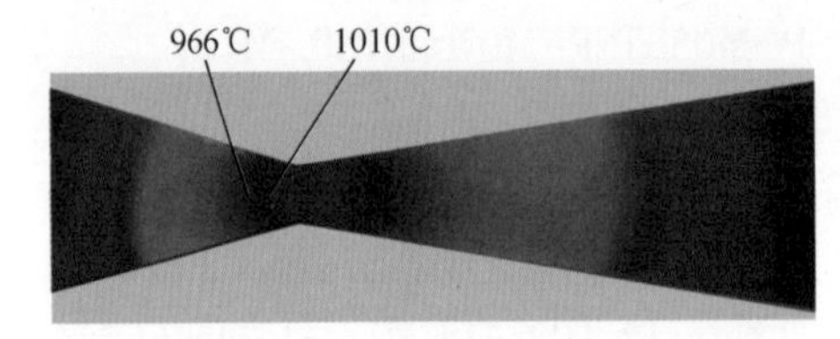


图 6-38 镍钛黄+TSP-M04 显色及标定温度

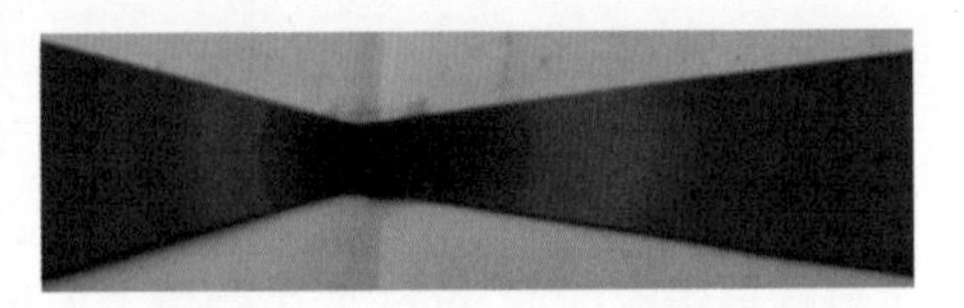

图 6-39 锆铁红+TSP-M04 显色

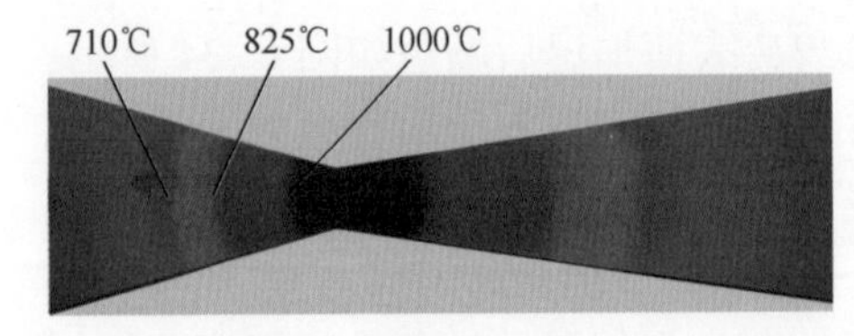


图 6-40 包裹红+TSP-M05 显色及标定温度

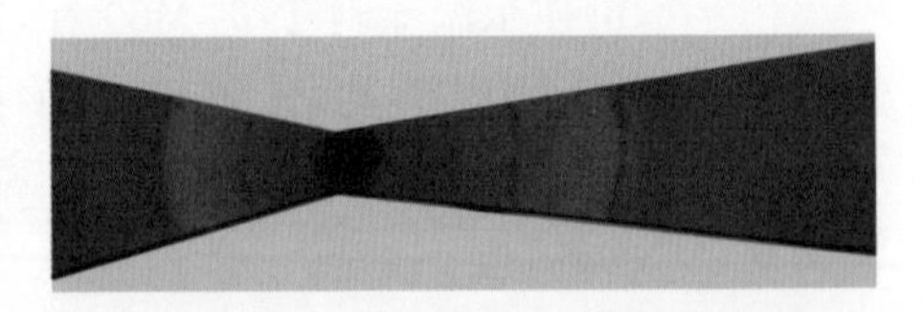

图 6-41 锆铁红+TSP-M05 显色

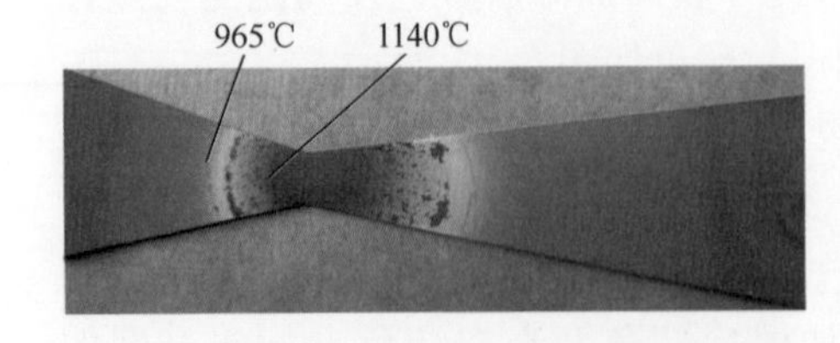


图 6-42 包裹红+TSP-M07 显色及标定温度

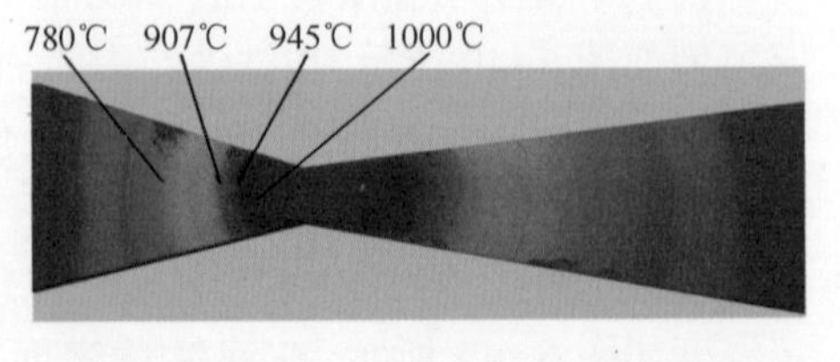


图 6-43 包裹红+TSP-M10 显色及标定温度

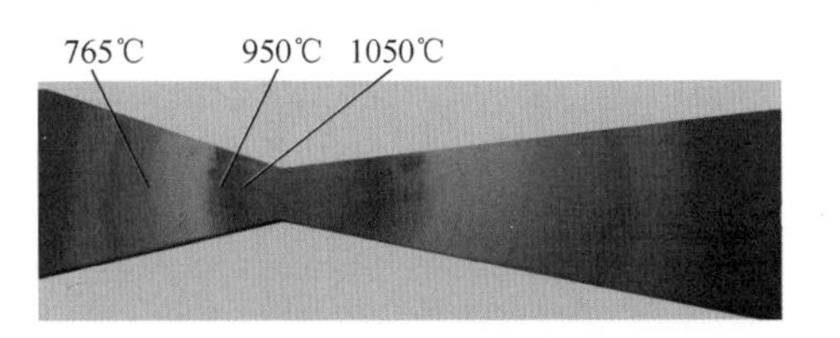


图 6-44 镍钛黄+TSP-M10 显色及标定温度

### 6.5.4 试验结果分析

从标定试验结果可以看出,TSP-M02 在海碧蓝、包裹红和镍钛黄上,高温段显色明显,效果良好;TSP-M05 和 TSP-M07 在包裹红上,高温段显色明显,效果良好;TSP-M10 在包裹红和镍钛黄上,高温段显色明显,但涂层有轻微脱落,效果不佳;TSP-M04 在镍钛黄上,高温段显色明显,效果良好;TSP-M05 和 TSP-M04在锆铁红上显色不好,冷却后,锆铁红表面的 TSP-M05 出现粉化脱落。具体情况如下:

(1) TSP-M02 喷涂在海碧蓝上,加温后 915℃以上变成深蓝色;喷涂在包裹红上,加温后 885℃以上变成浅红色,995℃变成陶瓷浅红色,995℃以上变成黑釉色;喷涂在镍钛黄上,加温后 885℃以上变成浅红色,995℃以上变成红釉色。

(2) TSP-M04 喷涂在镍钛黄上,加温后 966℃和 1010℃等温线容易判读,相当于增加了 TSP-M04 测量高温的能力。

(3) TSP-M05 喷涂在包裹红上,加温后 825℃以上变成浅红色,1000℃以上变成深红色;喷涂在锆铁红上,加温冷却后出现粉化脱落。

(4) TSP-M07 喷涂在包裹红上,加温后 965℃以上变成白色,1140℃以上变成浅红色。

(5) TSP-M10 喷涂包裹红和镍钛黄上和 TSP-M04 喷涂在锆铁红上,加温后显色效果不佳,这里就不做介绍了。

### 6.5.5 验证试验及分析

用界面漆(海碧蓝+TSP-M02)测量某型发动机高压涡轮导向叶片(叶片表面有热障涂层,不能进行喷砂处理)在全工况下的表面温度,叶背测试结果如图 6-45 所示,前缘及叶盆测试结果如图 6-46 所示。

为验证界面漆测试结果的准确性,在该次试验中,同时用 TSP-M07 和 TSP-M15 不可逆示温涂料,各涂覆 2 片在高压涡轮导向叶片表面。从 2 种不可逆示温涂料测试判读结果可以看出,虽然高压涡轮导向叶片安装不在同一位置,

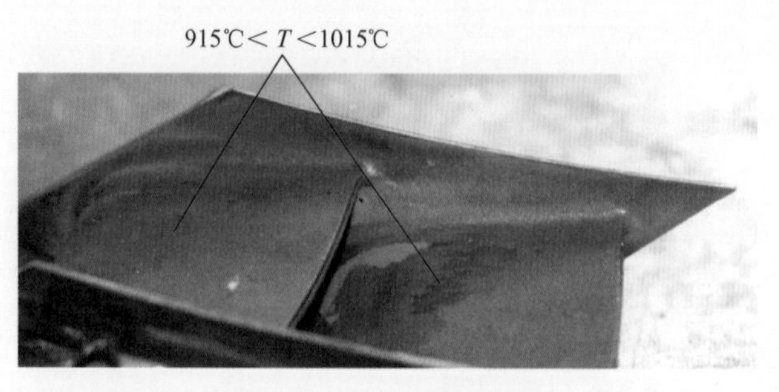


图 6-45　叶背测试结果

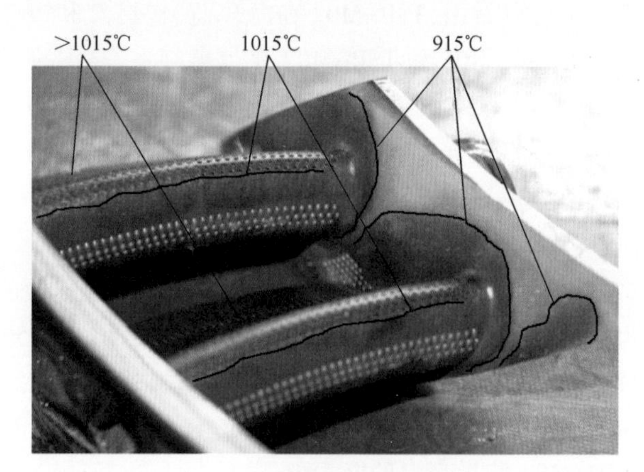


图 6-46　前缘及叶盆测试结果

但示温涂料温度与界面漆温度测试结果相近或趋势吻合，证明界面漆测试结果是准确的。

上述试验表明，只要界面漆选择合适，用于发动机高温部件表面温度测试是可行的。

# 第 7 章 不可逆示温涂料的应用

不可逆示温涂料应用最多、最广的是航空发动机高温部件表面温度的测量，为了获得发动机在工作状态下的温度图像，大多数航空发动机制造商在专用测试中使用不可逆示温涂料，将不可逆示温涂料测试结果与数值模拟结果进行比较，以验证强度计算和寿命预估是否满足设计要求。此外，在不可逆示温涂料测试中可以发现发动机试验中不可预知的“热点”，即试验件的局部高温点，“热点”可能会严重危及发动机部件的使用寿命。因此，不可逆示温涂料测试仍将是测量发动机部件温度不可替代的技术。

不可逆示温涂料测试除受标定、试验件表面处理、喷涂干燥、试验环境、恒温时间等影响外，还涉及测试程序、适用范围、试验峰值时间判定、数据处理等工作。本章用大量测试实例介绍了不可逆示温涂料在发动机部件温度测量中所起的作用以及试验件温度的判定方法。

## 7.1 测试流程

为保证试验件不受损伤和不可逆示温涂料测试的准确性，试验双方应了解不可逆示温涂料测试流程。不可逆示温涂料测试流程如下：

(1) 测试任务委托。委托方提供试验件相关信息，内容主要包括试验设备、试验工况、试验件工作环境、试验件预估温度、试验日期等信息。

(2) 测试方案设计。测试工程师根据委托任务书设计测试方案，与委托方沟通协调，明确试验件测量部位、不能吹砂处理的部位、不能用手触摸的部位、需保护的部位、不能加温烘烤的部件等。

(3) 试验前的准备工作。由测试工程师完成测试所需不可逆示温涂料选型和标定，试验件表面喷砂和清洁处理、不可逆示温涂料喷涂、涂膜干燥。

(4) 试验件表面处理。为保证不可逆示温涂料涂膜牢固地附着在试验件表面，一般情况下要对试验件表面进行喷砂处理。试验件表面做了喷丸处理或有其他保护涂层等不允许喷砂处理的特殊情况则不进行喷砂处理。压气机盘、涡轮盘和轮轴等壁温低于 600℃时可以不进行喷砂处理;燃烧室火焰筒、涡轮叶片、压气机叶片等壁温测试必须进行喷砂处理。

(5) 试验件表面干燥。干燥分为烘干干燥和自然干燥,烘干干燥是涂膜在所需烘干温度下烘烤 0.5h,自然干燥是在避光、通风环境下干燥 24h。不可逆示温涂料变色温度高于 350℃,烘干温度为 215℃(根据基料的烘干温度确定);不可逆示温涂料变色温度低于 200℃,烘干温度为 80℃。涂膜烘干干燥的附着力高于自然干燥的附着力,无特殊情况,涂膜采用烘干干燥。

(6) 数据记录。对制作好涂膜的试验件用记录簿记录每个品种的不可逆示温涂料喷涂部位,用数码相机拍照或摄录记录每种不可逆示温涂料喷涂部位的原色彩图片等相关数据,为试验后判读提供原始数据。

(7) 试验件装卸。为避免涂膜表面污染,在安装与拆卸试验件时,应戴干净的手套,不要使油污或其他污物污染试验件表面的不可逆示温涂料,特别是油污。拆卸过程中尽量不因人为因素对涂膜表面造成污染,膜制备完成后 3 天内未进行试验件安装的,应将试验件保存于清洁、避光的环境中。

(8) 测温试验要求。不可逆示温涂料测温试验时,用 10~15min 升温到最大峰值状态,在最大峰值状态下恒温 3~5min 降温,冷却后拆卸分解试验件。为得到测试最佳结果,按不可逆示温涂料使用技术要求安排专项试验。如无法进行专项试验,应避免长时间试验或反复升温、降温;否则将可能出现不可逆示温涂料等温线难以辨识,影响最终的测试判读结果及精度。

(9) 数据处理分析。试验分解后,用数码相机拍照或摄录自然光源下每种不可逆示温涂料的变色颜色,与标准试片进行比对,通过综合分析,绘制变色温度的等温线,然后进行温度判读、数据处理、分析,给出测试报告。

## 7.2 不可逆示温涂料在压气机部件中的应用

准确地测量高负荷多级压气机的温度,对于分析压气机进口温度和进口压力的变化对压气机特性的影响以及内部传热效应对性能的影响,具有十分重要的意义。

某多级压气机设计加工后,为了解其表面承受的温度及温度分布,用不可逆示温涂料对其表面温度进行了测量。

**1. 不可逆示温涂料的选择**

压气机盘的预估温度为 100~600℃,选用 7 种单变色不可逆示温涂料和 7

种多变色不可逆示温涂料对压气机盘进行测量，其中除了 TSP-02 校准标定结果与6.1.2节中图6-12标定结果有差异外，其他不可逆示温涂料品种和标定温度如表7-1所列，各级压气机盘所选用的不可逆示温涂料的品种如表7-2所列，不可逆示温涂料 TSP-M02 峰值恒温时间 3min 的标定结果如图7-1所示，其他的峰值恒温时间 3min 的标定结果如图6-1、图6-4～图6-9、图6-13、图6-14、图6-19、图6-21、图6-23、图6-24所示。

表7-1 不可逆示温涂料品种和温度

| 不可逆示温涂料品种 | 标定试片对应图号 | 峰值恒温时间 3min 标定温度/℃ |
|---|---|---|
| TSP-S01 | 图6-1 | 680 |
| TSP-S04 | 图6-4 | 400 |
| TSP-S05 | 图6-5 | 460 |
| TSP-S06 | 图6-6 | 496 |
| TSP-S07 | 图6-7 | 340 |
| TSP-S08 | 图6-8 | 255 |
| TSP-S09 | 图6-9 | 550 |
| TSP-M03 | 图6-13 | 130、165、215、295、325、385、430 |
| TSP-M04 | 图6-14 | 435、635、685、835、855 |
| TSP-M09 | 图6-19 | 294、380 |
| TSP-M11 | 图6-21 | 445、615 |
| TSP-M13 | 图6-23 | 100、160 |
| TSP-M14 | 图6-24 | 110、148 |

表7-2 各级压气机盘所选用的不可逆示温涂料的品种

| 名称 | 不可逆示温涂料的品种 | | | | | |
|---|---|---|---|---|---|---|
| 盘一 | TSP-S07 | TSP-S08 | TSP-M03 | TSP-M09 | TSP-M13 | TSP-M14 |
| 盘二 | TSP-S04 | TSP-S05 | TSP-S07 | TSP-S08 | TSP-M04 | TSP-M09 |
| 盘三 | TSP-S04 | TSP-S05 | TSP-S07 | TSP-M04 | TSP-M09 | TSP-M11 |
| 盘四 | TSP-S04 | TSP-S05 | TSP-M03 | TSP-M04 | TSP-M09 | TSP-M11 |
| 盘五 | TSP-S01 | TSP-S06 | TSP-S09 | TSP-M02 | TSP-M04 | TSP-M11 |
| 盘六 | TSP-S01 | TSP-S06 | TSP-S09 | TSP-M02 | TSP-M04 | TSP-M11 |

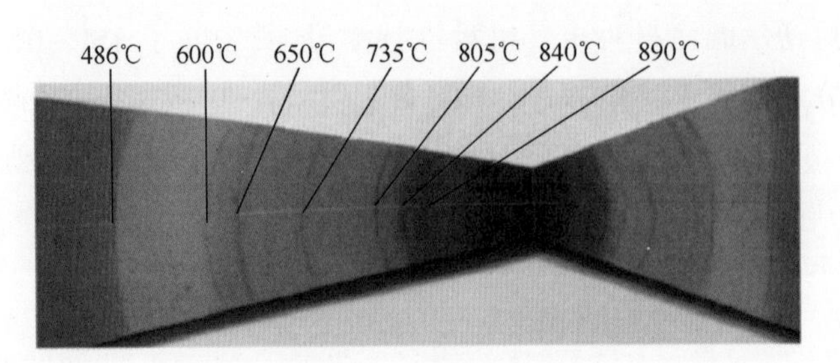


图 7-1　TSP-M02

**2. 试验状态**

压气机燃烧介质为航空煤油，经历了 5min 最大转速地面检查试验、高空 10min 亚声速巡航和 10min 设计点不同转速试验、高空 3min 极限温度和转速试验。

**3. 不可逆示温涂料涂覆位置**

试验前，试验件不可逆示温涂料的涂覆位置、颜色和品种如图 7-2～图 7-7 所示。

图 7-2　盘一中不可逆示温涂料的涂覆位置、颜色和品种

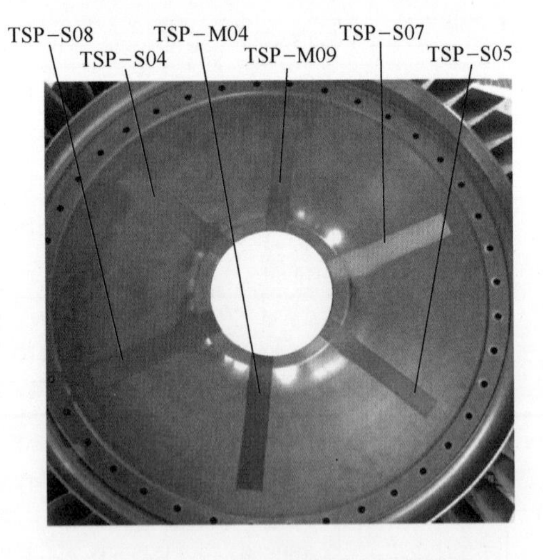


图 7-3　盘二中不可逆示温涂料的涂覆位置、颜色和品种

**4. 测试结果及分析**

地面检查试验、高空亚声速巡航转速试验、高空设计点转速试验，以及极限温度转速试验各进行了 1 次。地面检查试验和高空亚声速巡航转速试验的进口总温较低，对不可逆示温涂料变色影响不大，高空设计点转速试验和极限温度转

速试验对不可逆示温涂料的变色起到了作用。高空设计点转速试验和极限温度转速试验是分别进行的,每次峰值恒温时间为3~5min,最高进口总温的峰值恒温时间为3min,因此判读按峰值恒温时间3min进行,判读结果如表7-3所列,压气机盘温度如图7-8~图7-19所示。需要说明的是,图7-12所示的不可逆示温涂料的判读结果是综合后几级鼓筒给出的温度。

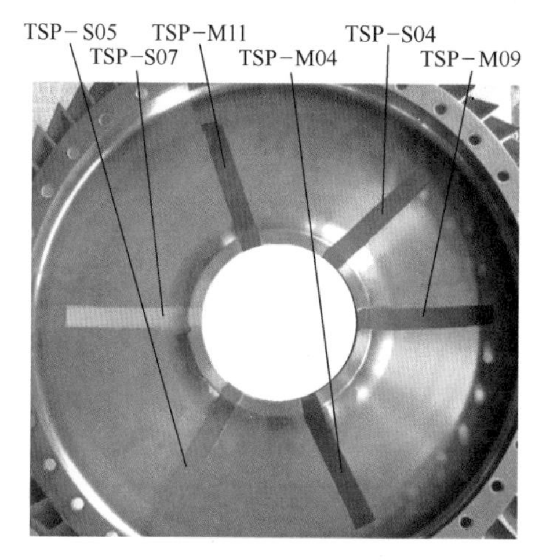


图7-4 盘三中不可逆示温涂料的涂覆位置、颜色和品种

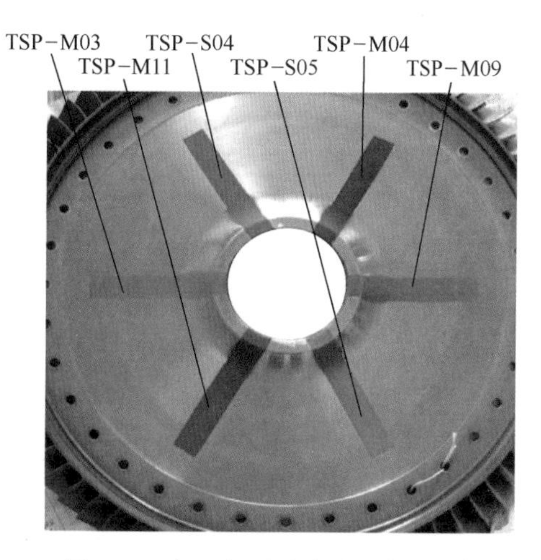


图7-5 盘四中不可逆示温涂料的涂覆位置、颜色和品种

图7-6 盘五中不可逆示温涂料的涂覆位置、颜色和品种

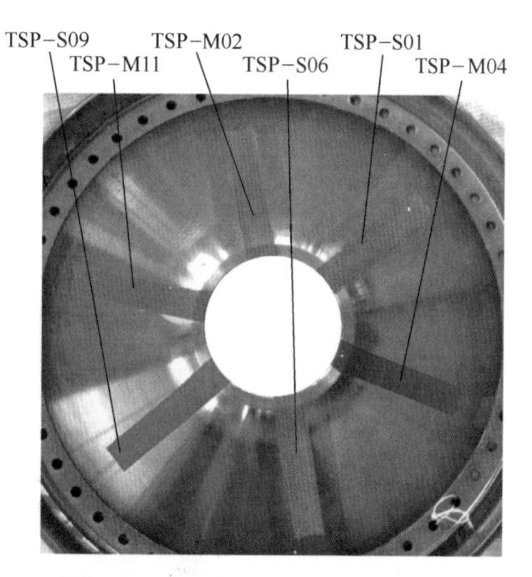


图7-7 盘六中不可逆示温涂料的涂覆位置、颜色和品种

表 7-3　压气机各部件的判读结果

| 名　称 | 对应图片 | 径向尺寸/mm | 峰值恒温时间 3min 的温度/℃ |
|---|---|---|---|
| 盘一 | 图 7-8 | — | $255<T<294$ |
| 鼓筒一 | 图 7-9 | — | $294<T<340$ |
| 盘二 | 图 7-10 | 盘心约为 88. 2 | $255<T<294$ |
| | | >88. 2 | $294<T<340$ |
| 盘三 | 图 7-11 | 盘心约为 122. 9 | $294<T<340$ |
| | | >122. 9 | $340<T<380$ |
| 鼓筒二 | 图 7-12 | — | $460<T<486$ |
| 盘心一 | 图 7-13 | — | $295<T<380$ |
| 盘四 | 图 7-14 | 盘心约为 92. 3 | $294<T<380$ |
| | | 92. 3~107. 3 | 380℃<T<400℃ |
| | | 107. 3~122. 3 | 400<T<435 |
| | | >122. 3 | $435<T<445$ |
| 盘五 | 图 7-15 | 盘心约为 67. 6 | $<445$ |
| | | >67. 6 | $445<T<486$ |
| 盘心二 | 图 7-16 | — | $435<T<445$ |
| 鼓筒三 | 图 7-17 | — | $550<T<600$ |
| 盘六 | 图 7-18 | 盘心约为 79. 7 | $445<T<486$ |
| | | 79. 7~91. 5 | $486<T<496$ |
| | | >91. 5 | $496<T<550$ |
| 盘心三 | 图 7-19 | — | $445<T<486$ |

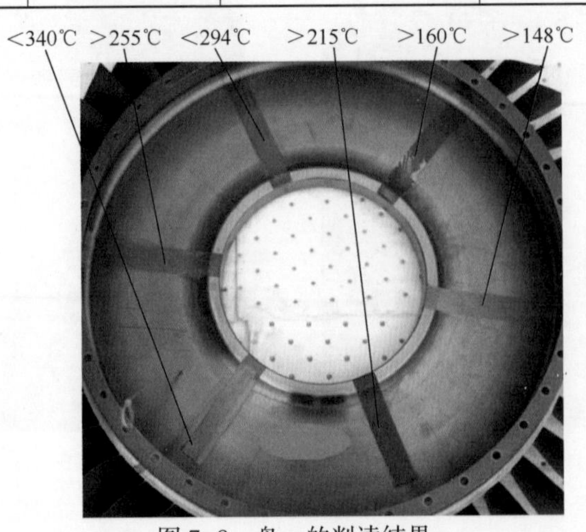


图 7-8　盘一的判读结果

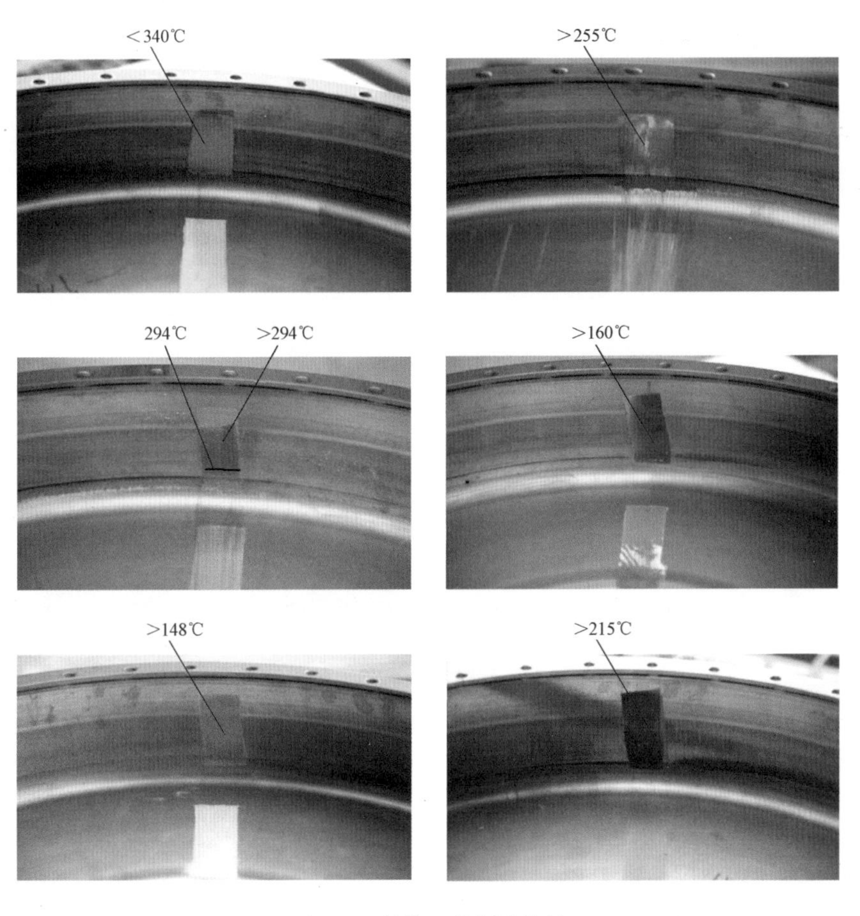


图 7-9 鼓筒一的判读结果

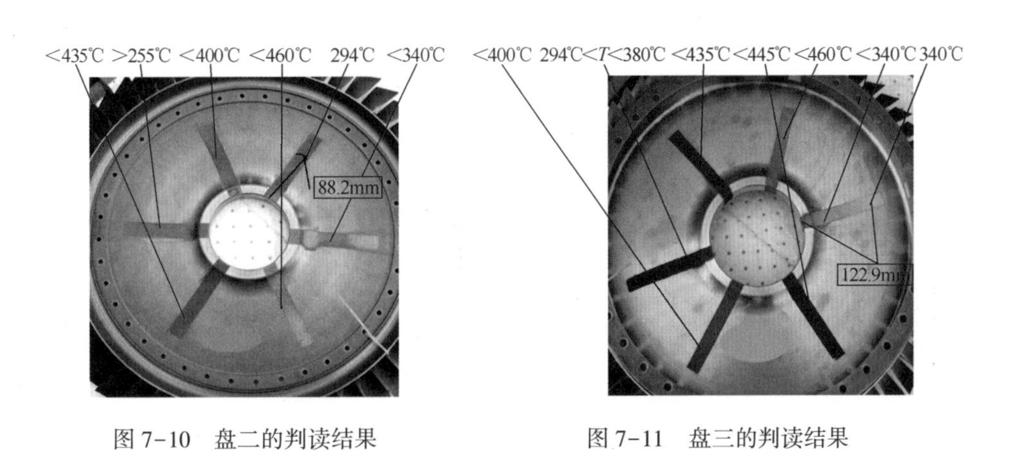


图 7-10 盘二的判读结果

图 7-11 盘三的判读结果

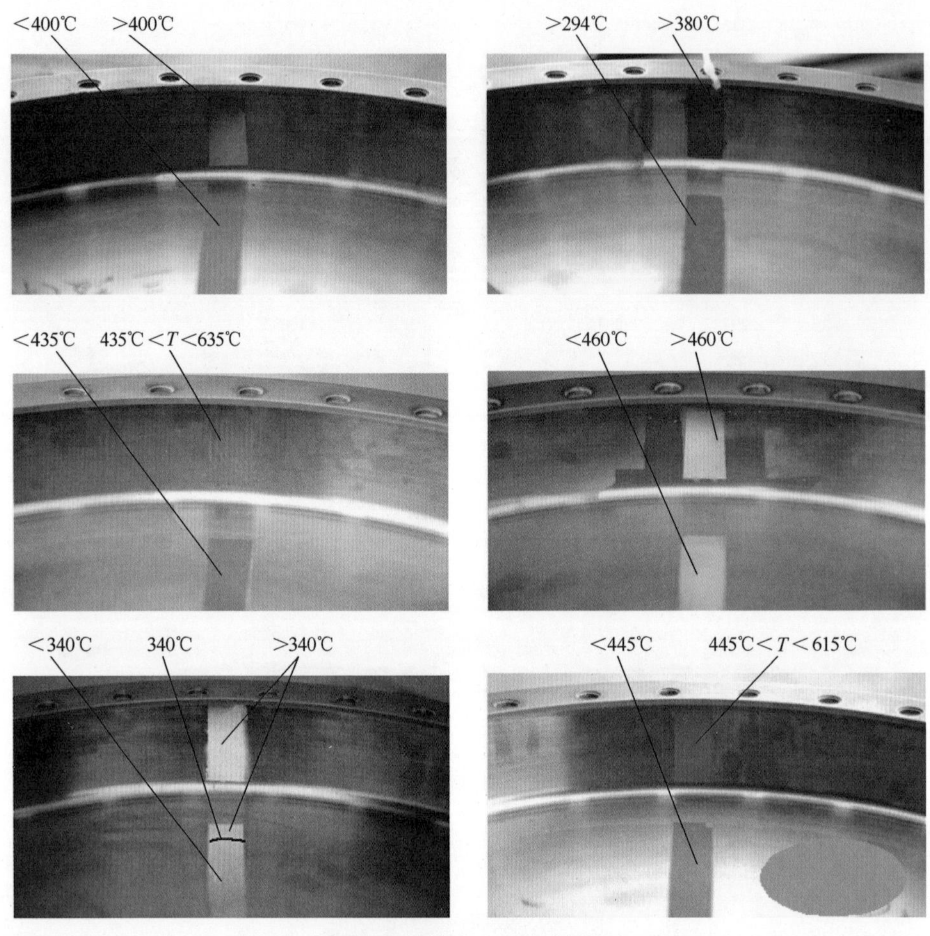


图 7-12 鼓筒二的判读结果

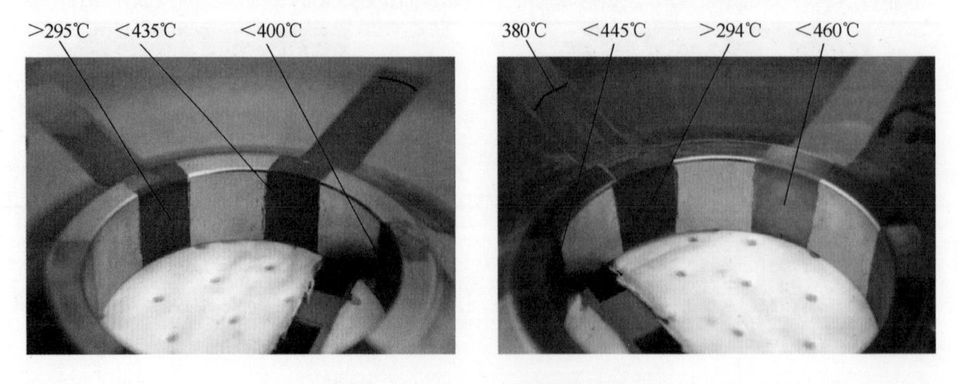


图 7-13 盘心一的判读结果

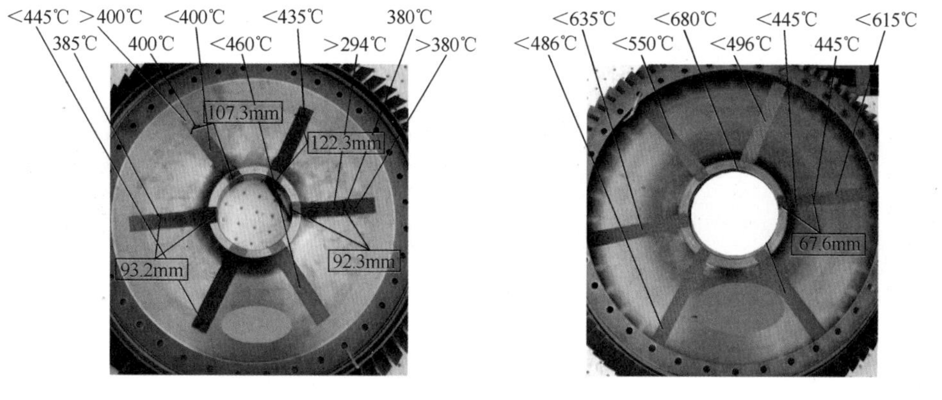


图 7-14　盘四的判读结果

图 7-15　盘五的判读结果

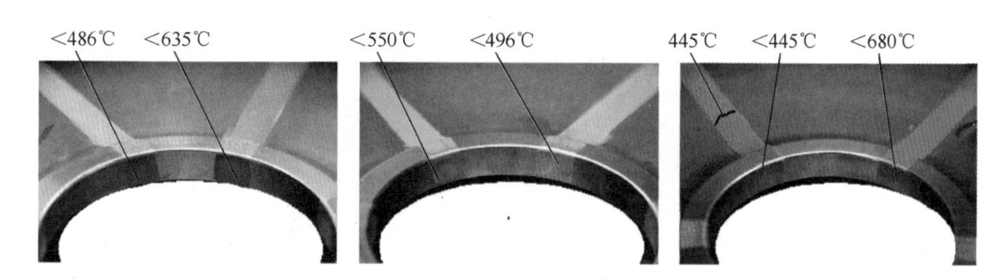


图 7-16　盘心二的判读结果

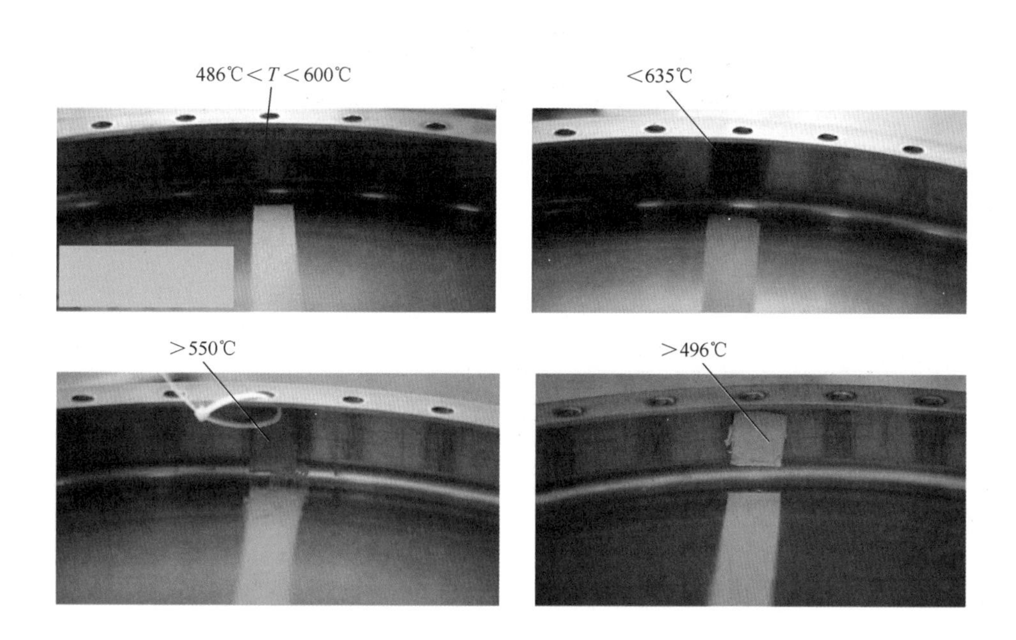

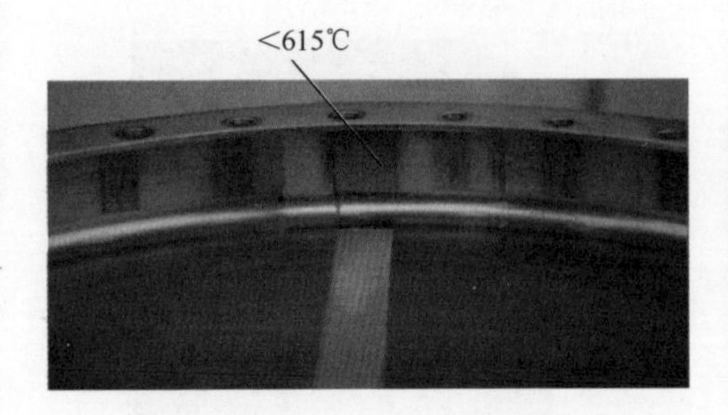


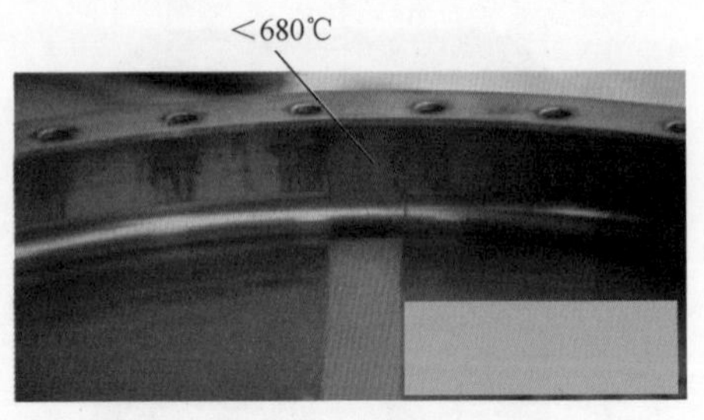


图 7-17　鼓筒三的判读结果

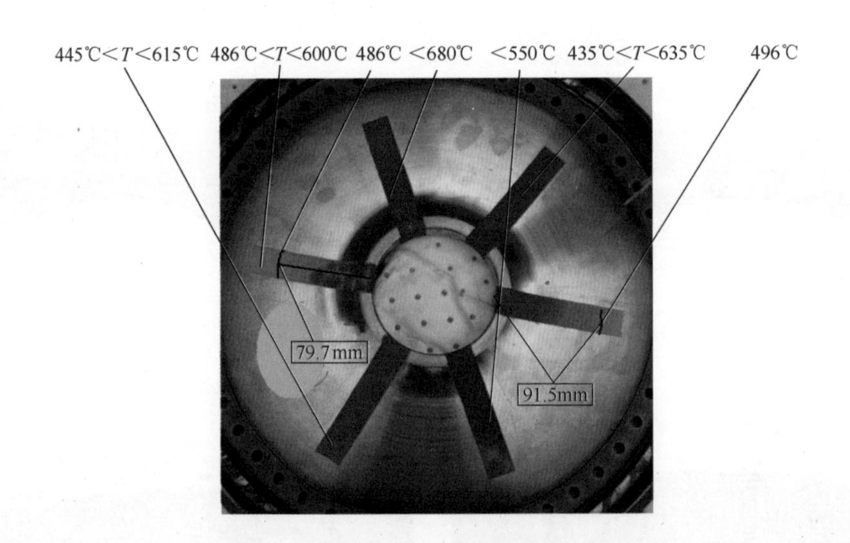


图 7-18　盘六的判读结果

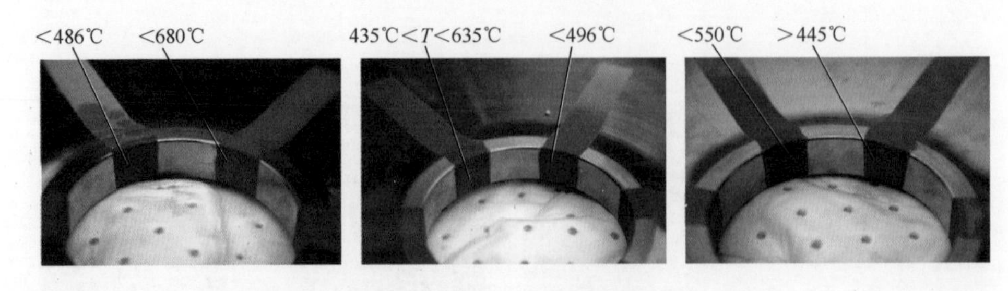


图 7-19　盘心三的判读结果

## 7.3 不可逆示温涂料在燃烧室部件中的应用

燃烧室火焰筒种类众多,形状各异,因燃烧介质不同,试验后温度分布不同,加之受燃烧污染、运行的峰值时间等众多因素的影响,故判读时剔除各种干扰尤为重要。

本节介绍几种有关燃烧室火焰筒测试的不可逆示温涂料选择、喷涂区域、试验峰值时间影响和温度判定方法。

### 7.3.1 主燃烧室测试[71]

某主燃烧室设计加工后,预估温度范围为500~900℃。为保证其工作时表面温度不超过材料的许用温度,需了解其表面温度及温度分布,因此用不可逆示温涂料对其表面温度进行测量。

**1. 不可逆示温涂料的选择**

根据预估温度范围,选择TSP-M01和TSP-M02两种不可逆示温涂料对主燃烧室进行测量。不可逆示温涂料的品种及其峰值恒温时间3min标定温度如图7-20和图7-21所示。

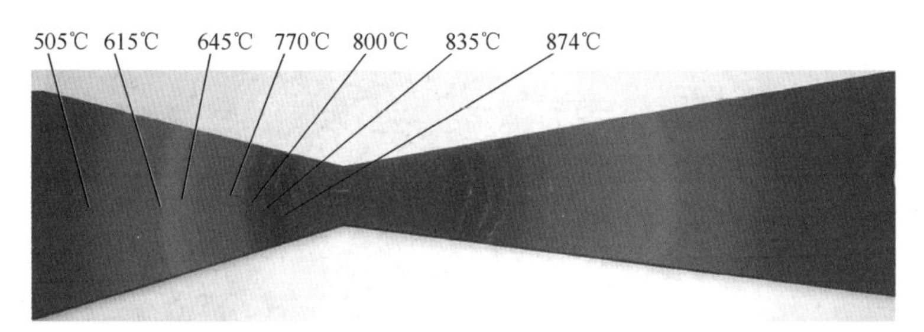


图7-20 主燃烧室所用不可逆示温涂料TSP-M01及其峰值恒温时间3min标定温度

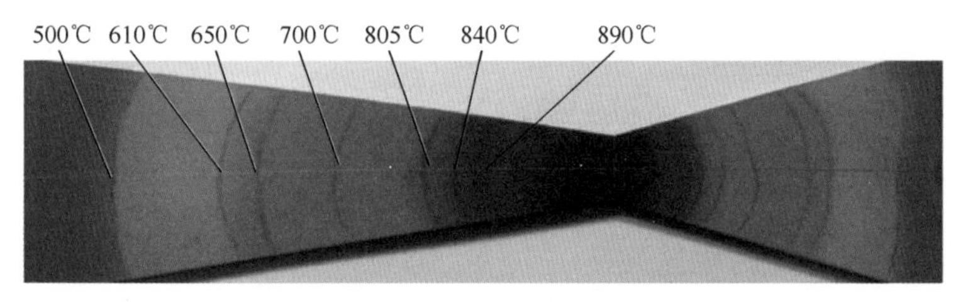


图7-21 主燃烧室所用不可逆示温涂料TSP-M02及其峰值恒温时间3min标定温度

**2. 试验状态**

试验时，主燃烧室进口温度 $T_3$①=539.41K，压力 $p_3$=614.13kPa，马赫数 $Ma_3$=0.36，速度 $v$=145m/s，流量 $W_3$=3.72kg/s，出口平均温度 $T_{4av}$=1162.76K，出口最高温度 $T_{4max}$=1345.98K。

**3. 不可逆示温涂料的涂覆区域**

TSP-M01 和 TSP-M02 两种不可逆示温涂料在燃烧室表面的涂覆扇区如图 7-22 所示。

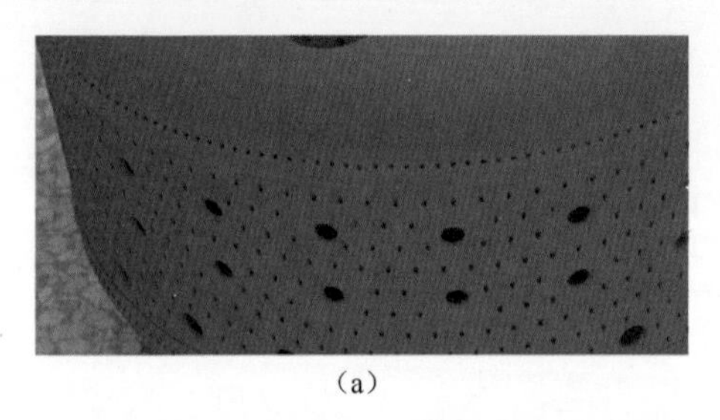
(a)

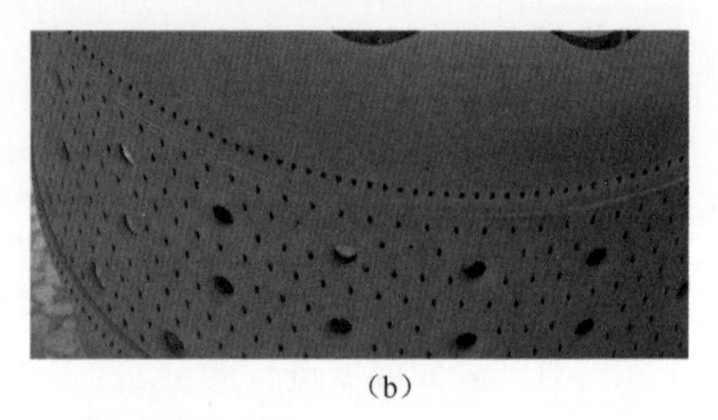
(b)

图 7-22 不可逆示温涂料的涂覆区域
(a)TSP-M01；(b)TSP-M02。

**4. 测试结果及分析**

不可逆示温涂料 TSP-M01 外扇区的判读结果如图 7-23 和图 7-24 所示。不可逆示温涂料 TSP-M02 外扇区的判读结果如图 7-25～图 7-27 所示。两种不可逆示温涂料外扇区结合部位的判读结果如图 7-28。不可逆示温涂料 TSP-M01内扇区的判读结果如图 7-29 所示。不可逆示温涂料 TSP-M02 内扇区的判读结果如图 7-30 所示。

TSP-M02 不可逆示温涂料 840℃以上在该燃烧室表面显示颜色较黑，很容易误判为污染或吹掉。结合标定试片和 TSP-M01 在燃烧室表面的显色情况综合判读，其表面温度为 840℃<$T$<890℃，如图 7-25 和图 7-26 所示，与 TSP-M01 在燃烧室表面相同位置温度吻合，即 835℃<$T$<874℃，如图 7-23 和图 7-24 所示。不可逆示温涂料 TSP-M01 在 615℃时、TSP-M02 在 610℃时，燃烧室表面的显色与它们在 645℃和 650℃时的显色相近，加之该燃烧室表面温度梯度较大，不易分辨，而在 645℃和 650℃时容易分辨，因此只判读 645℃和 650℃时的等温线。

综合测试结果，该主燃烧室的最高温度低于 874℃，满足材料的要求。

---

① 根据行业规则，与主燃烧室进口有关的数据下角用“3”表示，与主燃烧室出口有关的数据下角用“4”表示。

<505℃ 505℃ 645℃ 770℃ 800℃ 835℃ <874℃
<505℃ 505℃ <645℃

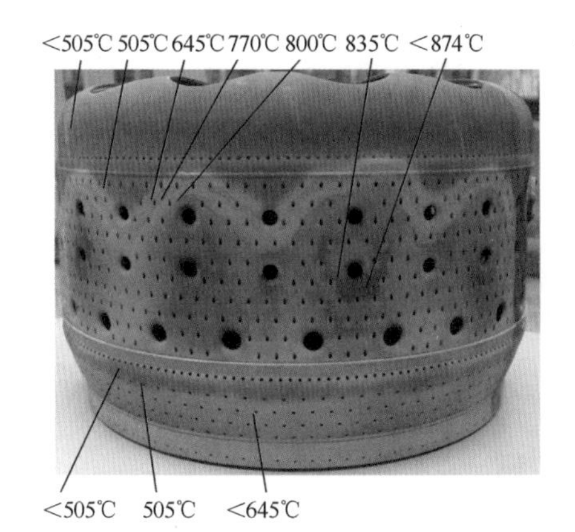

图 7-23 TSP-M01 外扇区的判读结果(一)

770℃<T<800℃
<505℃ 505℃ 645℃ 770℃
800℃ 835℃ 874℃

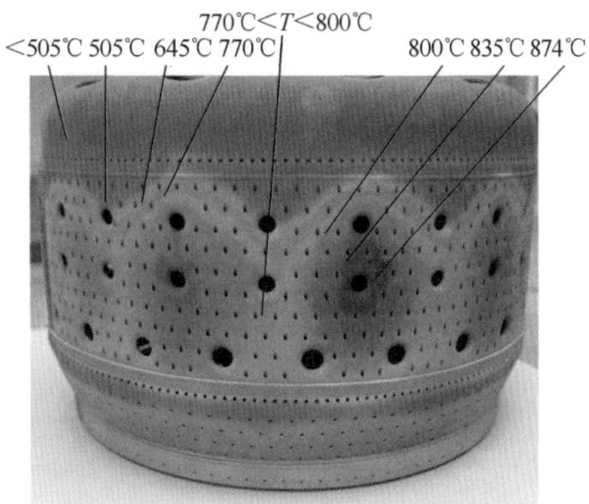

图 7-24 TSP-M01 外扇区的判读结果(二)

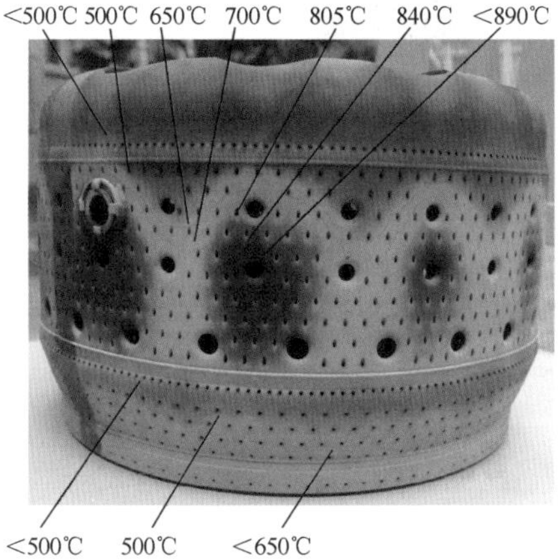

<500℃ 500℃ 650℃ 700℃ 805℃ 840℃ <890℃
<500℃ 500℃ <650℃

图 7-25 TSP-M02 外扇区的判读结果(一)

<500℃ 500℃ 650℃ 700℃ 805℃ 840℃ <890℃

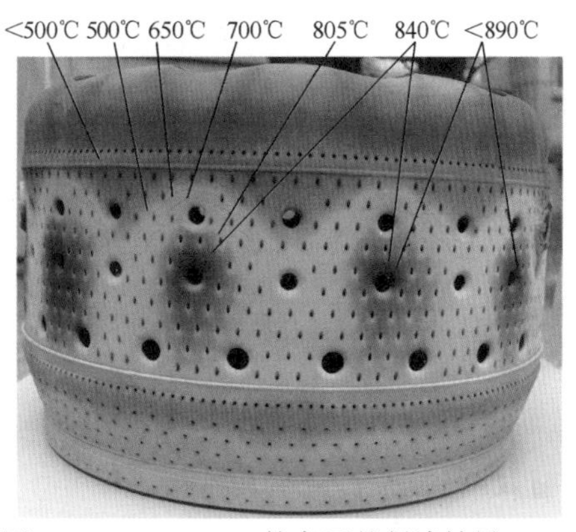

图 7-26 TSP-M02 外扇区的判读结果(二)

500℃ 700℃ 840℃ 700℃<T<805℃
<500℃ 650℃ 805℃ <890℃

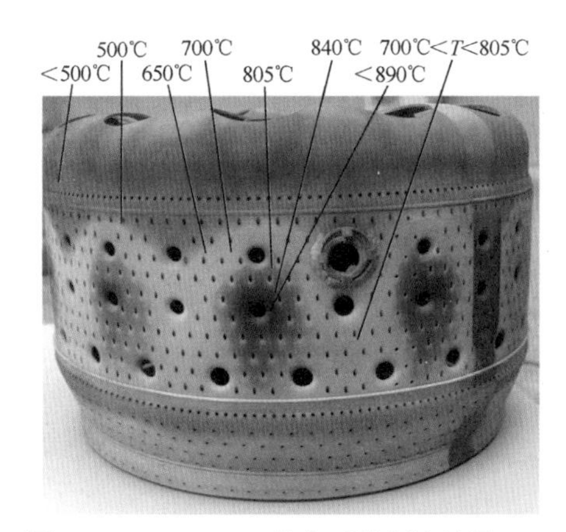

图 7-27 TSP-M02 外扇区的判读结果(三)

<505℃ 645℃ 800℃ 500℃ 700℃
505℃ 770℃ <500℃ 650℃ 805℃

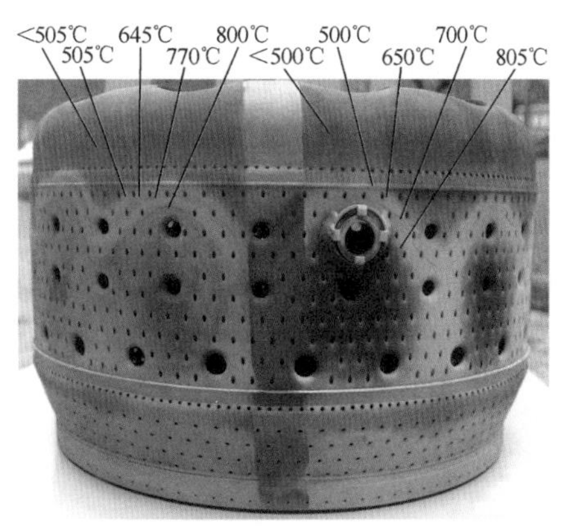

图 7-28 两种不可逆示温涂料外扇区结合部位的判读结果

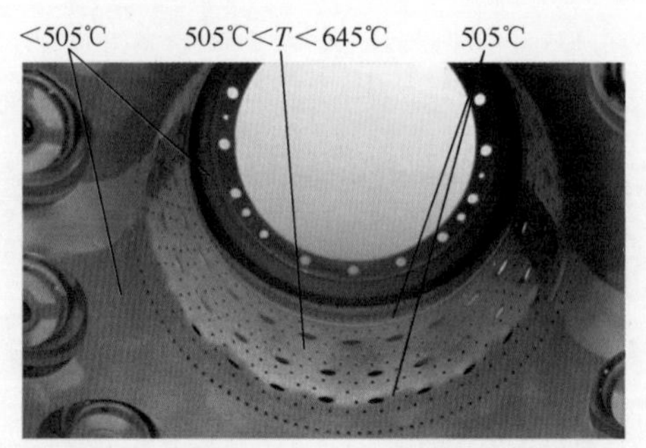


图 7-29　TSP-M01 内扇区的判读结果

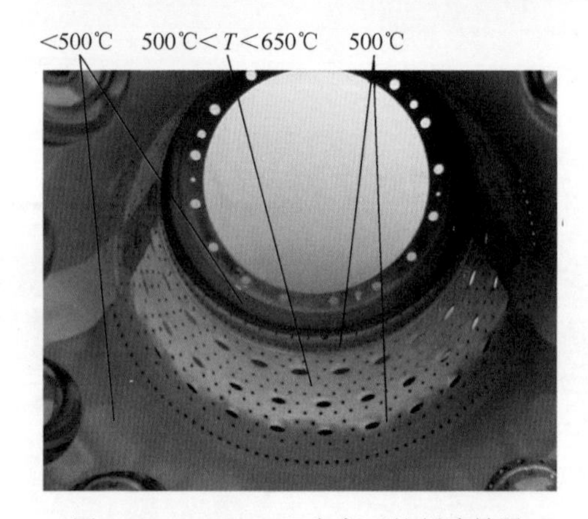


图 7-30　TSP-M02 内扇区的判读结果

## 7.3.2　阵列预混燃烧室火焰筒测试[72]

为考核某航空发动机阵列预混燃烧室火焰筒冷却结构是否满足设计要求，需测量火焰筒壁温及其温度分布。采用不可逆示温涂料和热电偶两种方式，获得了全温、全压试验中火焰筒的壁温分布。通过将不同峰值时间下不可逆示温涂料的测试结果与热电偶的测试结果对比，表明火焰筒试验的峰值时间是影响不可逆示温涂料测温判读的主要原因。为了保证测试结果的准确性，应严格要求试验峰值时间与不可逆示温涂料标定的峰值时间一致。

**1. 不可逆示温涂料的选择**

试验前，根据预估的火焰筒温度范围 500～900℃，选择了 6 个品种的单、多变色不可逆示温涂料，按不可逆示温涂料使用技术要求进行峰值恒温时间 3min 和 30min 的标定。不可逆示温涂料的品种及等温线标定温度如表 7-4 所列，标准试片峰值恒温时间 3min、30min 等温线标定温度如图 7-31、图 7-32 所示。

表 7-4 不可逆示温涂料的品种及等温线标定温度

| 品种 | 峰值恒温时间 3min 等温线标定温度/℃ | 峰值恒温时间 30min 等温线标定温度/℃ |
| --- | --- | --- |
| TSP-S01 | 680 | 610 |
| TSP-S09 | 550 | 480 |
| TSP-M04 | 435、635、766、835、855 | 390、580、693、765、795 |
| TSP-M05 | 710、850、955 | 605、675、750 |
| TSP-M10 | 490、615、630、757、940、960 | 440、565、593、670、748 |
| TSP-M16 | 780、900、960 | 710、850 |

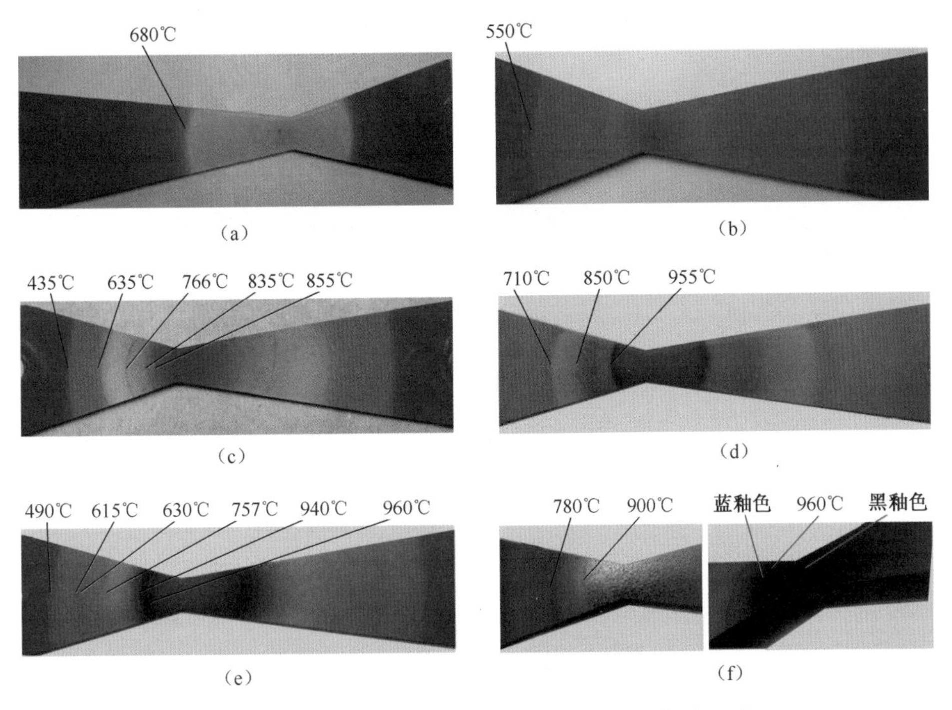


图 7-31 标准试片峰值恒温时间 3min 等温线标定温度

(a)TSP-S01;(b)TSP-S09;(c)TSP-M04;(d)TSP-M05;(e)TSP-M10;(f)TSP-M16。

**2. 试验状态**

燃烧室全温、全压试验采用天然气燃料。最大试验状态燃烧室进口总温度为 403℃。试验件为逆流式扇形单管燃烧室,火焰筒外工作环境为来流空气,火焰筒内工作环境为燃气燃烧环境,火焰筒设计壁温不高于 860℃,最大试验状态参数如表 7-5 所列。火焰筒壁面温度测试试验在燃烧室试验器上进行,燃烧室试验件台架安装示意图如图 7-33 所示。

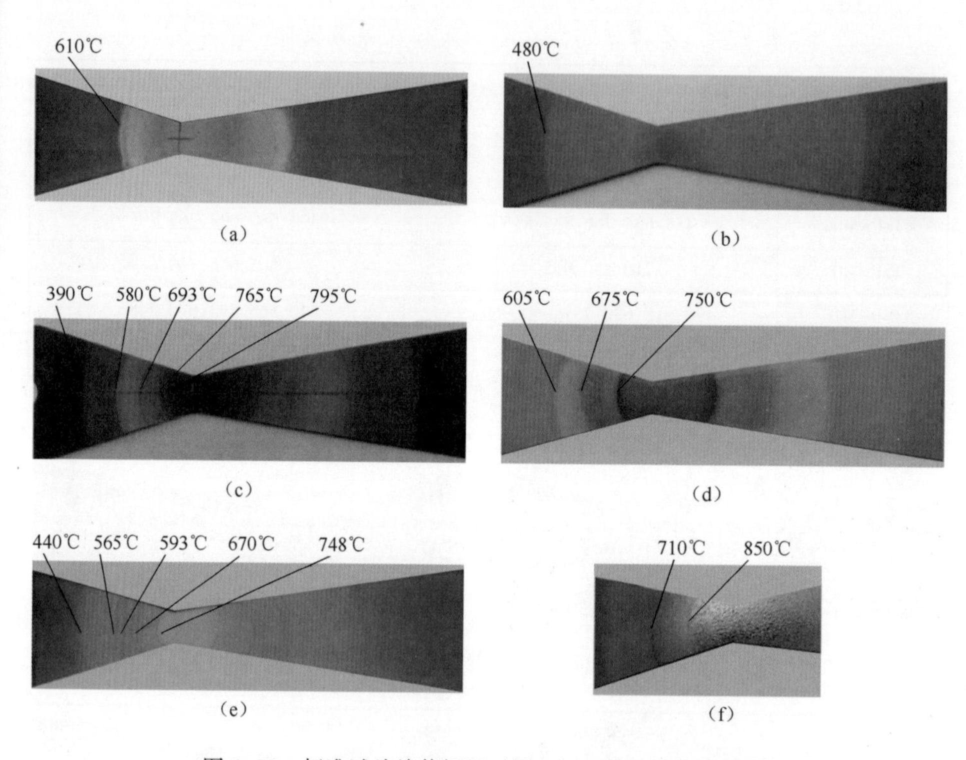


图 7-32 标准试片峰值恒温时间 30min 等温线标定温度
(a) TSP-S01;(b) TSP-S09;(c) TSP-M04;(d) TSP-M05;(e) TSP-M10;(f) TSP-M16。

表 7-5 逆流式扇形单管燃烧室的最大试验状态参数

| 参数 | 数值 |
|---|---|
| 空气流量/(kg/s) | 15. 64 |
| 空气温度/℃ | 403 |
| 空气压力/kPa | 1486 |
| 进口马赫数 | 0. 18 |
| 试验燃料 | 天然气 |
| 燃料流量/(g/s) | 325 |
| 余气系数 | 2. 87 |
| 出口平均温度/℃ | 1210 |
| 火焰筒设计壁温/℃ | 860 |

**3. 火焰筒结构**

火焰筒头部安装一体式喷嘴和旋流器,左右两侧各有 1 个联焰管和 1 个定位销安装座,火焰筒上加工有一个火焰探测孔,周向分布 6 个掺混孔,定位销安

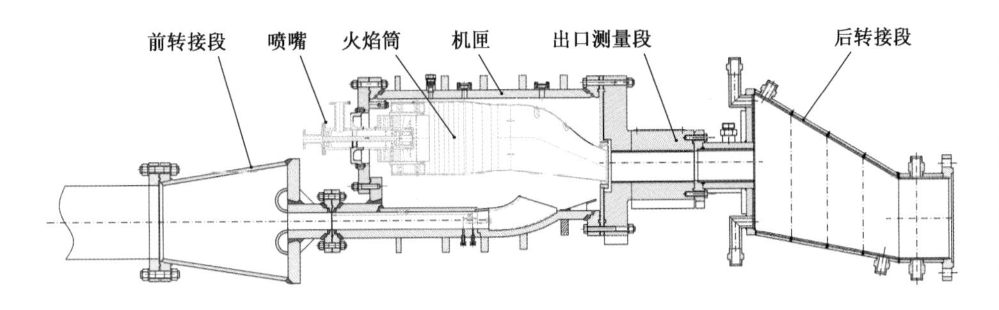


图 7-33 燃烧室试验件台架安装示意图

装座和掺混孔之间轴向分布 8 排气膜孔(孔径为 1~1.5mm),掺混孔左端有 3 排气膜孔。火焰筒结构如图 7-34 所示。

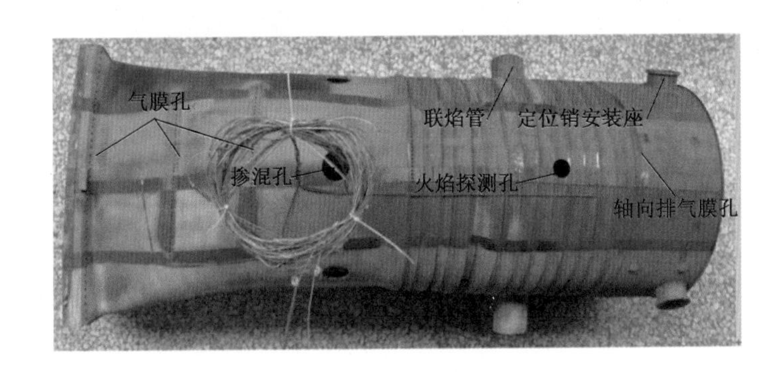


图 7-34 火焰筒结构

**4. 测试结果及分析**

试验前阵列预混燃烧室火焰筒壁面喷涂的不可逆示温涂料的品种及其原色如图 7-35 所示。试验后阵列预混燃烧室火焰筒壁面喷涂不同型号的不可逆示温涂料后的判读结果如图 7-36 所示,图中上面一排温度为峰值恒温时间 3min 的判读结果,下面一排温度为峰值恒温时间 30min 的判读结果。

从图 7-36 可以看出,峰值时间不同,温度差异很大。虽然最大试验状态的峰值时间约 40min,但是不可逆示温涂料的最长峰值标定时间为 30min,因此测试结果以峰值恒温时间 30min 的判读为准。判读结果如下:

(1) 在图 7-36(a)中,火焰筒掺混孔上方除有两小块区域温度高于 610℃外,其余部分温度均低于 610℃;掺混孔下方两排气膜孔部位除有两小块区域温度低于 610℃外,其余部分温度均高于 610℃。

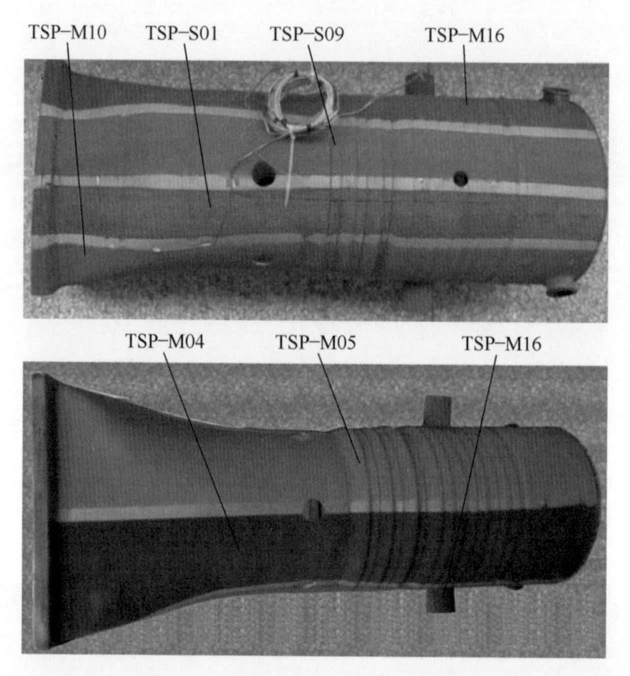


图 7-35　火焰筒壁面喷涂的不可逆示温涂料的品种及其原色

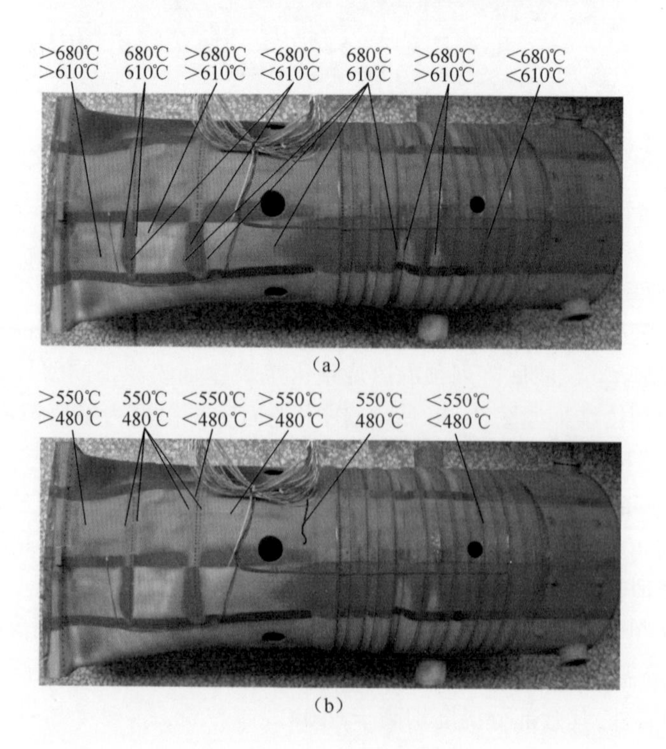

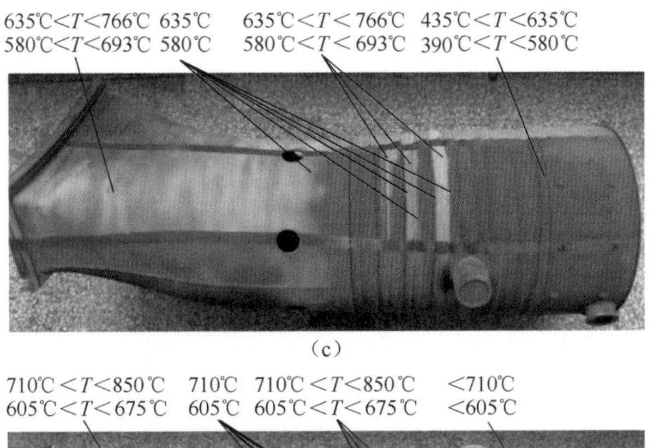


（c）

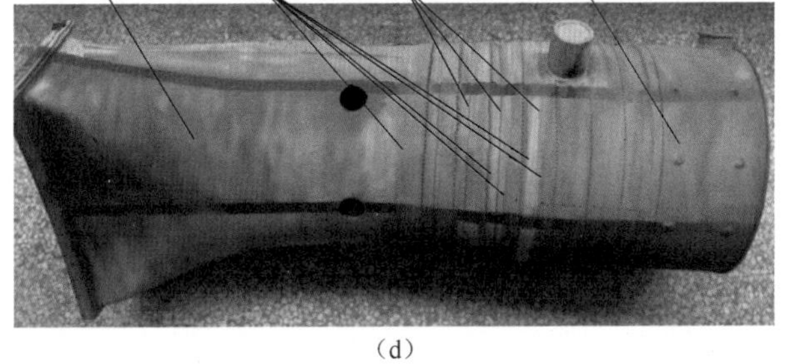


（d）

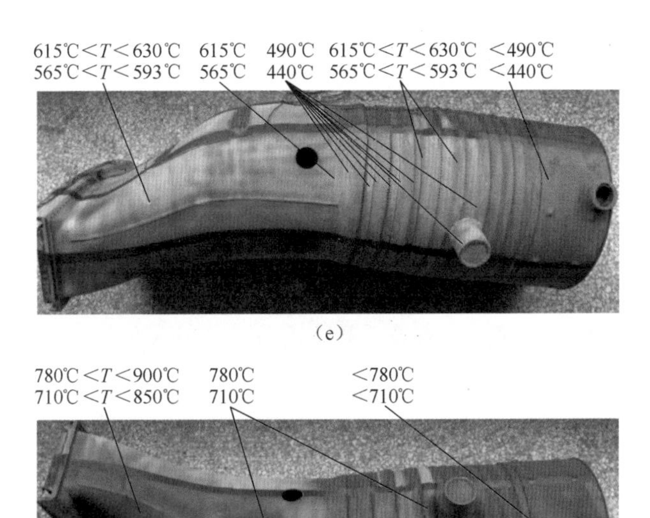


（e）

（f）

图 7-36 火焰筒壁面喷涂不同品种的不可逆示温涂料后的判读结果

(a) TSP-S01;(b) TSP-S09;(c) TSP-M04;(d) TSP-M05;(e) TSP-M10;(f) TSP-M16。

(2) 在图 7-36(b)中,火焰筒掺混孔上方 480℃等温线以上的部位温度低于 480℃;掺混孔下方两排气膜孔部位除有两小块区域温度低于 480℃外,其余部分温度均高于 480℃。

(3) 在图 7-36(c)中,火焰筒掺混孔上方除有 3 个条块区域温度为 580℃<$T$<693℃外,其余部分温度为 390℃<$T$<580℃;掺混孔附近 580℃等温线以下部位温度为 580℃<$T$<693℃。

(4) 在图 7-36(d)中,火焰筒掺混孔上方除有 3 个条块区域温度为 605℃<$T$<675℃外,其余部分温度小于 605℃;掺混孔附近 605℃等温线以下部位温度为 605℃<$T$<675℃。

(5) 在图 7-36(e)中,火焰筒掺混孔上方除有两个条块区域温度为 565℃<$T$<593℃外,其余部分温度小于 440℃;掺混孔附近 565℃等温线以下部位温度为 565℃<$T$<593℃。

(6) 在图 7-36(f)中,火焰筒联焰管下方除有一小块区域温度高于 710℃外,其余部分温度低于 710℃;掺混孔 710℃等温线以下部位温度为 710℃<$T$<850℃。

图 7-37 所示为测量火焰筒壁温时热电偶的安装位置。热电偶最大工作状态下的测试温度如表 7-6 所列。该阵列预混燃烧室火焰筒壁面最高温度未超过 860℃,符合设计要求。

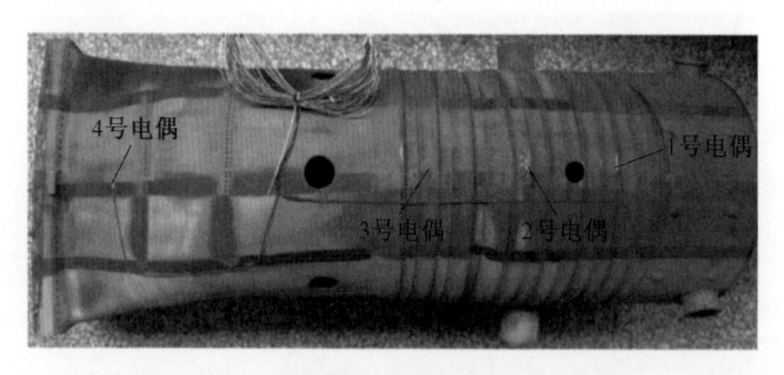


图 7-37　火焰筒壁温热电偶的安装位置

表 7-6　热电偶最大工作状态下的测试温度　　(单位:℃)

| 序号 | 1 | 2 | 3 | 4 |
| --- | --- | --- | --- | --- |
| 最小值 | 404 | 407 | 412 | 521 |
| 最大值 | 427 | 464 | 438 | 602 |
| 平均值 | 417 | 429 | 425 | 557 |

综合上述判读结果,火焰筒掺混孔以上大部分区域的温度为 390℃<$T$<440℃,温度较低且分布较均匀。这主要是因为该区域有大量密布的气膜孔,两

股气流穿过壁面气膜孔进入火焰筒内，使冷气层均匀铺开，有效降低了燃气对壁面的对流换热，将燃气对壁面的辐射热量带走。从表 7-6 中热电偶 1 号～3 号的测试结果也可以看出，其最高温度值小于 440℃。火焰筒掺混孔以下大部分区域的温度为 610℃<$T$<675℃，如图 7-36(a)、图 7-36(d)，但分布不均，火焰筒右侧面两个掺混孔以下部位温度最高，如图 7-36(f)所示。这是因为该区域没有冷却气膜孔，且高温燃气气流不均使得燃烧的火焰偏向掺混孔下方区域，造成该区域温度最高。用峰值恒温时间 30min 判读，不可逆示温涂料的判读结果与热电偶的测试结果吻合。2 号热电偶最大值为 464℃，试验后分解发现是因为固定热电偶测量端的不锈钢片脱落(图 7-38)，测量端测试的温度有部分是因燃气气流温度所致。若用峰值恒温时间 3min 判读，则火焰筒掺混孔以上大部分区域的温度为 435℃<$T$<490℃，如图 7-36(c)、图 7-36(e)所示；火焰筒掺混孔以下大部分区域的温度为 680℃<$T$<766℃，如图 7-36(a)、图 7-36(c)所示。与峰值时间 30min 的判读结果相比，掺混孔以上温度增高了 50℃，掺混孔以下温度升高了 91℃，与热电偶测试结果相差较大。

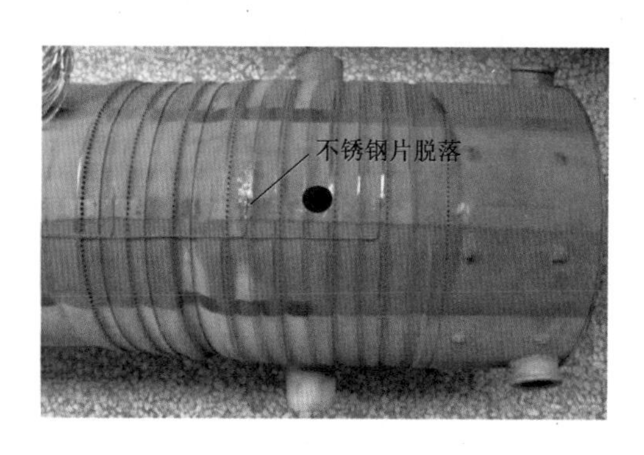


图 7-38 固定 2 号热电偶测量端的不锈钢片脱落

**5. 试验峰值恒温时间对变色温度的影响**

峰值恒温时间对变色温度影响的经验公式为

$$\theta = a - b\lg t$$

式中：$\theta$ 为变色温度；$a$,$b$ 为某一种不可逆示温涂料常数(实测)；$t$ 为峰值恒温时间。

由上式可知，峰值恒温时间越长，变色温度越低。以 TSP-S01 为例，计算该不可逆示温涂料的 $a$、$b$ 值，采用峰值恒温时间 3min、30min 的变色温度值，可得出 $a$=713.40，$b$=70.00。由此算出 TSP-S01 峰值恒温时间 40min 的变色温度值为 601.26℃，比峰值时间 3min 的温度低 78.74℃，这说明试验峰值恒温时间对不可逆示温涂料测试判读的影响很大。按上述公式还可得出其他品种的不可逆示温涂料在不同峰值恒温时间下的温度变化。此外,图 7-36(b)所示的不可逆示温涂料 TSP-S09 在火焰筒上峰值恒温时间 30min 的判读结果和表 7-6 所列的热电偶的测试结果,也证明了试验峰值恒温时间对不可逆示温涂料判读的影响不可低估。

### 7.3.3 陶瓷基复合材料测试

为验证陶瓷基复合材料隔热屏的耐温特性,需对复合材料隔热屏零件内、外环面表面温度用不可逆示温涂料进行测试。

**1. 不可逆示温涂料的选择**

陶瓷基复合材料预估的壁温范围为 427~1297℃,所选的不可逆示温涂料的品种及等温线标定温度如表 7-7 所列。由于试验件为碳化硅复合材料,表面不能进行喷砂处理。

表 7-7 陶瓷基复合材料所选的不可逆示温涂料的品种及等温线标定温度

| 类型 | 品种 | 标定试片图号 | 峰值恒温时间 3min 等温线标定温度/℃ |
|---|---|---|---|
| 单变色 | TSP-S10 | 图 6-10 | 1260 |
| 多变色 | TSP-M04 | 图 7-31(c) | 435、635、766、835、855 |
| | TSP-M07 | 图 6-17 | 935、1025、1075、1150、1165 |
| | TSP-M10 | 图 6-20 | 490、615、630、757、940、960 |
| | TSP-M15 | 图 6-25 | 690、950、1018 |

**2. 整体结构**

试验段的整体结构如图 7-39 所示。燃烧介质为航空煤油,试验峰值恒温时间为 3~5min。

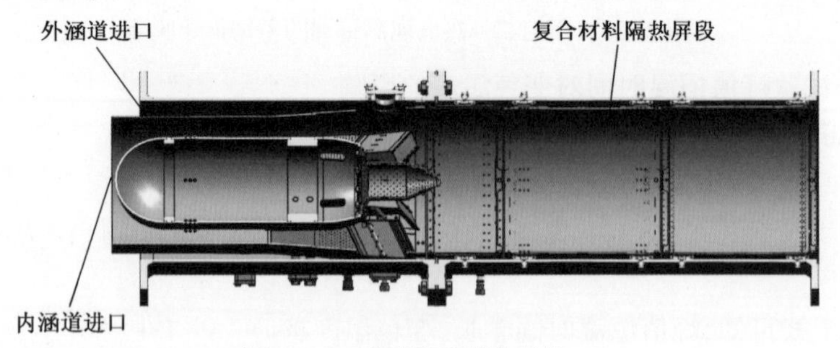


图 7-39 试验段的整体结构

**3. 试验状态**

1)试验准备阶段及状态调整阶段

此阶段大部分时间只有冷态气体流过,外涵道空气流量最大为 2kg/s,进口气体平均温度为 400K 左右，进口压力为 230kPa；内涵道燃气流量最大为 6kg/s，气体平均温度为 400～600K，进口压力为 230kPa。预估此时复合材料隔热屏的壁面温度为 350～600K。

2）性能试验阶段

此阶段，外涵道空气流量为 1.8kg/s，进口气体平均温度为 430K，进口压力为 230kPa；内涵道空气流量为 6kg/s，进口气体平均温度为 1000K，进口压力为 230kPa。预估此时复合材料隔热屏的壁面温度为 700～1500K。

**4. 试验前颜色**

复合材料隔热屏的原色如图 7-40 所示，喷涂不可逆示温涂料后外环颜色如图 7-41～图 7-43 所示，内环颜色如图 7-44～图 7-48 所示。

图 7-40　复合材料隔热屏的原色

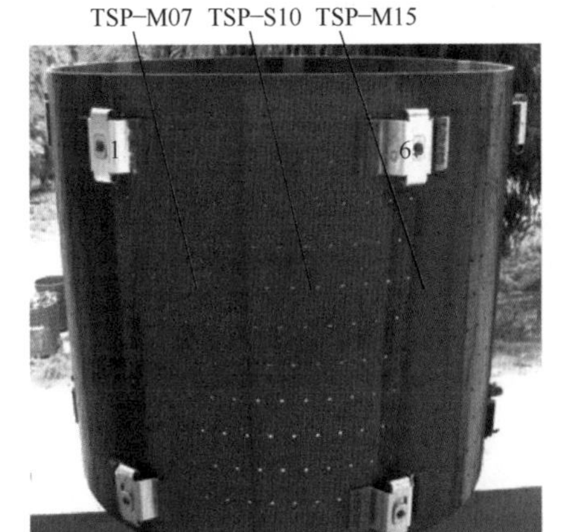

图 7-41　喷涂不可逆示温涂料后外环 1-6-5 之间的颜色

图 7-42　喷涂不可逆示温涂料后外环 4-3-2 之间的颜色

图 7-43　喷涂不可逆示温涂料后外环 2-1-6 之间的颜色

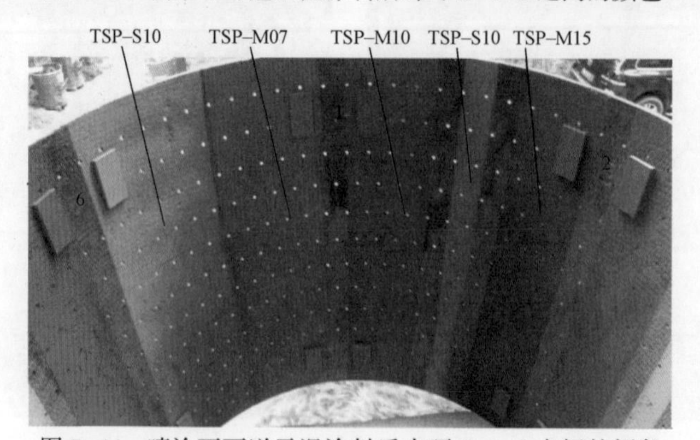


图 7-44　喷涂不可逆示温涂料后内环 6-1-2 之间的颜色

图 7-45　喷涂不可逆示温涂料后内环 5-6-1 之间的颜色

图 7-46　喷涂不可逆示温涂料后内环 4-5-6 之间的颜色

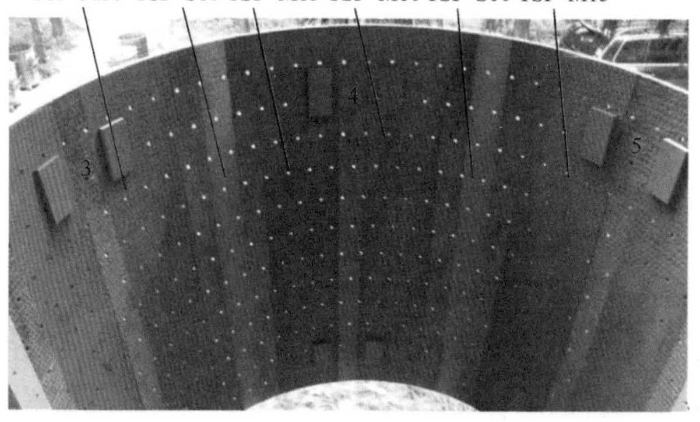


图 7-47　喷涂不可逆示温涂料后内环 3-4-5 之间的颜色

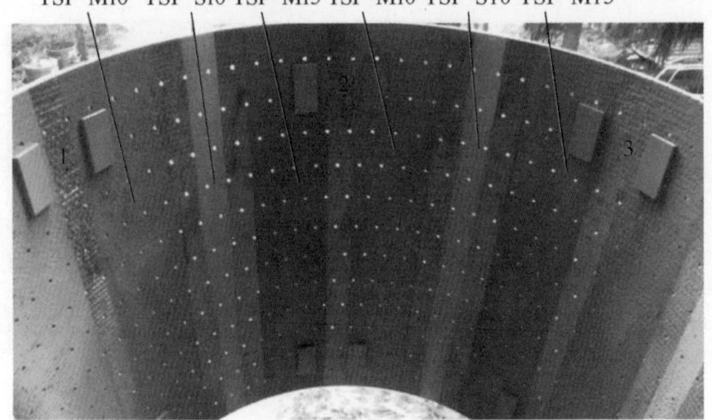


图 7-48　喷涂不可逆示温涂料后内环 1-2-3 之间的颜色

**5. 测试判读结果**

外环测试判读结果如图 7-49～图 7-54 所示，内环测试判读结果如图 7-55～图 7-60 所示。

从不可逆示温涂料的测试结果可以看出，不可逆示温涂料变色清晰，内环温度高于外环温度。碳化硅复合材料表面较粗糙，试验前不用喷砂处理。由于不可逆示温涂料 TSP-M04 不能用于燃气环境，只能用于两股气流条件下，所以外环所用的不可逆示温涂料 TSP-M04 对应于内环所用的不可逆示温涂料为 TSP-M10，其余内、外环对应位置使用的不可逆示温涂料都相同。

图 7-49　外环 2-1 之间的判读结果

图 7-50　外环 3-2 之间的判读结果

图 7-51　外环 4-3 之间的判读结果

图 7-52　外环 5-4 之间的判读结果

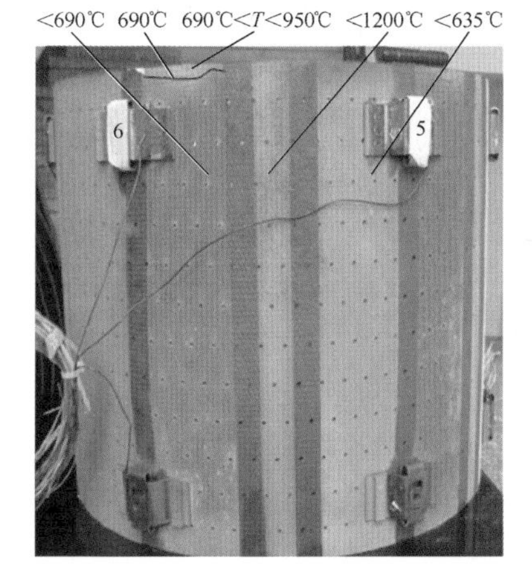


图 7-53　外环 6-5 之间的判读结果

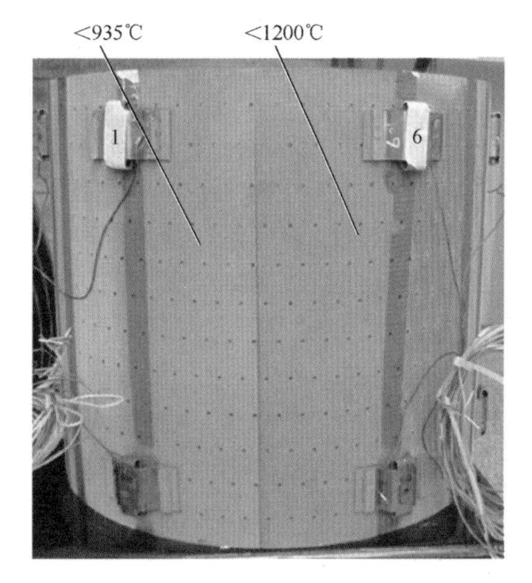


图 7-54　外环 1-6 之间的判读结果

图 7-55　内环 1-2 之间的判读结果

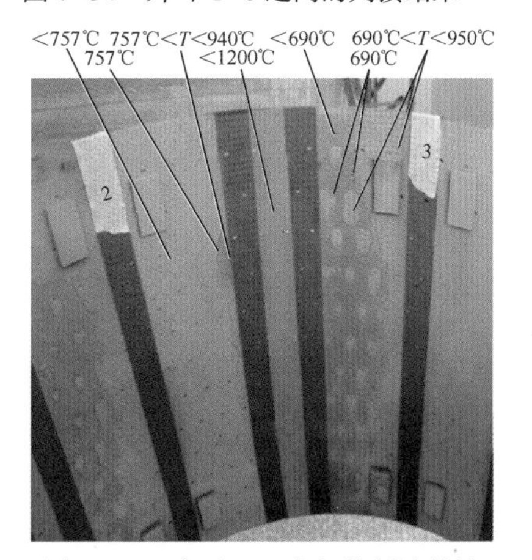


图 7-56　内环 2-3 之间的判读结果

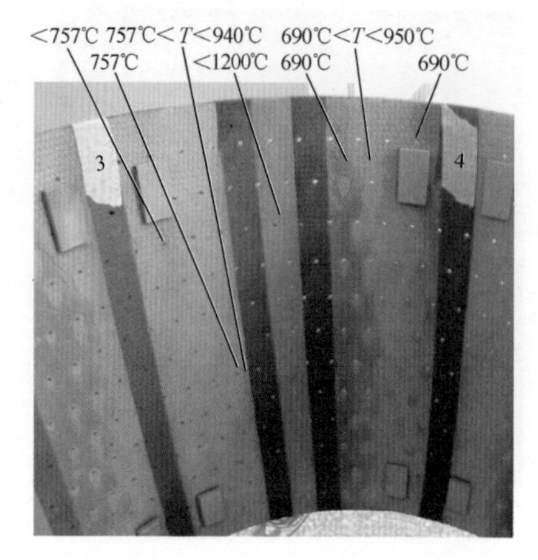


图 7-57　内环 3-4 之间的判读结果

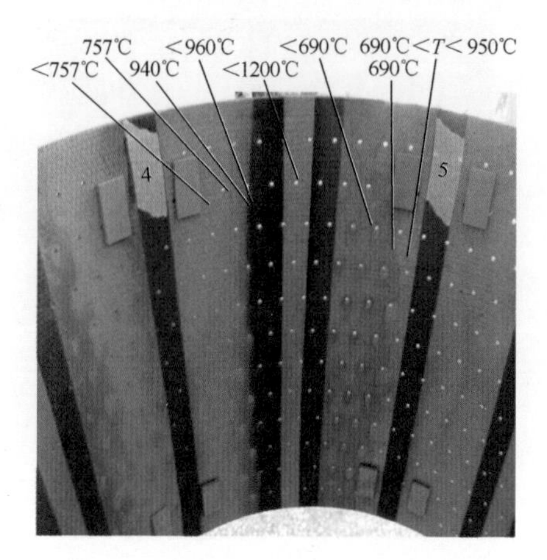


图 7-58　内环 4-5 之间的判读结果

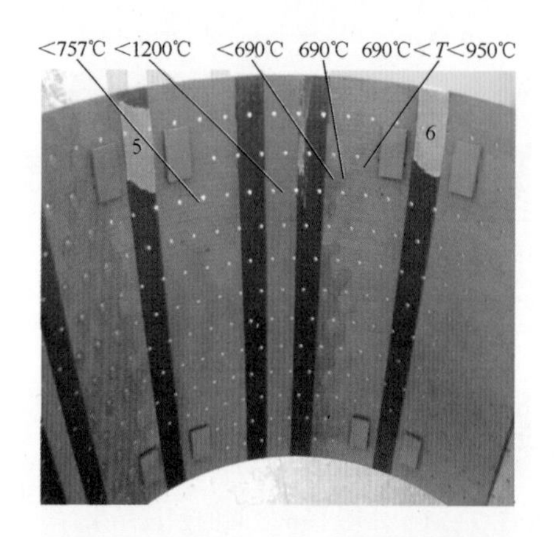


图 7-59　内环 5-6 之间的判读结果

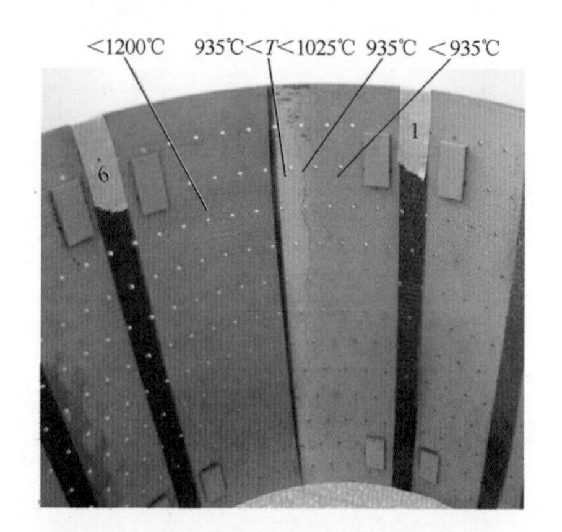


图 7-60　内环 6-1 之间的判读结果

外环温度大都在 635℃以下，极个别温度为 635℃ $<T<$ 766℃，如图 7-51 和图 7-52 所示。超过 766℃只有很小一个区域，但不会超过 800℃，如图 7-52 所示。

内环温度大多为 690℃ $<T<$ 757℃，有一个小区域温度为 757℃ $<T<$ 940℃，但小于 900℃，因为 940℃等温线未出现，如图 7-56 和图 7-57 所示。还有一个小区域温度超过 940℃，但小于 960℃，如图 7-58 所示，最高温度为 935℃ $<T<$ 1025℃，如图 7-60 所示。

此陶瓷基复合材料外环区域大部分温度在 635℃以下，最高温度小于 800℃；内环区域大部分温度为 690℃ $<T<$ 757℃，最高温度范围为 935℃ $<T<$ 1025℃。

### 7.3.4 二级加温器测试

为了了解二级加温器隔热屏的温度分布，保证调试试验的安全，用不可逆示温涂料获取二级加温器隔热屏的壁面温度及温度分布。

**1. 不可逆示温涂料的选择**

根据预估的火焰筒上的温度范围为200～900℃，所选的不可逆示温涂料如表7-8所列。二级加温器共进行2次试验，试验时间约16.5h，最大状态试验时间约40min，因此不可逆示温涂料按峰值恒温时间30min进行标定，标准试片等温线标定温度如图7-32所示，其中TSP-M10和TSP-M16的最新判读结果如图7-61(a)和图7-61(b)所示。

表7-8 二级加温器测试所选的不可逆示温涂料的品种及等温线标定温度

| 类　型 | 品　种 | 标定试片图号 | 峰值恒温时间30min<br>等温线标定温度/℃ |
|---|---|---|---|
| 单变色 | TSP-S01 | 图7-32(a) | 610 |
| | TSP-S09 | 图7-32(b) | 480 |
| 多变色 | TSP-M04 | 图7-32(c) | 390、580、693、765、795 |
| | TSP-M05 | 图7-32(d) | 605、675、750 |
| | TSP-M10 | 图7-61(a) | 470、620、750、830、880 |
| | TSP-M16 | 图7-61(b) | 625、645、710、850 |

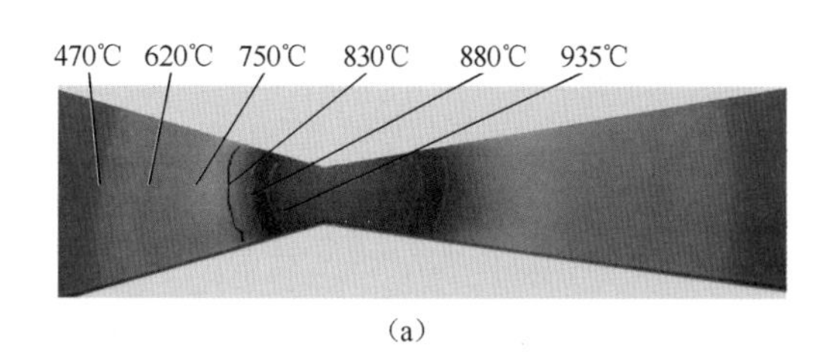

(a)

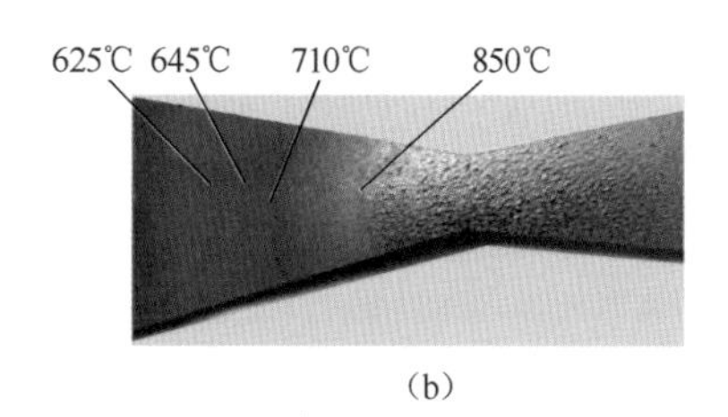

(b)

图7-61 标准试片峰值恒温时间30min等温线标定温度
(a)TSP-M10;(b)TSP-M16。

**2. 试验状态**

第一次：进口温度$T_3$=400K，进口压力$p_3$=140kPa，空气流量$W_3$=0.5kg/s、1kg/s、1.5kg/s、2kg/s。

第二次：进口温度$T_3$=673K，进口压力$p_3$=140kPa，空气流量$W_3$=0.3kg/s、0.6kg/s、0.9kg/s、1.2kg/s。

最高温度状态：进口温度 $T_3=732\text{K}$，进口压力 $p_3=294\text{kPa}$，空气流量 $W_3=6.05\text{kg/s}$，出口最高温度 $T_{4\max}=1021\text{K}$。

**3. 测试判读结果**

二级加温器结构示意图如图 7-62 所示。不可逆示温涂料的测试判读结果如图 7-63～图 7-70 所示。热电偶的测试位置如图 7-63～图 7-65、图 7-67、图 7-68、图 7-70 所示，测试结果如表 7-9 所列。

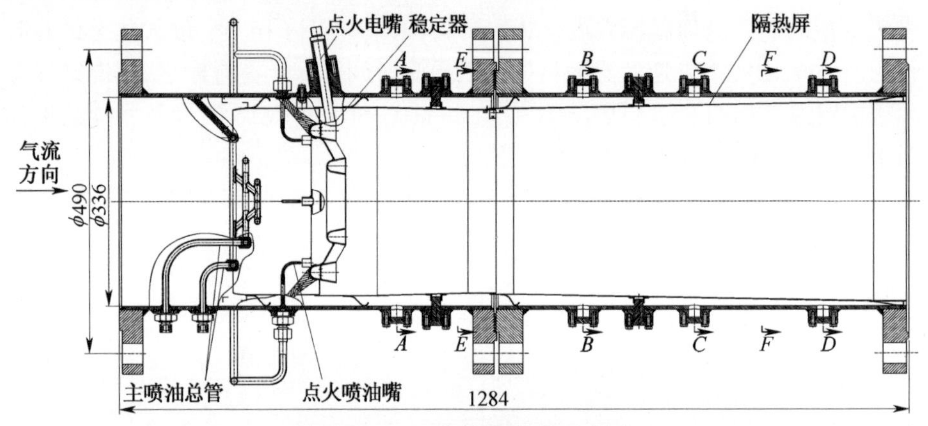


图 7-62　二级加温器结构示意图

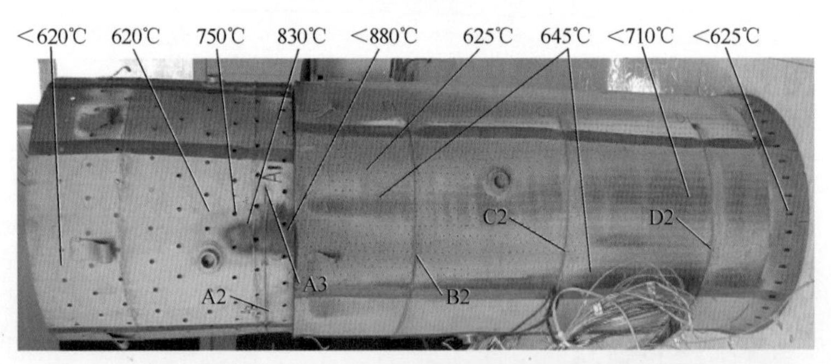


图 7-63　TSP-M10 和 TSP-M16 的测试判读结果和热电偶测试位置

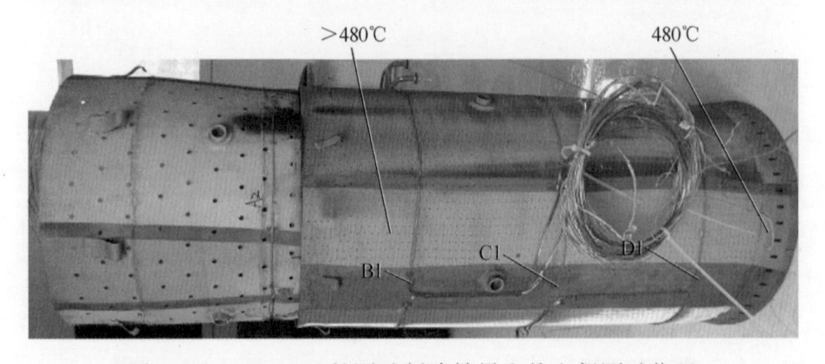


图 7-64　TSP-S09 的测试判读结果和热电偶测试位置

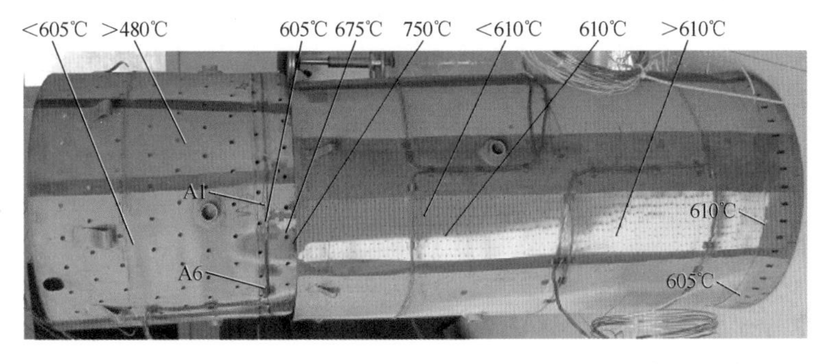


图 7-65 TSP-M05 和 TSP-S01 的测试判读结果和热电偶测试位置

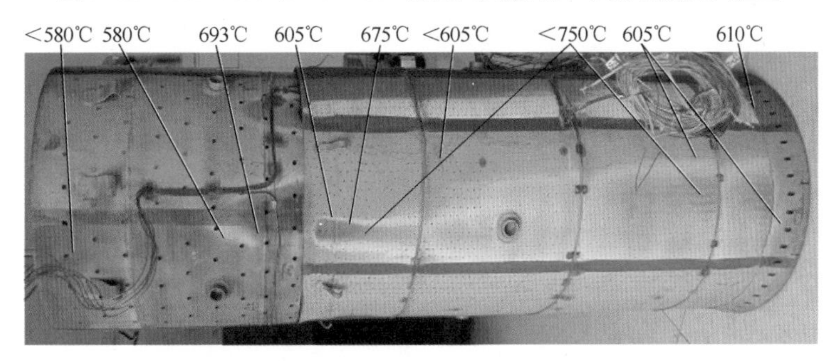


图 7-66 TSP-M04 和 TSP-M05 的测试判读结果

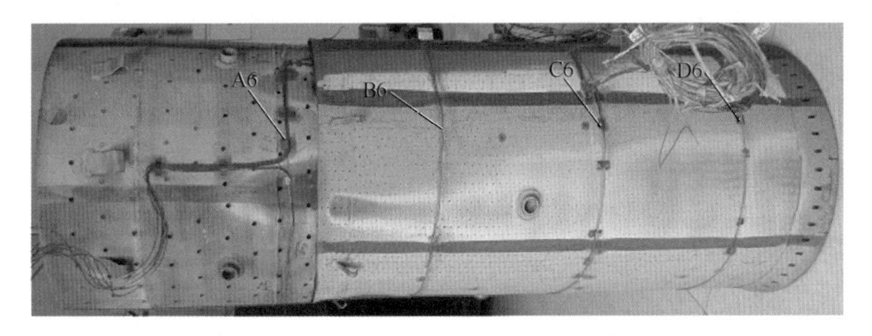


图 7-67 TSP-M05 处热电偶测试位置

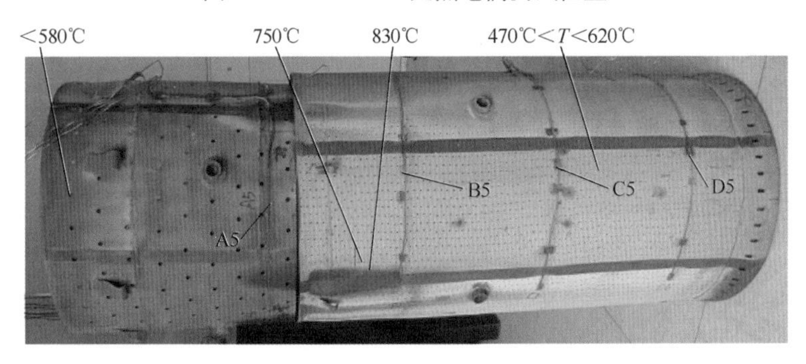


图 7-68 TSP-M04 和 TSP-M10 的测试判读结果和热电偶测试位置

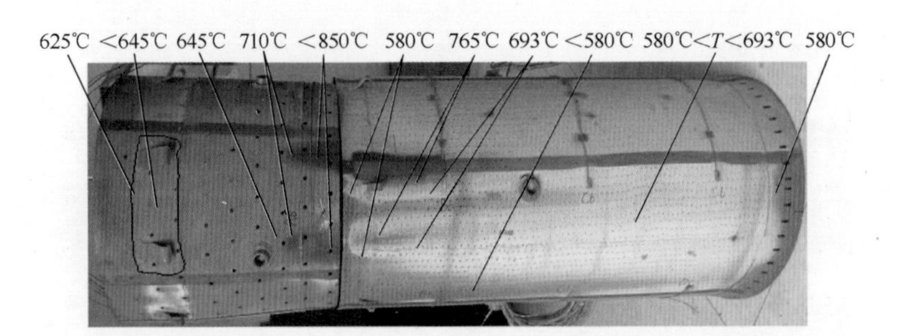


图 7-69　TSP-M16 和 TSP-M04 的测试判读结果

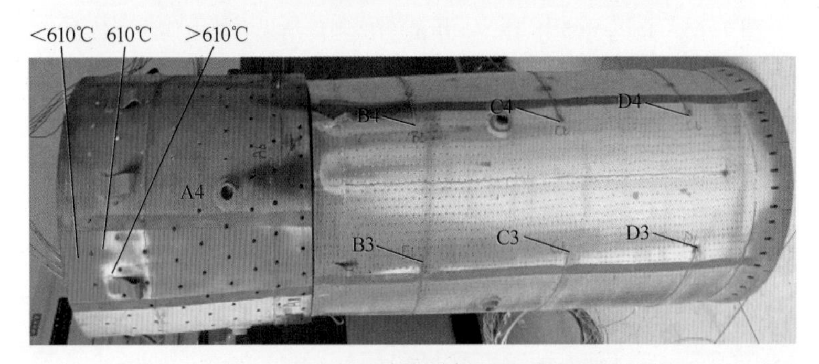


图 7-70　TSP-S01 的测试判读结果和热电偶测试位置

表 7-9　热电偶的测试结果　　　　（单位:℃）

| 序号 | 测试位置 | | | |
|---|---|---|---|---|
| | A | B | C | D |
| 1 | 511.58 | 552.02 | 572.96 | 611.14 |
| 2 | 685.56 | 538.65 | 571.99 | 602.77 |
| 3 | 486.10 | 491.10 | 527.48 | 564.72 |
| 4 | 685.14 | 748.07 | 663.60 | 676.56 |
| 5 | 583.70 | 519.75 | 569.49 | 633.60 |
| 6 | 536.80 | 501.97 | 537.91 | 575.44 |

**4. 结果分析**

从不可逆示温涂料的测试结果可知，二级加温器最高温度区域在前段底部位置，即温度为 880℃的位置，如图 7-63 所示，次高温度位置如图 7-64、图 7-65 和图 7-69 所示，前段其余区域温度大部分为 480℃ $<T<$ 580℃。二级加温器后段温度不均匀，应是燃烧火焰不均所致。二级加温器后段最高温度区域在图 7-68 所示的 830℃的位置。不可逆示温涂料的测试结果与热电偶的测试结果吻合。图 7-63 所示的二级加温器前段 A2 热电偶附近的不可逆示温涂料的变色颜色不易辨别，将图片放大，如图 7-71 所示。A2 热电偶测试的最高温度为

685.56℃,在不可逆示温涂料620~750℃测试温度范围内。图7-70所示的二级加温器后段B4热电偶附近的不可逆示温涂料的变色颜色不易辨别,将图片放大,如图7-72所示。B4热电偶测试的最高温度为748.07℃,在不可逆示温涂料693~765℃测试温度范围内。

该二级加温器按峰值恒温时间30min判读,结果与热电偶测试结果吻合,不可逆示温涂料测试其表面最高温度小于900℃,符合设计要求。

图7-71　二级加温器前段A2热电偶截面放大图

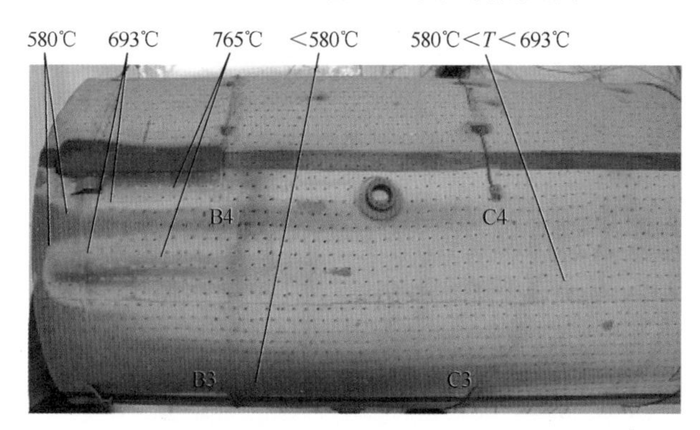


图7-72　二级加温器后段B4热电偶截面放大图

## 7.3.5　加温器燃烧室测试[73]

某项试验设计了两种加温器燃烧室,预估温度范围为400~900℃。为保证燃烧室长期稳定工作,需测试其表面温度及温度分布。

**1. 不可逆示温涂料的选择**

根据预估的加温器燃烧室上的温度范围为400~860℃，选择两种不可逆示温涂料，每种不可逆示温涂料喷涂在加温器燃烧室相对的$\frac{1}{2}$表面。不可逆示温涂料峰值恒温时间3min的标定结果如图6-1、图6-14所示。每种加温器燃烧室的试验时间约1h，最大状态试验运行时间3~5min。

**2. 试验状态**

燃烧介质为航空煤油。

第一种试验状态：空气流量$W_3=0.2167$kg/s，进口压力$p_3=4.1485$kPa，进口温度$T_3=36.0$℃，燃油流量$G_f=2.4$g/s，余气系数$\alpha=6.07$，出口平均温度$T_{4av}=863.8$℃，出口最高温度$T_{4max}=900.5$℃。

第二种试验状态：空气流量$W_3=0.5119$kg/s，进口压力$p_3=7.548$kPa，进口温度$T_3=42.0$℃，燃油流量$G_f=12.7$ g/s，余气系数$\alpha=2.27$，出口平均温度$T_{4av}=833.7$℃，出口最高温度$T_{4max}=880.5$℃。

**3. 测试判读结果**

第一种加温器燃烧室喷涂不可逆示温涂料的判读结果见图7-73和图7-74，第二种加温器燃烧室喷涂不可逆示温涂料的判读结果见图7-75和图7-76。

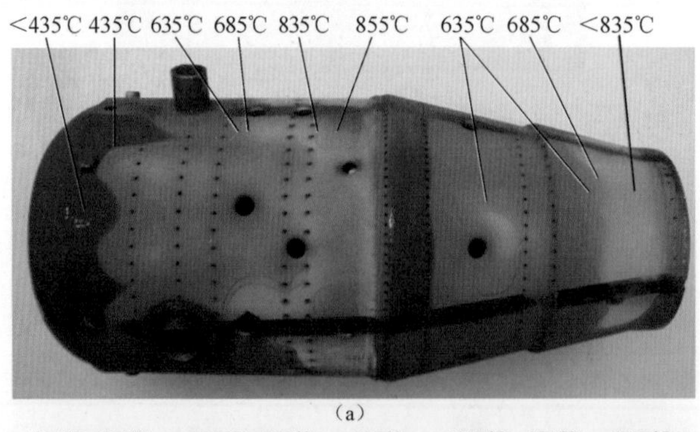


(a)

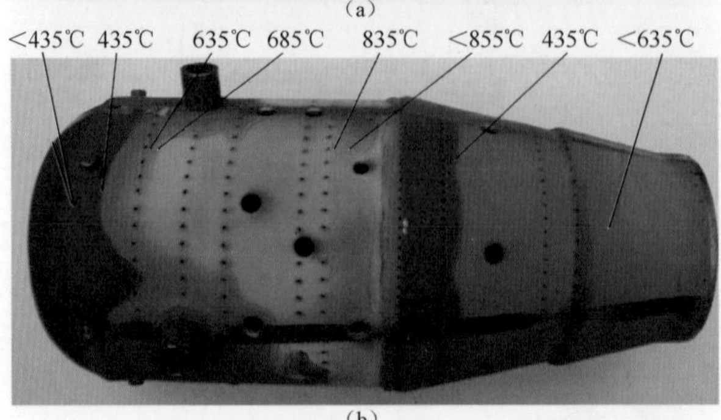


(b)

图7-73 第一种加温器燃烧室喷涂TSP-M04的两个相对面的判读结果

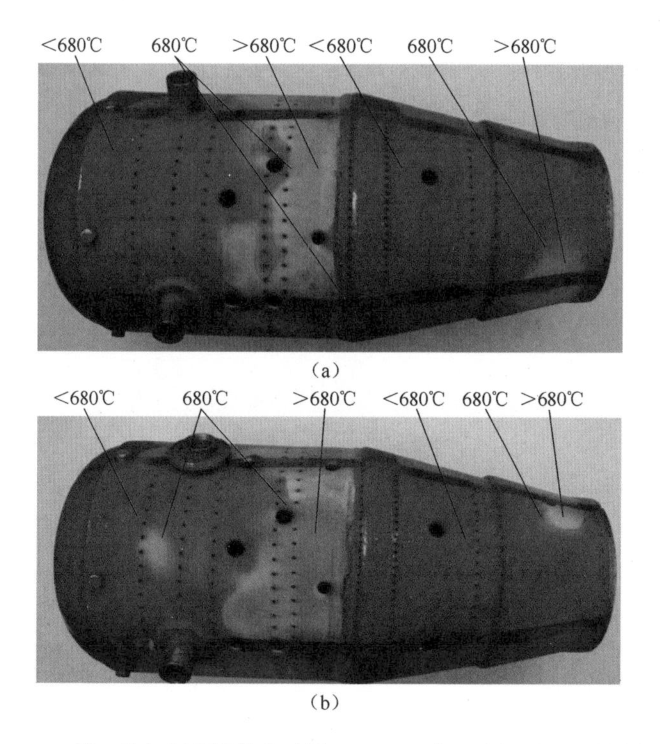


图 7-74　第一种加温器燃烧室喷涂 TSP-S01 的两个相对面的判读结果

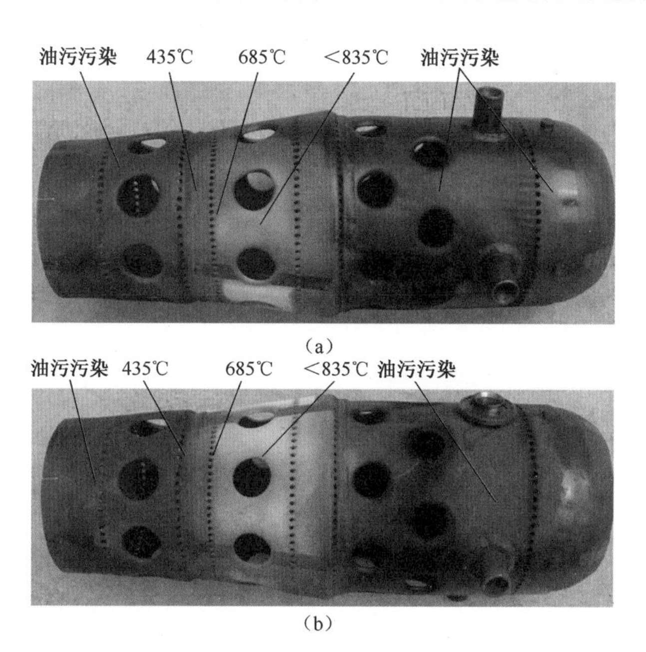


图 7-75　第二种加温器燃烧室喷涂 TSP-M04 的两个相对面的判读结果

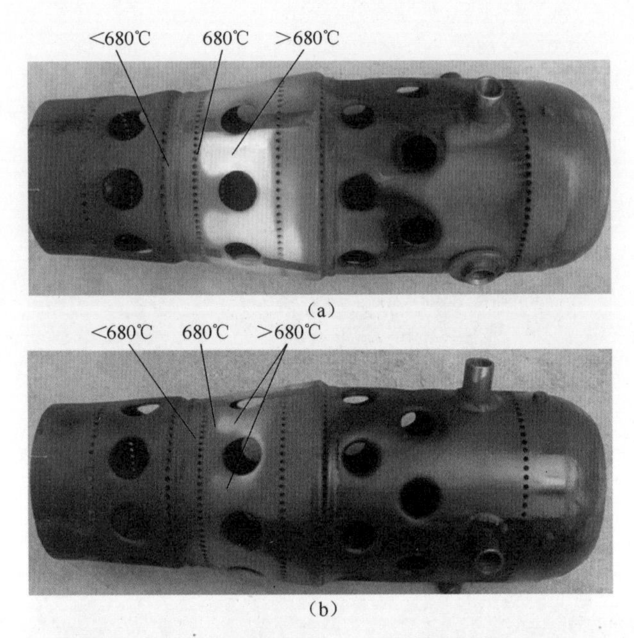


图 7-76 第二种加温器燃烧室喷涂 TSP-S01 的两个相对面的判读结果

**4. 测试结果分析**

从图 7-73 和图 7-74 可以看出,第一种加温器的最高温度区域在加温器中部,即 835℃$<T<$855℃温度区域,从该区域往加温器左端看温度分布不均,次高温度有一个较大区域和两个小块区域,它们分布在加温器尾部,如图 7-73(a)和图 7-74所示,但有一个面的加温器尾部温度小于 635℃,如图 7-73(b)所示,其余部位温度低于 680℃。加温器表面温度分布不均,应是燃烧火焰在气流作用下偏向一边所致,其表面最高温度小于 855℃。

从图 7-75 和图 7-76 可以看出,第二种加温器表面有油污燃烧痕迹,污染严重,其 635℃的等温线不易分辨,但可以分辨出其表面温度较高区域分布在加温器中部偏下部位,即 680℃$<T<$835℃,其余大部分区域温度低于 680℃,其表面最高温度小于 835℃。

## 7.4 不可逆示温涂料在涡轮部件中的应用

### 7.4.1 高压涡轮工作叶片测试

为评估某型发动机工作寿命,需掌握压气机部件及涡轮部件的表面温度,其中一级到三级涡轮工作叶片的表面温度预估为 400~900℃,为此用不可逆示温涂料测量了涡轮工作叶片在最大工作状态下的表面温度及温度分布,从而为寿命评估提供数据支撑。

**1. 不可逆示温涂料的选择**

根据预估的加温器燃烧室上的温度范围为400~900℃，选择5种不可逆示温涂料，每种喷涂4片，均布在涡轮盘上。不可逆示温涂料峰值恒温时间3min等温线标定温度如图6-1、图6-4、图6-5、图7-77、图7-78所示。

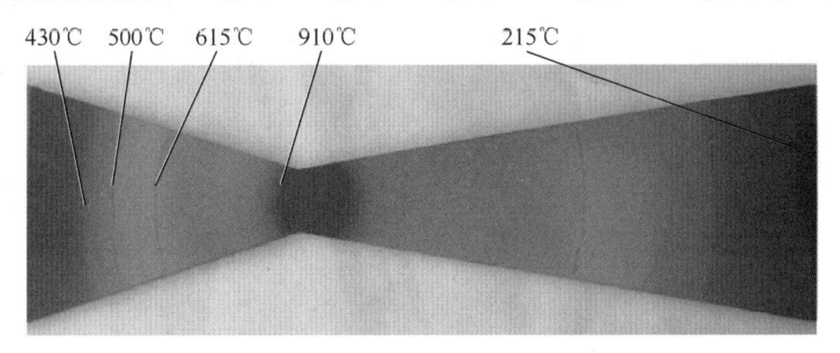


图7-77　喷涂KN8的标准试片峰值恒温时间3min等温线标定温度

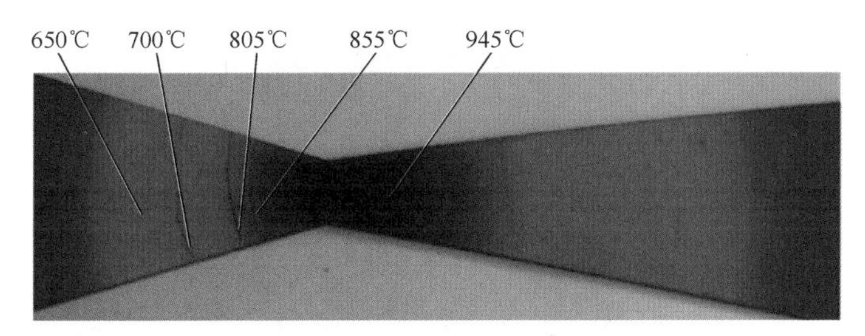


图7-78　喷涂TSP-M02的标准试片峰值恒温时间3min等温线标定温度

**2. 试验状态**

发动机启动后在75%状态工作10min，10min后进入100%状态，完成试验。

**3. 判读结果及分析**

一级至三级涡轮叶片排气边测试后在组件上的显色如图7-79~图7-81所示。由于在组件上叶片表面温度不便于判读，故将叶片拆下进行判读。其中，三级涡轮叶片上喷涂的TSP-M02拆下判读后拍照图像模糊，不能单独给出判读结果，但从组件图7-81中可以看出其表面温度低于650℃。

由于是旋转件，试验后，每种选2片进行判读。一级涡轮叶片的判读结果如图7-82~图7-86所示，二级涡轮叶片的判读结果如图7-87~图7-91所示，三级涡轮叶片的判读结果如图7-92~图7-95所示。一级涡轮叶片的前4种不可逆示温涂料容易分辨，而第5种不可逆示温涂料不容易分辨，主要是因为早期研制的TSP-M02显色效果较差，但高温部位温度仍然可以分辨。一级涡轮叶片的最高温度低于855℃，二级涡轮叶片的最高温度低于805℃，三级涡轮叶片的最高温度低于650℃。

图 7-79　一级涡轮叶片排气边测试后的显色

图 7-80　二级涡轮叶片排气边测试后的显色

图 7-81　三级涡轮叶片排气边测试后的显色

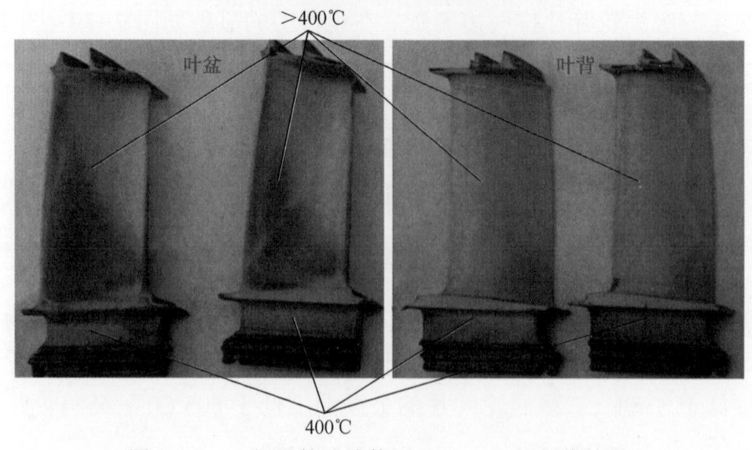


图 7-82　一级涡轮叶片使用 TSP-S04 的判读结果

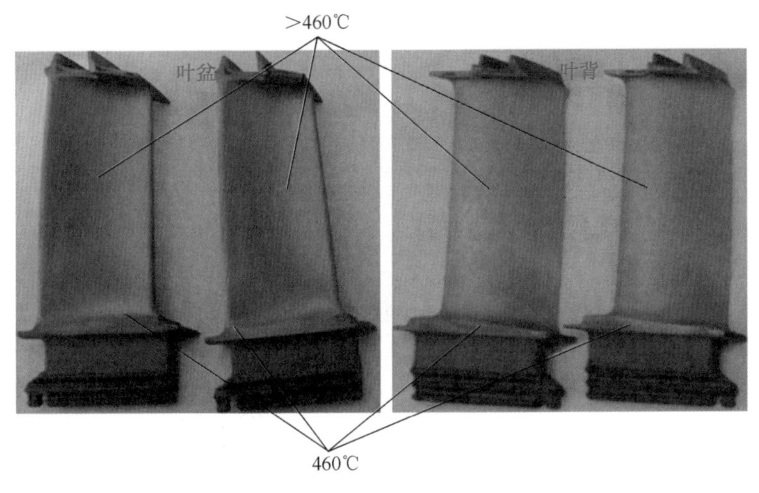


图 7-83　一级涡轮叶片使用 TSP-S05 的判读结果

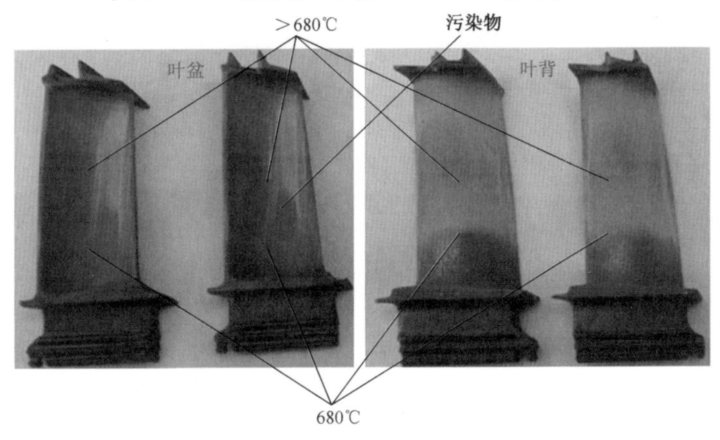


图 7-84　一级涡轮叶片使用 TSP-S01 的判读结果

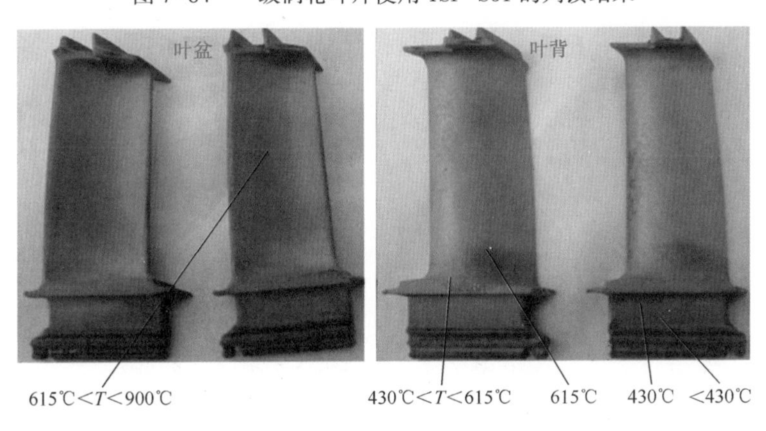


图 7-85　一级涡轮叶片使用 KN8 的判读结果

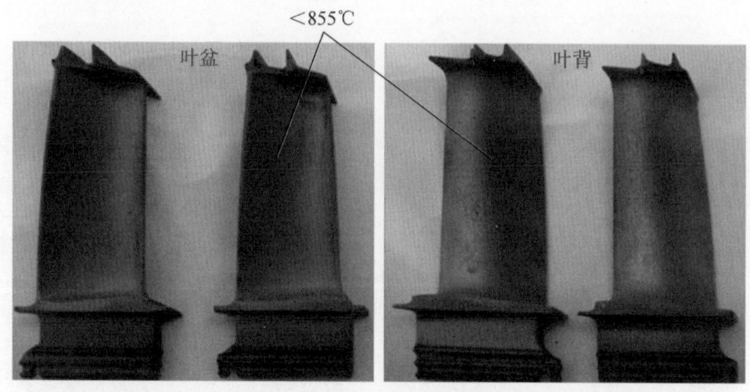


图 7-86　一级涡轮叶片使用 TSP-M02 的判读结果

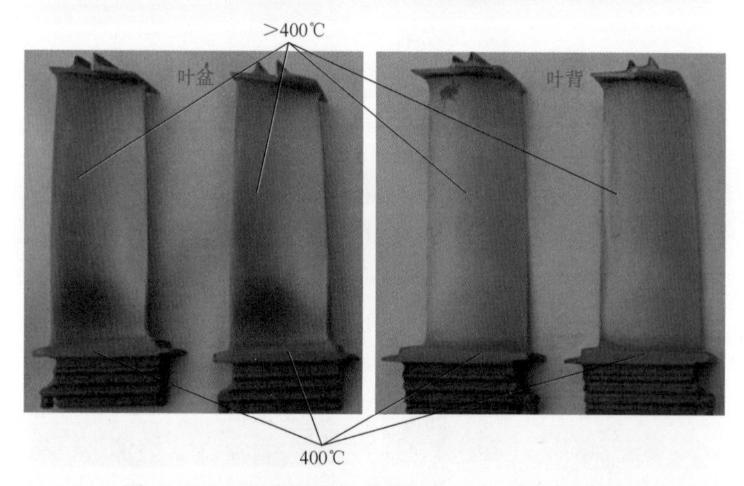


图 7-87　二级涡轮叶片使用 TSP-S04 的判读结果

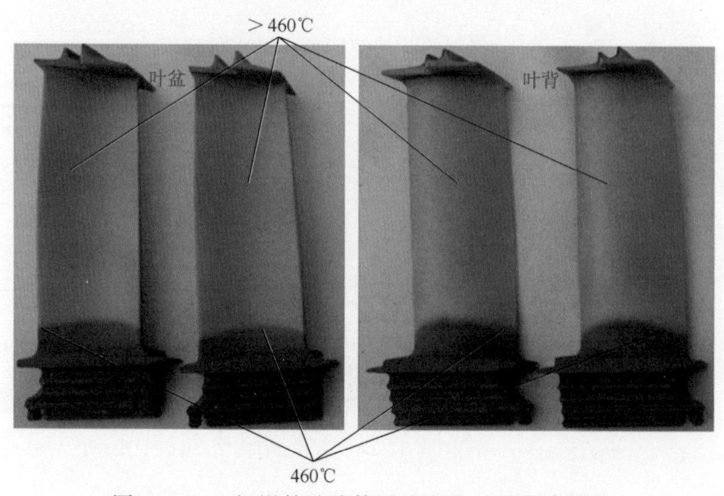


图 7-88　二级涡轮叶片使用 TSP-S05 的判读结果

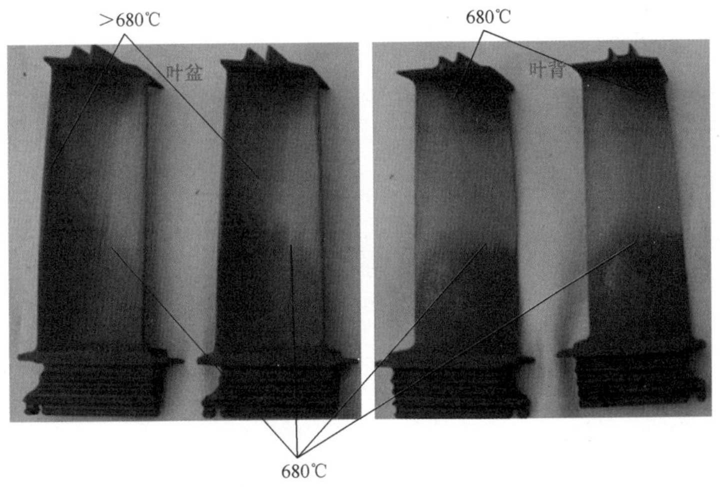

图 7-89 二级涡轮叶片使用 TSP-S01 的判读结果

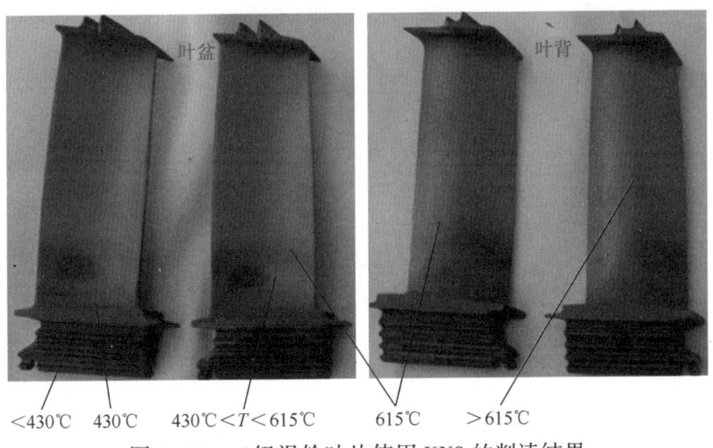

图 7-90 二级涡轮叶片使用 KN8 的判读结果

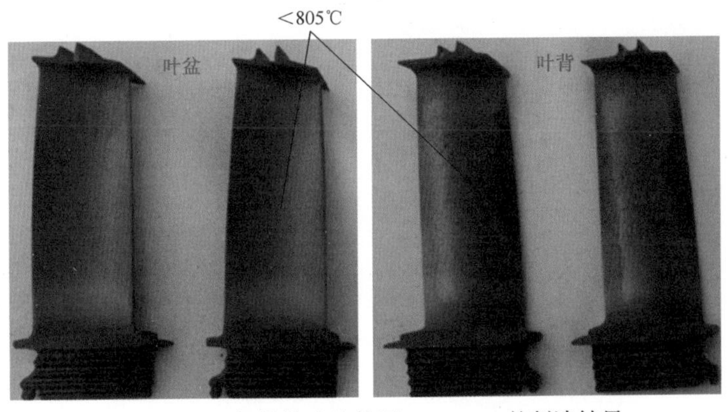

图 7-91 二级涡轮叶片使用 TSP-M02 的判读结果

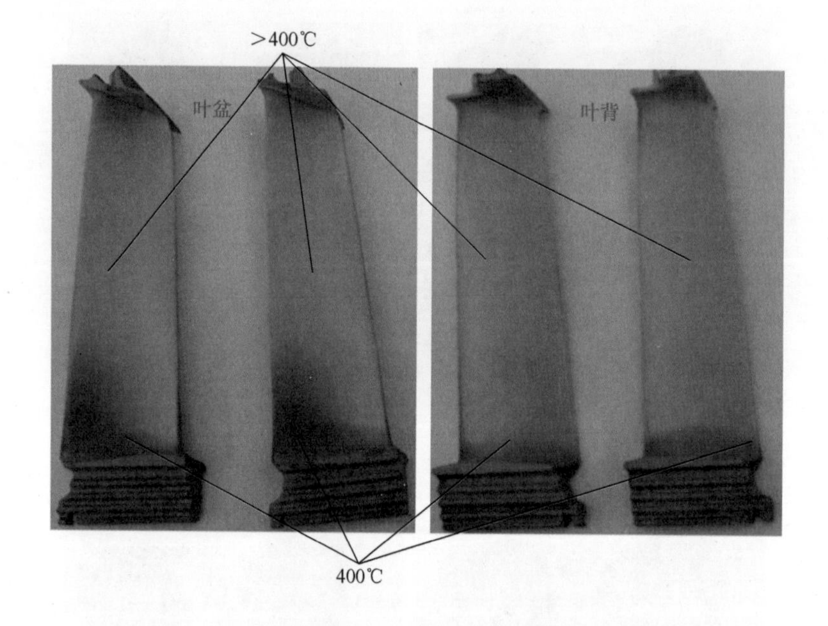


图 7-92　三级涡轮叶片使用 TSP-S04 的判读结果

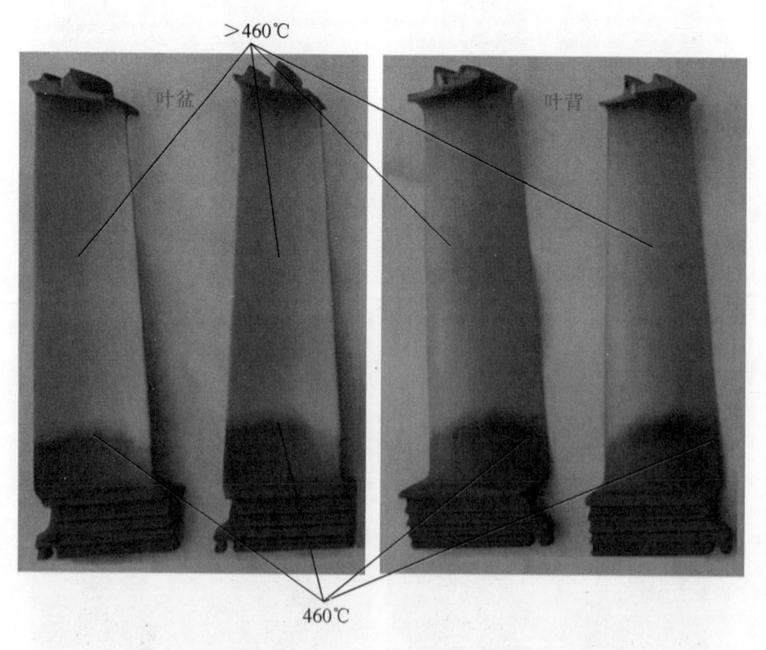


图 7-93　三级涡轮叶片使用 TSP-S05 的判读结果

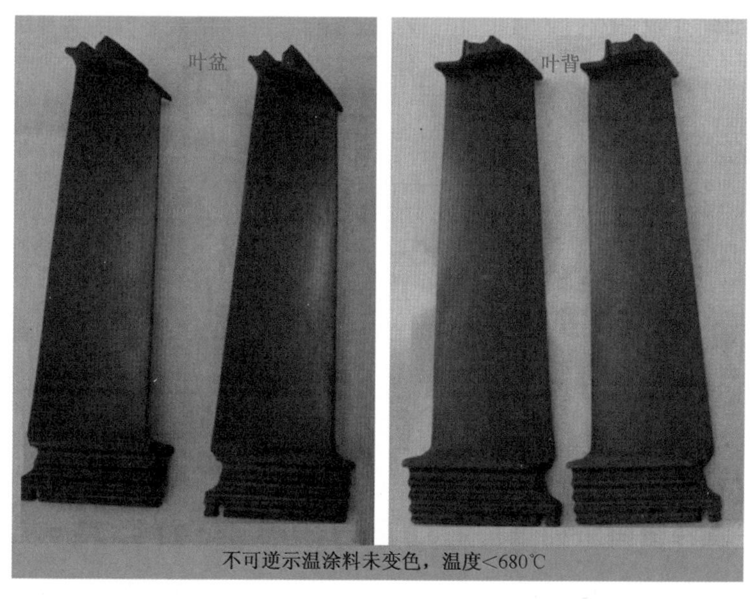


图 7-94 三级涡轮叶片使用 TSP-S01 的判读结果

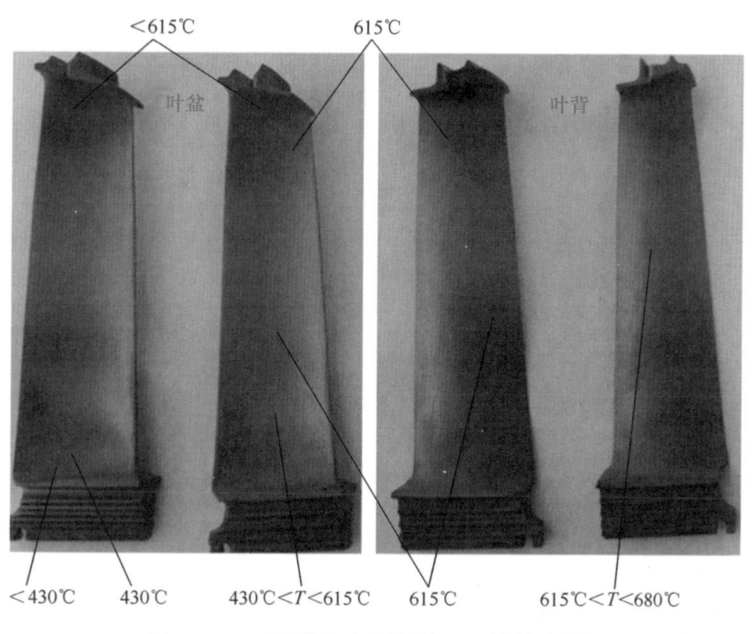


图 7-95 三级涡轮叶片使用 KN8 的判读结果

### 7.4.2 高压涡轮导向叶片测试[74]

某发动机设计后根据试验状态对涡轮导向叶片进行了数值模拟计算,得到了涡轮导向叶片数值模拟计算温度场分布云图。为验证数值模拟计算结果,在发动机最大推力状态下用不可逆示温涂料对涡轮导向叶片表面温度场进行测量。

**1. 不可逆示温涂料的选择**

涡轮导向叶片数值模拟计算温度场分布云图如图 7-96 所示。根据云图选择 6 种不可逆示温涂料进行测量,6 种不可逆示温涂料的品种、等温线标定温度如表 7-10 所列。标准试片峰值恒温时间 3min 等温线标定温度如图 6-1、图 6-14、图 6-15和图 7-97 所示。

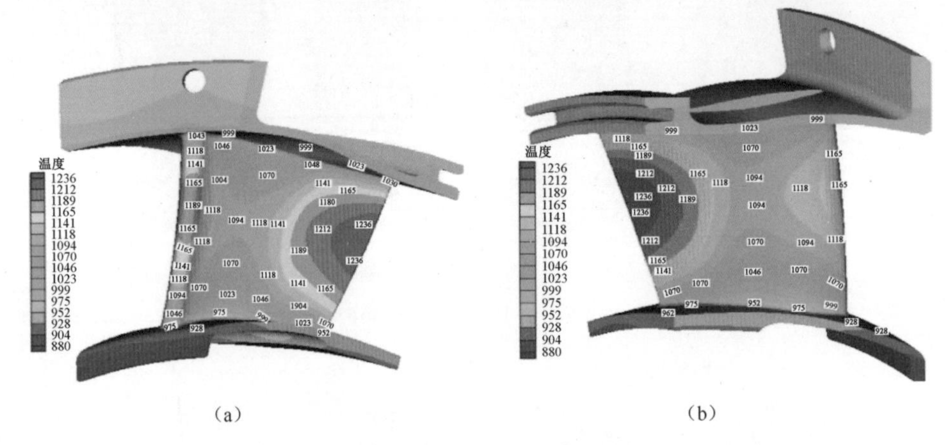


图 7-96 涡轮导向叶片数值模拟计算温度场分布云图
(a) 叶盆;(b) 叶背。

表 7-10 涡轮导向叶片测试所选的不可逆示温涂料的品种及等温线标定温度

| 品 种 | 峰值恒温时间 3min 等温线标定温度/℃ |
|---|---|
| TSP-S01 | 680 |
| TSP-M02 | 500、610、650、735、805、840、890 |
| TSP-M04 | 430、635、685、835、855 |
| TSP-M05 | 710、850、955 |
| TSP-M07 | 960、1016、1093 |
| TSP-M10 | 550、610、650、765、906 |

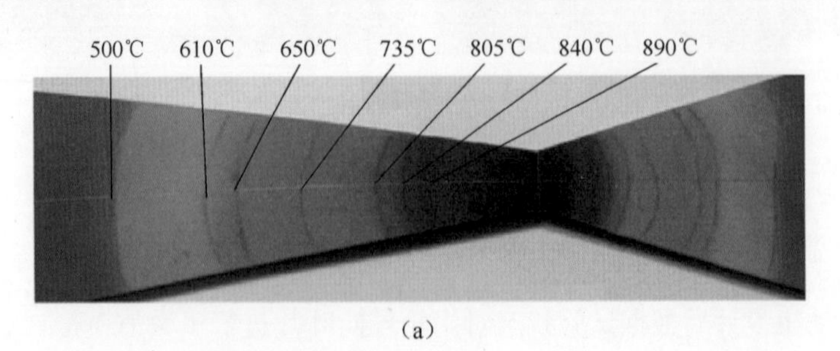


(a)

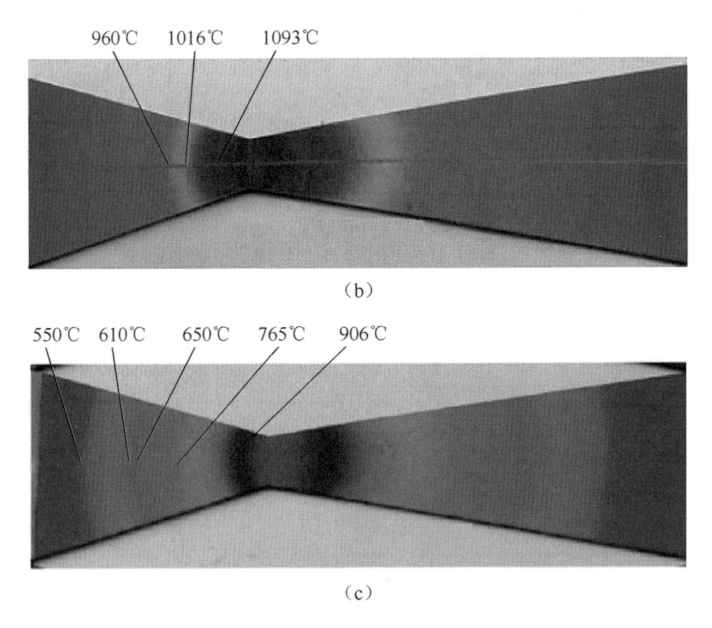


图 7-97 标准试片峰值恒温时间 3min 等温线标定温度
(a)TSP-M02;(b)TSP-M07;(c)TSP-M10。

**2. 试验状态**

高压涡轮导向叶片表面温度测试试验在室内地面试车台上进行。试车台由进气防尘网、流量管、发动机、发动机安装架、排气扩压器等组成,如图 7-98 所

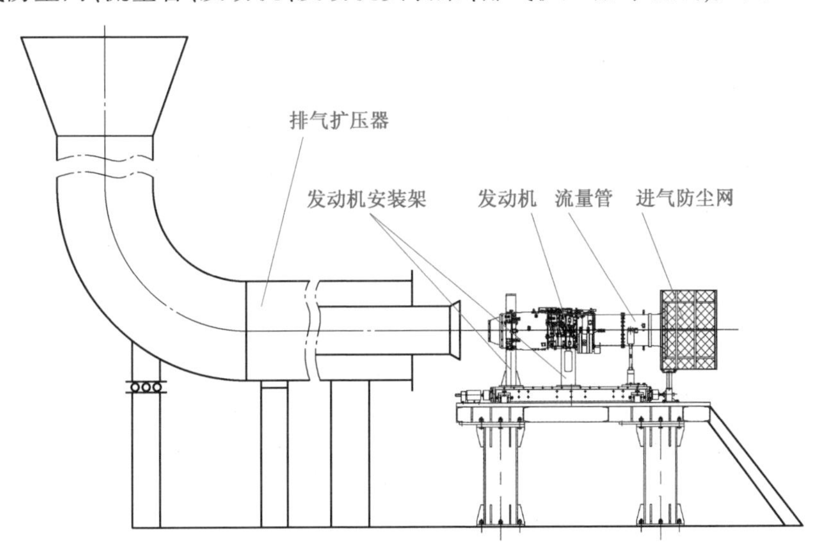


图 7-98 高压涡轮导向叶片试验试车台

示。试验时,发动机启动后在慢车状态停留 5min,然后将发动机推到最大工作状态并在最大工作状态停留 3min,最后回到慢车状态停留 5min,然后停车,冷却后分解进行温度判读。测试发动机的技术状态如表 7-11 所列。

表 7-11　测试发动机的技术状态

| 项目 | 数值 |
|---|---|
| 压气机物理转速/(r/min) | 38245 |
| 进气道平均总温/K | 290.29 |
| 涡轮出口总温/K | 917.33 |
| 发动机进口压力/kPa | 95.22 |
| 压气机出口总压/kPa | 538.39 |
| 进气道空气流量/(kg/s) | 3.52 |
| 燃油流量/(g/s) | 54.48 |
| 进口马赫数 | 0.31 |

**3. 判读结果**

涡轮导向叶片实际安装位置(区域 1 在正上方)和试验后不可逆示温涂料的变色情况如图 7-99 所示,试验前不可逆示温涂料的品种及颜色如图 7-100 所示,试验后区域 1~6 的判读结果分别如图 7-101~图 7-106 所示。

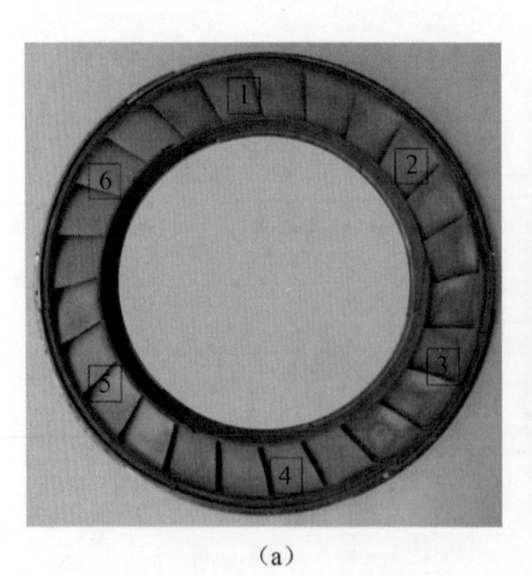

(a)

(b)

图 7-99　涡轮导向叶片实际安装位置和试验后不可逆示温涂料的变色情况
(a) 叶背;(b) 叶盆。

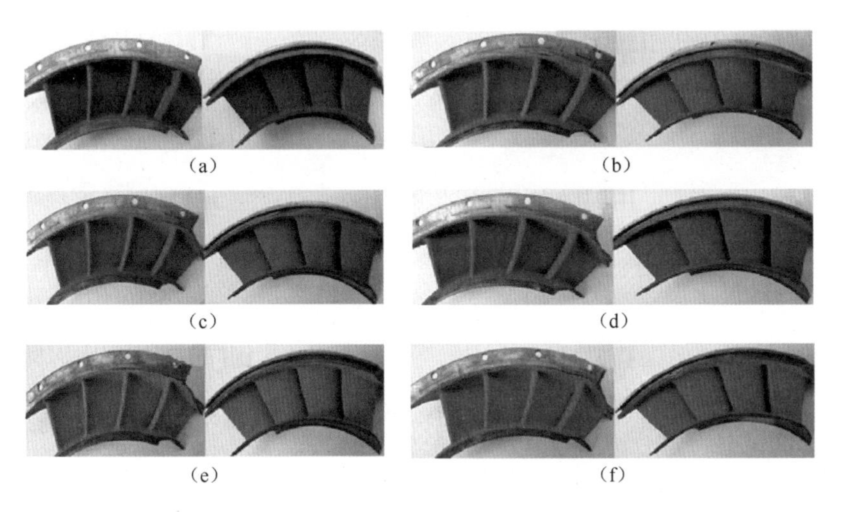


图7-100 试验前涡轮导向叶片不可逆示温涂料的品种及颜色

(a)TSP-M04 区域1;(b)TSP-M02 区域2;(c)TSP-S01 区域3;
(d)TSP-M10 区域4;(e)TSP-M05 区域5;(f)TSP-M07 区域6。

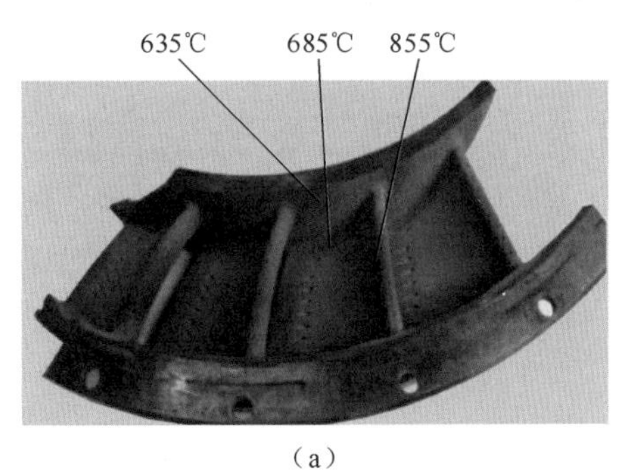


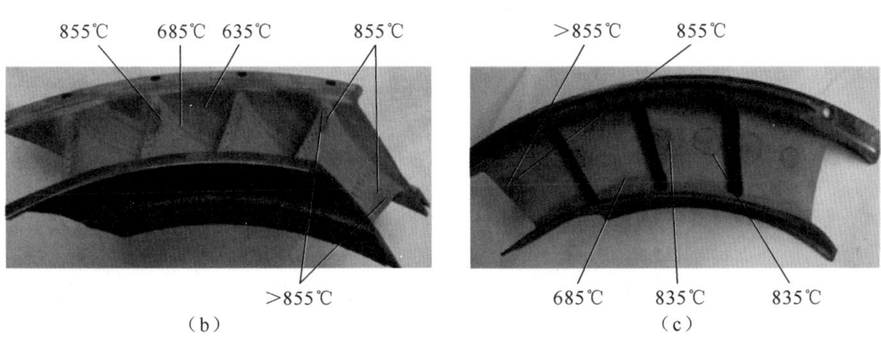


图7-101 试验后区域1的判读结果

(a),(b)叶盆;(c)叶背。

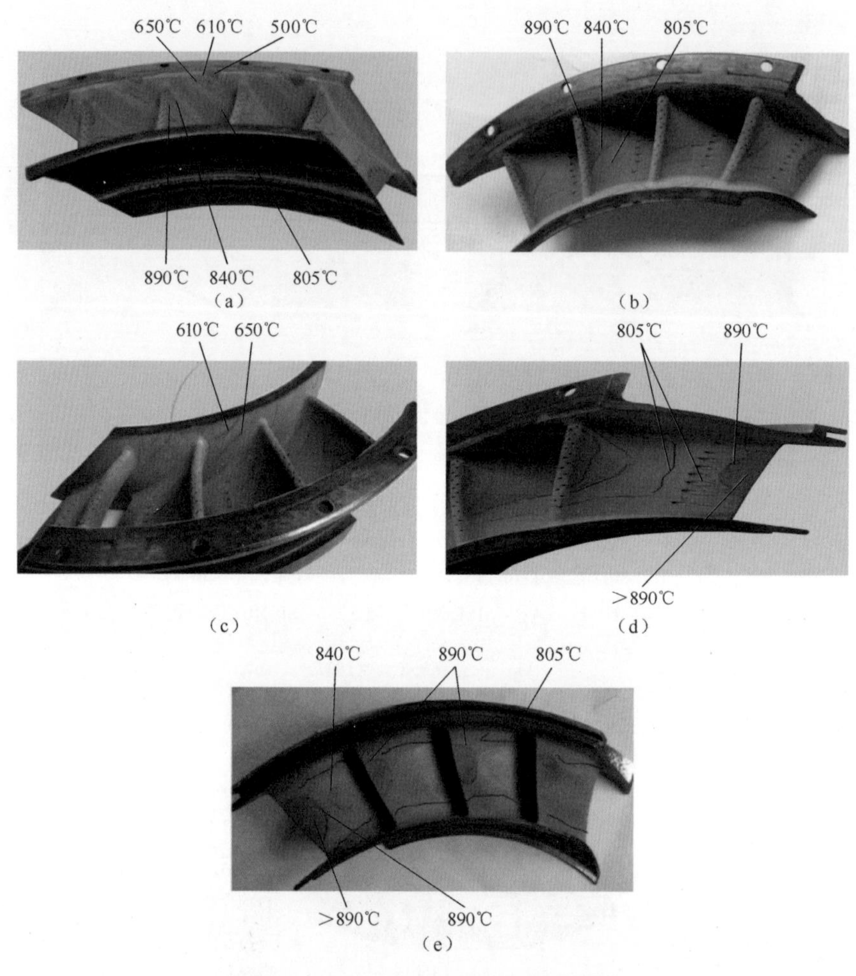


图 7-102　试验后区域 2 的判读结果

(a)~(d)叶盆;(e)叶背。

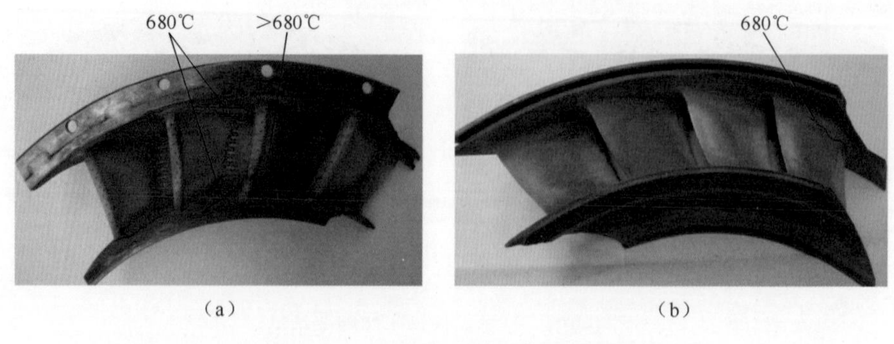


图 7-103　试验后区域 3 的判读结果

(a)叶盆;(b)叶背。

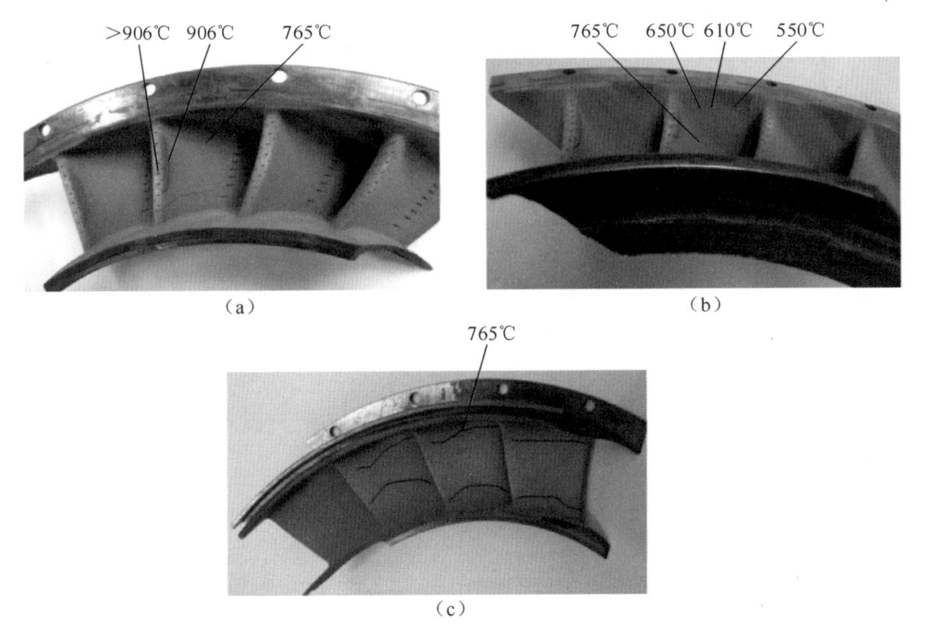


图 7-104 试验后区域 4 的判读结果

(a),(b)叶盆;(c)叶背。

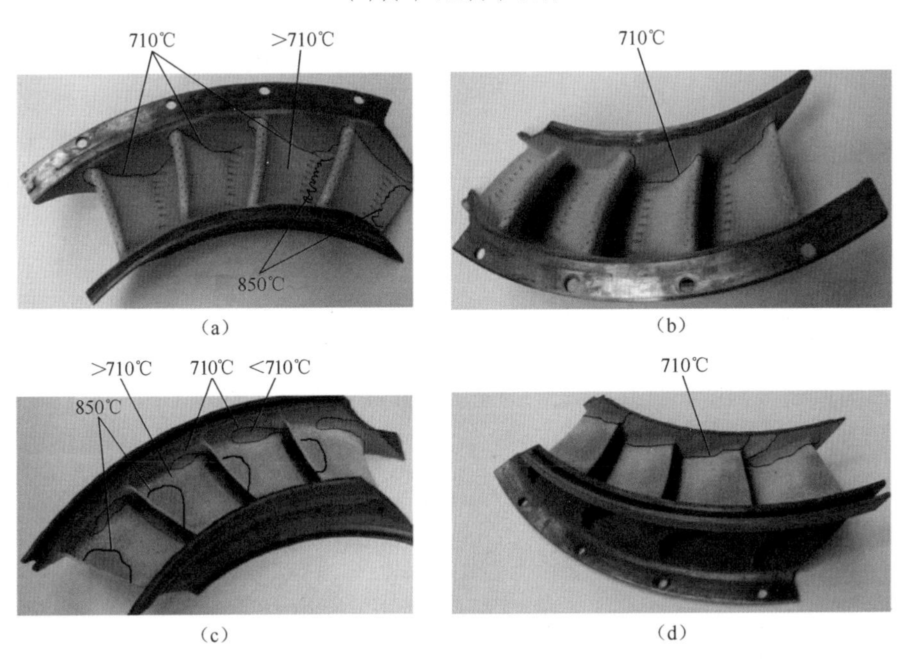


图 7-105 试验后区域 5 的判读结果

(a),(b)叶盆;(c),(d)叶背。

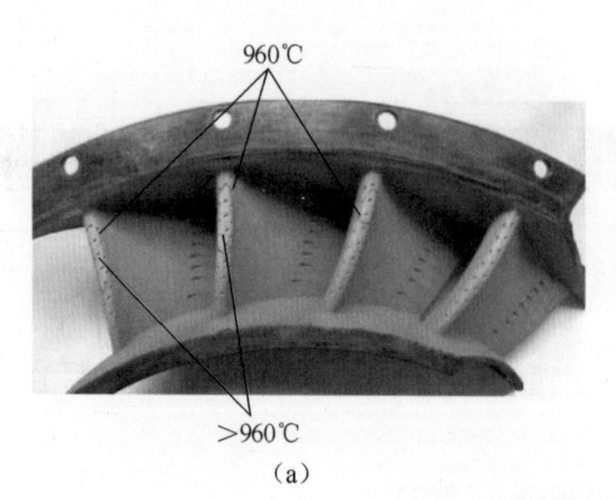

(a)

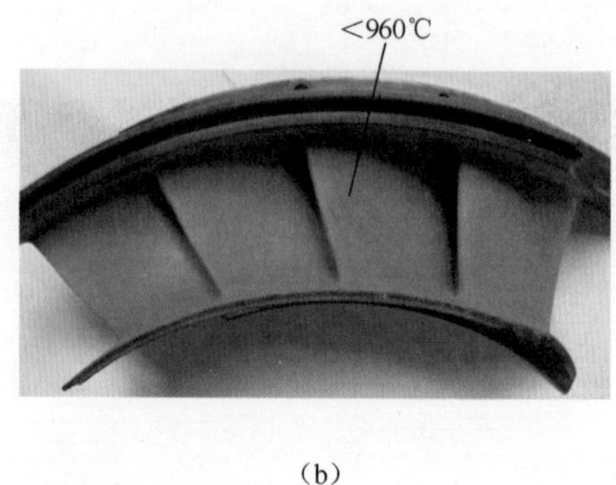

(b)

图 7-106　试验后区域 6 的判读结果
(a)叶盆;(b)叶背。

**4. 结果分析**

(1) 从图 7-101～图 7-106 可以看出,涡轮导向叶片 6 个区域的温度分布不同,如涡轮导向叶片排气边尾缘处最高温度大于 890℃(图 7-102(e)),最低处温度在 765℃以下(图 7-104(c))。说明涡轮导向叶片周向温度不均匀,这主要是由于火焰筒出口温度不均匀所致。

(2) 低温区温度分布如图 7-101 中 635℃、685℃等温线温度,图 7-102 中 500℃、610℃、650℃等温线温度,图 7-103 中 680℃等温线温度,图 7-104 中 550℃、610℃、650℃等温线温度,图 7-105 中 710℃等温线温度。该区域外端是涡轮导向叶片安装固定边,内端是涡轮导向叶片铰支端,不直接面对高温燃气气流,两端与机匣相连,加之机匣冷却气流的冷却作用,使得其表面温度较低。

(3) 高温区温度分布如图 7-101 中 835℃、855℃等温线温度,图 7-102 中 805℃、840℃、890℃等温线温度,图 7-104 中 765℃、906℃等温线温度,图 7-105 中 850℃等温线温度。最高温度出现在涡轮导向叶片前缘,如图 7-106 中 960℃等温线温度,该区域位于涡轮导向叶片前缘中部左右,直接面对高温燃气气流,承受最高燃气温度,同时也承受着由于燃烧室混合流动造成的自由流高湍流度。虽然压力面有冷却气膜孔,但由于导向叶片前后缘较薄,热惯性较小,受热速度快,在导向叶片内产生很大的温度梯度,使前后缘产生很大的热应力,因此该区域温度高于其他区域温度。

(4) 图 7-103 中使用单变色不可逆示温涂料,其目的是观测高压涡轮导向叶片表面温度是否达到或超过该温度。对于用几个叶片做成一组的导向叶片,在温度场测试中效果不好,应尽量不用或少用。

(5) 此次试验中,发动机最大状态峰值恒温时间与不可逆示温涂料标定的峰值恒温时间相同,不可逆示温涂料等温线判读精度为±10℃,不可逆示温涂料测试判读结果与图 7-96 所示的温度场分布云图吻合较好。

### 7.4.3 高压涡轮盘测试[75]

某高压涡轮盘设计加工后,为保证其长期安全、稳定的工作,要求它的工作温度不能超过材料的许用温度。为此,在涡轮盘进行高转速低循环疲劳试验时对其表面温度进行测量,以此评估其工作的可靠性及寿命。

**1. 试验环境**

试验在立式轮盘循环旋转试验器上进行,环境为真空状态,试验件上、下层都有电加热丝,上层电加热丝安装完成后先盖上一层保温钢板再盖上一层2000kg 的密封钢板,试验分两次进行。首次试验在涡轮盘表面,从盘心到盘缘布置了 12 支铠装热电偶,热电偶信号通过滑环引电器引出,当涡轮盘转速超过6000r/min 时,热电偶全部被甩断,无法获取涡轮盘表面温度,试验停止。

**2. 不可逆示温涂料测试**

在热电偶无法获取涡轮盘表面温度的情况下,改用不可逆示温涂料进行测量。根据理论估算,其温度值为 500~650℃,高压涡轮盘达到热平衡约 4h,试验时间约 4.5h,因此选用 7 种不可逆示温涂料进行峰值恒温 30min 标定。高压涡轮盘测试所选的不可逆示温涂料的品种及标准试片峰值恒温时间 30min 等温线标定温度如表 7-12 所列,标准试片峰值恒温时间 30min 等温线标定温度如图 7-107 所示。

表 7-12 高压涡轮盘测试所选的不可逆示温涂料的品种及等温线标定温度

| 品　　种 | 峰值恒温时间 30min 等温线标定温度/℃ |
|---|---|
| TSP-S01 | 610 |
| TSP-S05 | 410 |
| TSP-S06 | 465 |
| TSP-S09 | 480 |
| TSP-M04 | 390、582 |
| TSP-M10 | 440、565、593、670、748 |
| TSP-M11 | 398、583 |

**3. 试验状态**

高压涡轮盘结构示意图如图 7-108 所示。根据预估温度范围,在高压涡轮盘的盘缘、盘心、中心径向孔、耳片位置处喷涂不可逆示温涂料。将喷涂好不可逆示温涂料的高压涡轮盘安装在立式轮盘循环旋转试验器上,在真空绝对压力

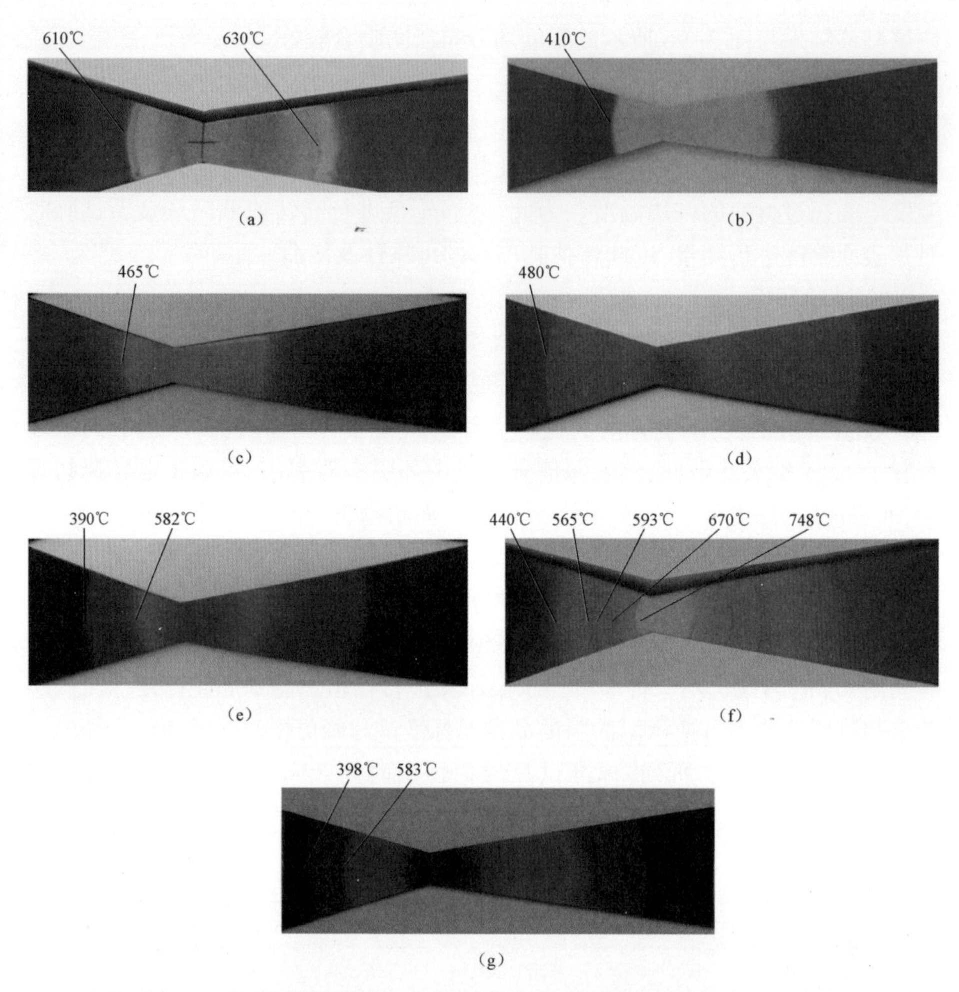


图 7-107　高压涡轮盘测试所选的标准试片峰值恒温时间 30min 等温线标定温度
(a) TSP-S01;(b) TSP-S05;(c) TSP-S06;(d) TSP- S09;(e) TSP-M04;(f) TSP-M10;(g) TSP-M11。

2300Pa 下用电加热丝对高压涡轮盘加热。试验时,首先在轮盘旋转试验器上按疲劳试验加温规律对高压涡轮盘加温,保持转速 500r/min,运行 2.5h,然后按疲劳试验要求对涡轮盘进行循环试验,转速 2000～12000r/min,保持 2h 后停止试验。

**4. 测试判读结果**

试验前高压涡轮盘前、后端面喷涂不可逆示温涂料的品种和颜色如图 7-109 所示。由于涡轮盘达到热平衡需 4h,试验时长 4.5h,因此判读按峰值恒温时间 30min 标定结果进行。高压涡轮盘前端面判读结果如图 7-110(a)所示,高压涡轮盘后端面判读结果如图 7-110(b)所示。

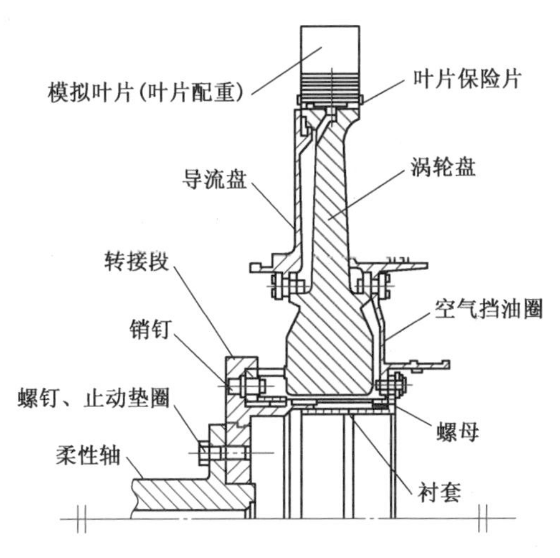


图 7-108 高压涡轮盘结构示意图

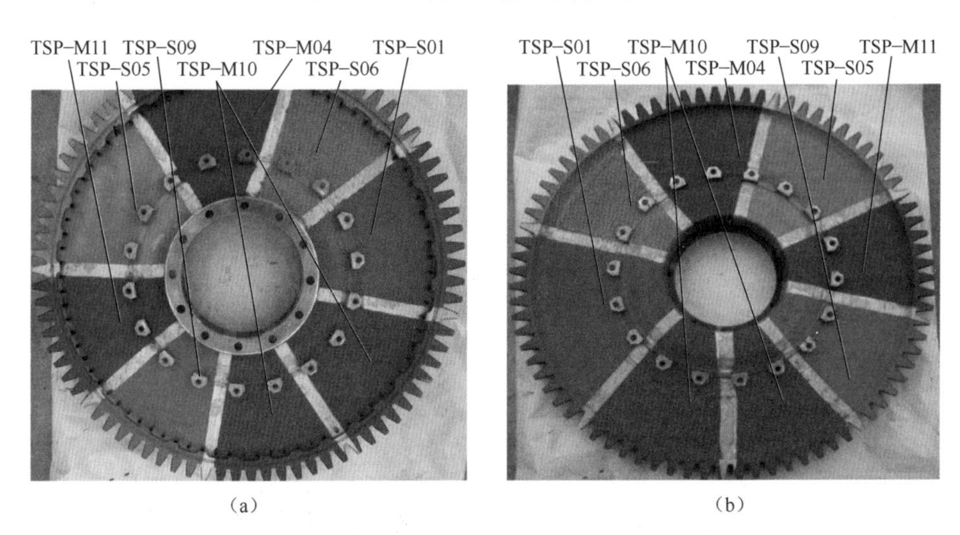


图 7-109 试验前高压涡轮盘前、后端面喷涂不可逆示温涂料的品种和颜色原色及品种
(a)前端面;(b)后端面。

**5. 判读结果分析**

高压涡轮盘表面温度及温度分布按峰值恒温时间 30min 判读是符合电加热在高压涡轮盘热传导规律的,其前、后端面的盘心温度相对较低,为 480℃以上。前端面盘缘温度相对较高,但低于 630℃;后端面盘缘温度为 582℃以下,低于前端面盘缘温度。前端面从盘心到齿尖的温度范围为 480℃$<T<$630℃,后端面从盘心到齿尖的温度范围为 480℃$<T<$582℃,测试的判读结果与理论预估值吻合。若按峰值恒温时间 3min 判读,其温度要高很多,如 TSP-S01 和 TSP-S05 按峰值

图 7-110 高压涡轮盘前、后端面不可逆示温涂料的判读结果

(a) 前端面;(b) 后端面。

恒温时间 3min 判读,则其等温线变色温度如图 6-1、图 6-5 所示,这说明试验的峰值恒温时间对测试的影响是很大的。将峰值恒温时间 5min、15min 和 30min 的标定试片摆放在一起拍照(图 7-111),从图中可以直观看出,在不同的恒温时间下其表面温度是不同的,因此不可逆示温涂料的测试试验应按照 HG/T 4562—2013《不可逆示温涂料》规定的试验时间进行。

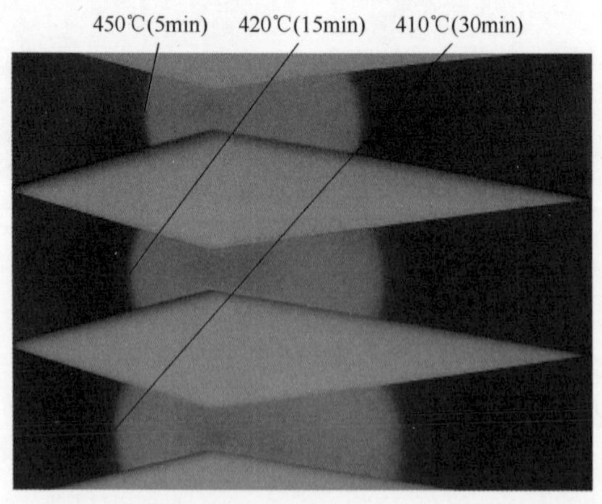


图 7-111 TSP-S05 不同峰值恒温时间的标定结果

恒温时间对变色温度影响的经验公式为

$$\theta = a - b\lg t$$

式中：$\theta$ 为变色温度；$a$,$b$ 对某一种不可逆示温涂料而言为常数(实测)；$t$ 为恒温时间。

由上式可计算出 TSP-S05 不可逆示温涂料的 $a$、$b$ 值，采用峰值恒温 3min、5min 的变色温度值，得出 $a=484.51$，$b=45.09$。

根据所得的 $a$、$b$ 值，可计算出恒温 15min 的变色温度值为 428.5℃，恒温 30min 的变色温度值为 414.9℃。

该不可逆示温涂料峰值恒温时间与变色温度的关系曲线如图 7-112 所示。

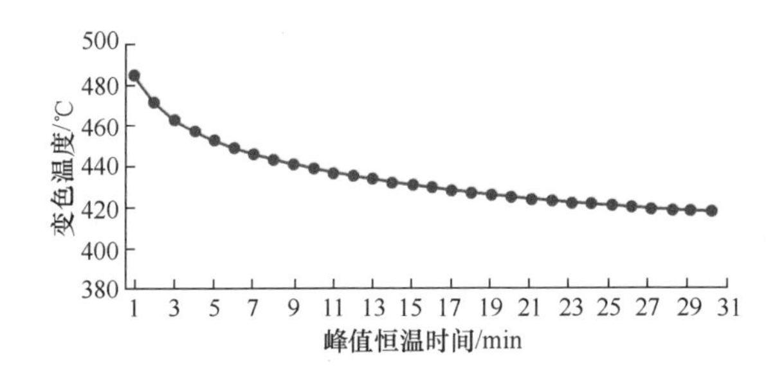


图 7-112　峰值恒温时间与变色温度关系曲线

根据经验公式计算结果和实测结果可以看出，经验公式计算所得的温度值反映的变色温度随恒温时间变化的趋势是正确的，但实际变色温度应以实测值为准。变色温度受恒温时间的影响是很大的，因此每一种不可逆示温涂料所显示的变色温度都是在一定的条件下得到的。

## 7.5 不可逆示温涂料在燃气轮机中的应用

某工业用燃气轮机表面预估的温度范围为 500～900℃，为保证其工作温度不能超过材料的许用温度，用不可逆示温涂料和热电偶对其表面温度进行了测量，得出了其表面温度场分布。

**1. 试验条件**

试验在某燃烧室试验器上进行，使用的燃料为天然气，燃烧室点火后开始加温，进口温度最高为 800K，其中燃烧室在最大状态的持续时间为 3～5min。

**2. 选择不可逆示温涂料**

根据燃烧室火焰筒预估的温度范围为 500～900℃，燃烧室火焰筒测试所选的不可逆示温涂料的品种及如表 7-13 所列，标准试片 KN8 峰值恒温时间 3min 等温线标定温度如图 7-113 所示。

表 7-13　燃烧室火焰筒测试所选不可逆示温涂料的品种及等温线标定温度

| 类　型 | 品　种 | 峰值恒温时间 3min 的等温线标定温度/℃ | 标准试片图 |
|---|---|---|---|
| 单变色 | TSP-S01 | 680 | 图 6-1 |
| 多变色 | TSP-M02 | 490、615、630、827、865、905、925 | 图 6-12 |
| | TSP-M04 | 435、635、685、835、855 | 图 6-14 |
| | TSP-M05 | 710、850、955 | 图 6-15 |
| | TSP-M10 | 490、615、630、757、940、960 | 图 6-20 |
| | TSP-M11 | 445、615 | 图 6-21 |
| | TSP-M15 | 690、950、1018 | 图 6-25 |
| | KN8 | 430、615、900 | 图 7-113 |

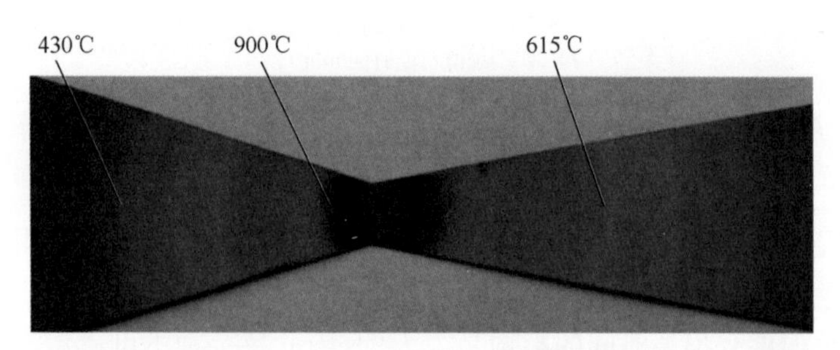


图 7-113　燃烧室火焰筒喷涂 KN8 的标准试片峰值恒温时间 3min 等温线标定温度

**3. 测试判读结果**

试验前燃烧室火焰筒内筒表面喷涂不可逆示温涂料的颜色显示如图 7-114~图 7-119 所示。

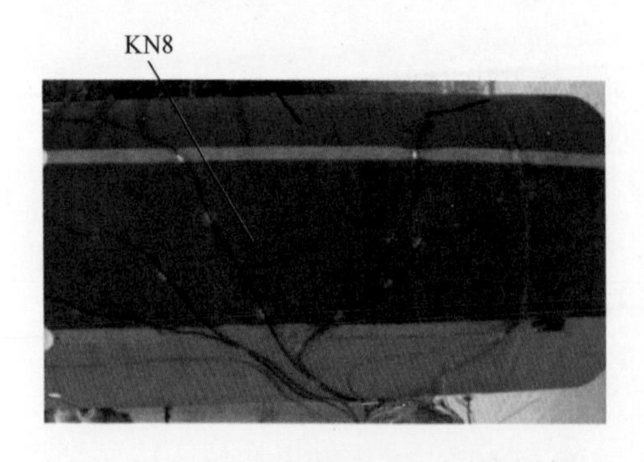


图 7-114　试验前燃烧室火焰筒内筒表面喷涂 KN8 的颜色显示

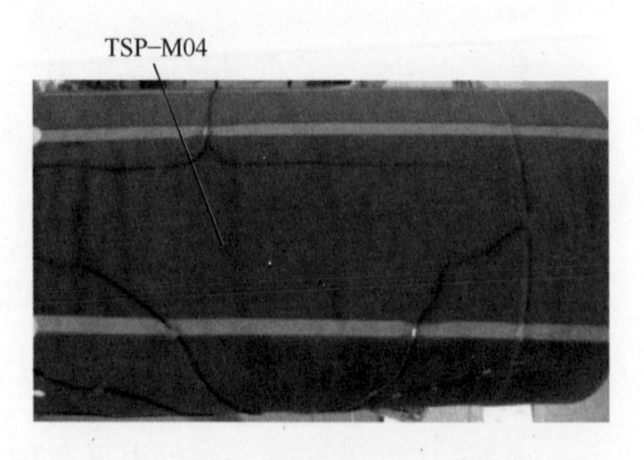


图 7-115　试验前燃烧室火焰筒内筒表面喷涂 TSP-M04 的颜色显示

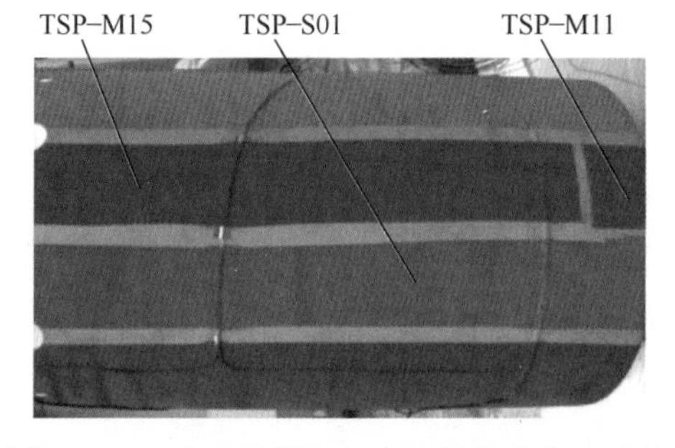


图 7-116　试验前燃烧室火焰筒内筒表面喷涂 TSP-M15/TSP-S01/TSP-M11 的颜色显示

图 7-117　试验前燃烧室火焰筒内筒表面喷涂 TSP-M02 的颜色显示

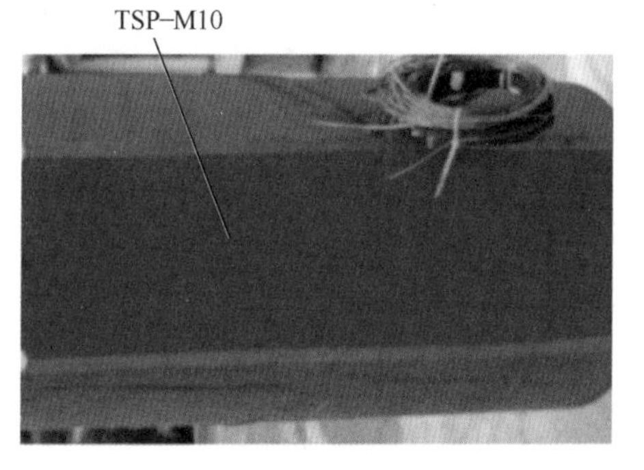


图 7-118　试验前燃烧室火焰筒内筒表面喷涂 TSP-M10 的颜色显示

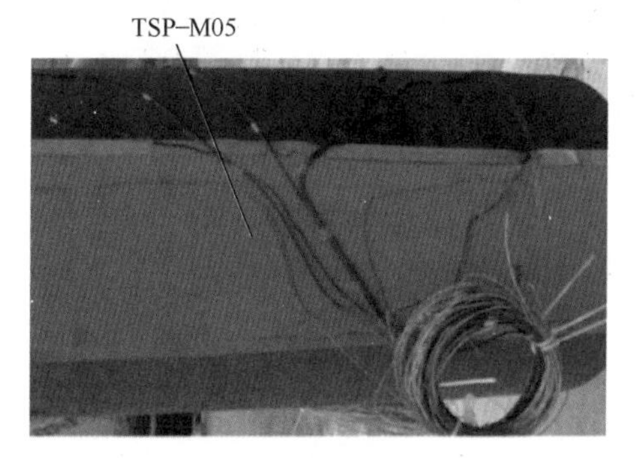


图 7-119　试验前燃烧室火焰筒内筒表面喷涂 TSP-M05 的颜色显示

试验前燃烧室尾锥筒表面喷涂不可逆示温涂料的颜色显示如图 7-120~图 7-123 所示。

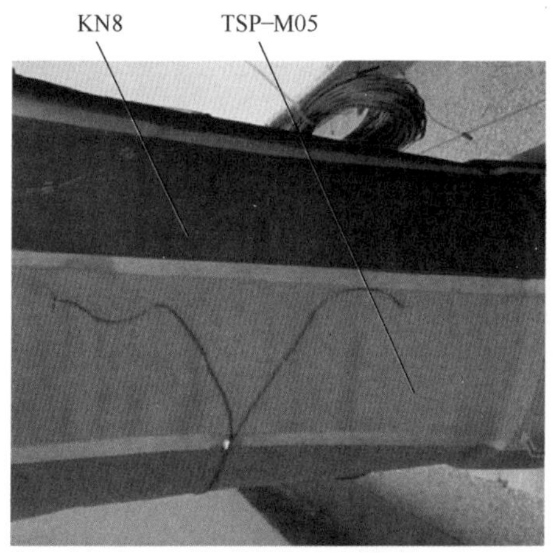


图 7-120　试验前燃烧室尾锥筒表面喷涂 KN8/TSP-M05 的颜色显示

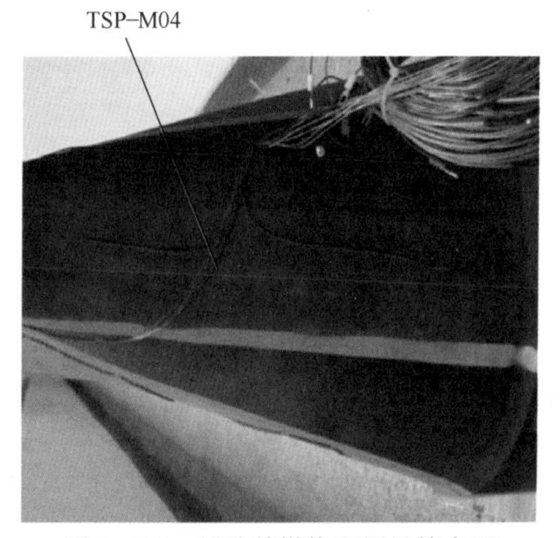


图 7-121　试验前燃烧室尾锥筒表面喷涂 TSP- M04 的颜色显示

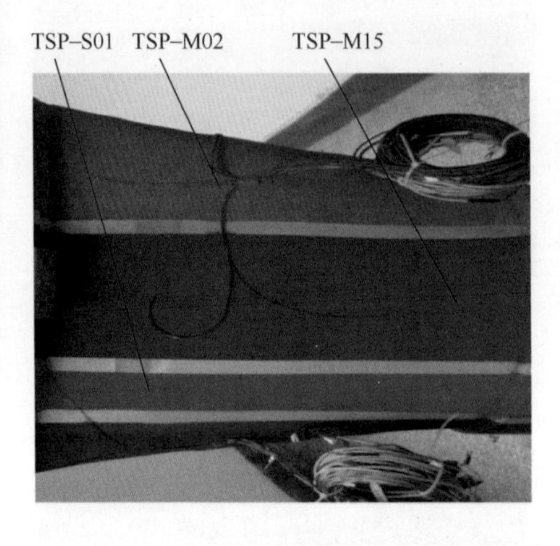


图 7-122　试验前燃烧室尾锥筒表面喷涂 TSP-S01/TSP-M02/TSP-M15 的颜色显示

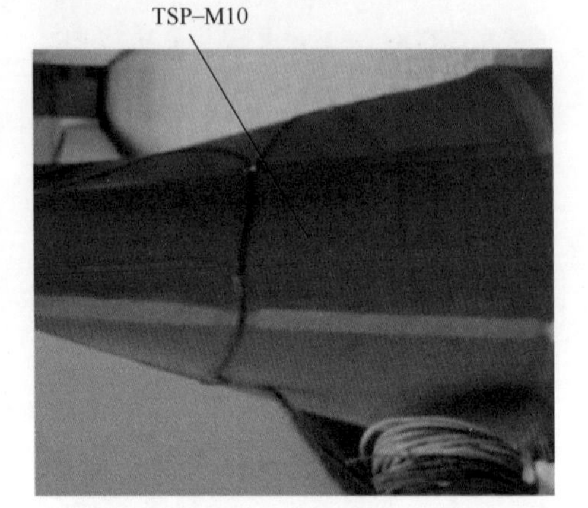


图 7-123　试验前燃烧室尾锥筒表面喷涂 TSP-M10 的颜色显示

试验后燃烧室火焰筒内筒的温度判读结果如图 7-124 ~ 图 7-131 所示，燃烧室火焰筒尾筒的温度判读结果如图 7-132 ~ 图 7-136 所示，冷却插件的温度判读结果如图 7-137 所示。内筒热电偶的测试结果如图 7-124、图 7-127 和图 7-129 所示，尾锥筒热电偶的测试结果如图 7-132 ~ 图 7-135 所示的线形标注，冷却插件热电偶的测试结果如图 7-137 所示的线形标注。锥顶的温度判读结果如图 7-138 ~ 图 7-140 所示，锥顶温度的综合判读结果如图 7-141 所示。

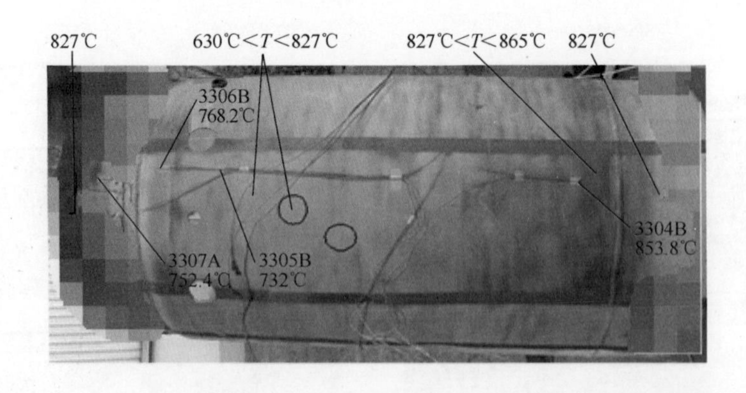


图 7-124　试验后燃烧室火焰筒内筒喷涂 TSP-M02 的温度判读结果[①]

① 图 7-124 ~ 图 7-141 除了正文中涉及的“判读结果”以外，其余部分做虚化处理。

图 7-125　试验后燃烧室火焰筒内筒喷涂 TSP-M10 的温度判读结果

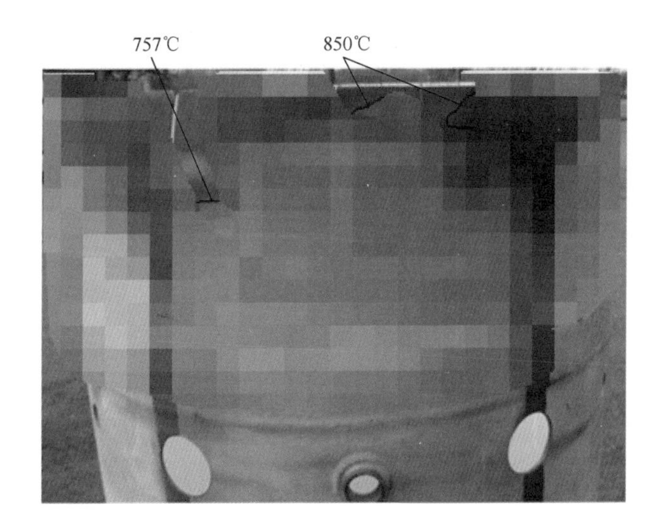


图 7-126　试验后燃烧室火焰筒内筒喷涂 TSP-M10 的局部温度判读结果

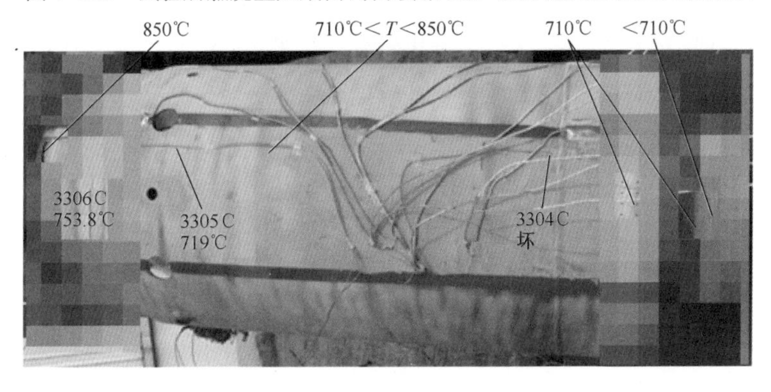


图 7-127　试验后燃烧室火焰筒内筒喷涂 TSP-M05 的温度判读结果

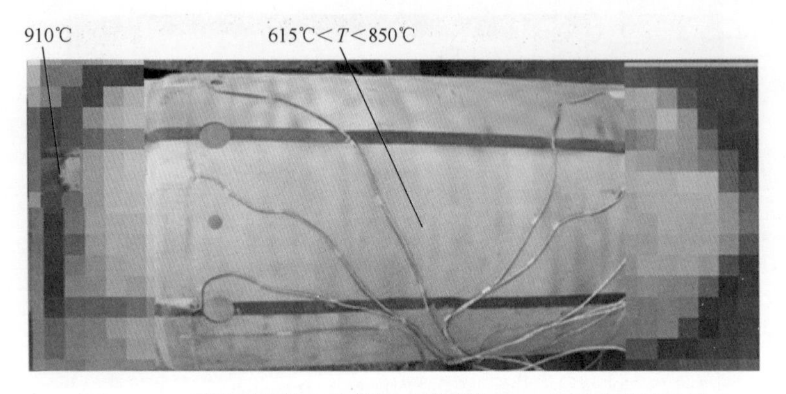


图 7-128　试验后燃烧室火焰筒内筒喷涂 KN8 的温度判读结果

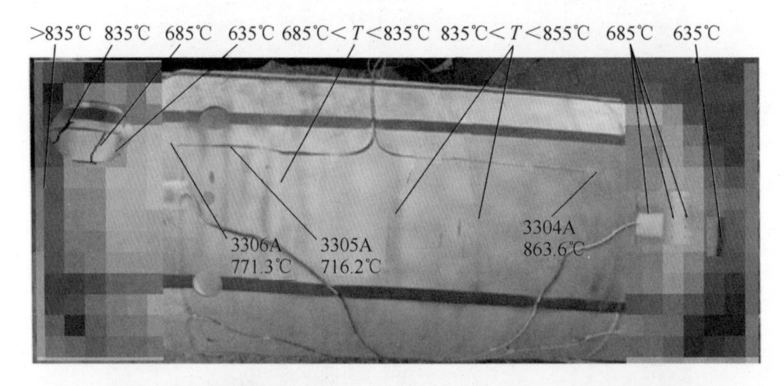


图 7-129　试验后燃烧室火焰筒内筒喷涂 TSP-M04 的温度判读结果

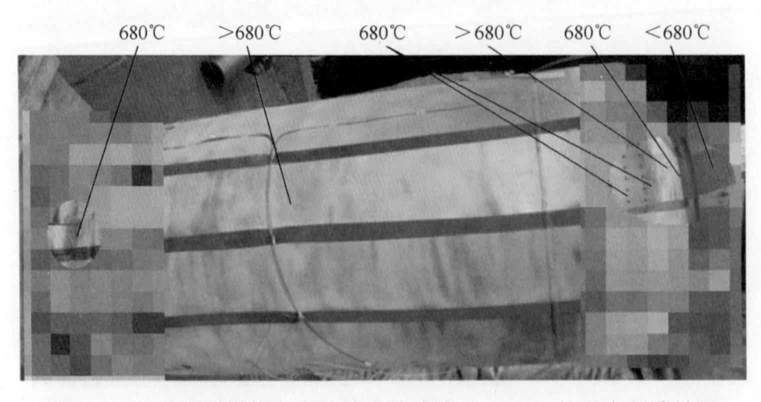


图 7-130　试验后燃烧室火焰筒内筒喷涂 TSP-S01 的温度判读结果

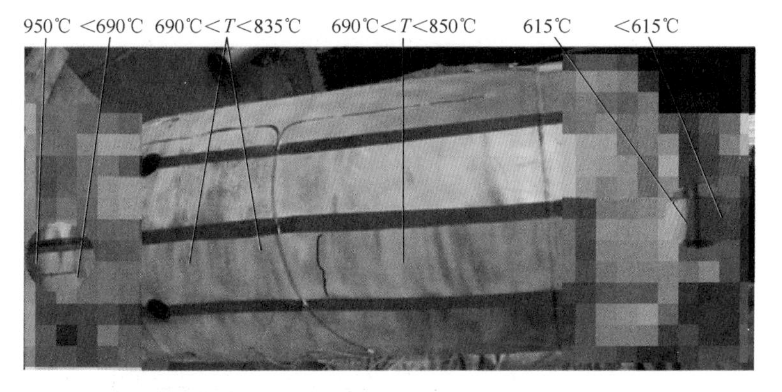


图 7-131 试验后燃烧室火焰筒内筒喷涂 TSP-M15/TSP-M11 的温度判读结果

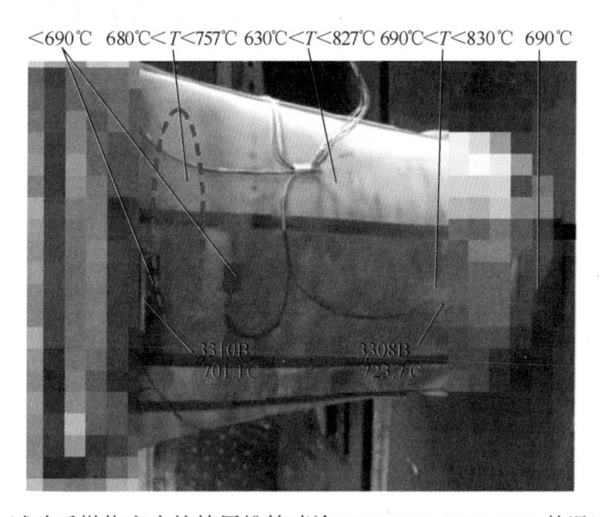


图 7-132 试验后燃烧室火焰筒尾锥筒喷涂 TSP-M02/TSP-M15 的温度判读结果

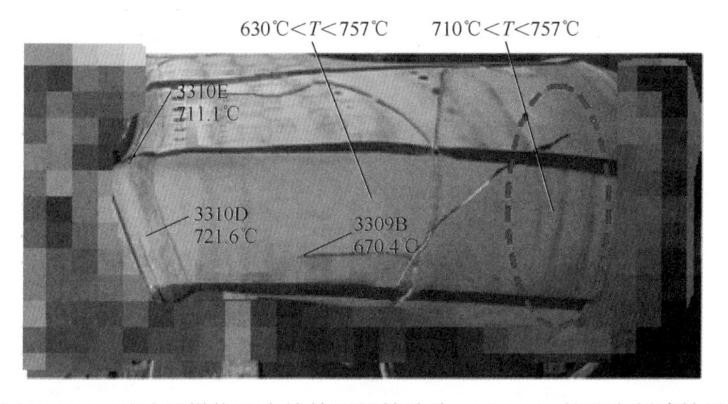


图 7-133 试验后燃烧室火焰筒尾锥筒喷涂 TSP-M10 的温度判读结果

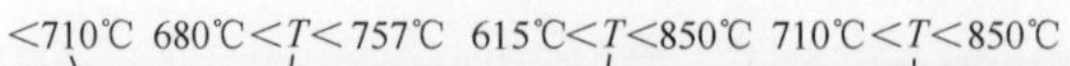


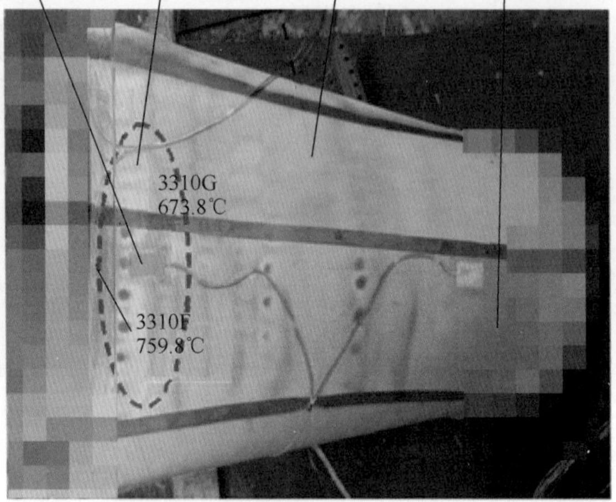


图7-134　试验后燃烧室火焰筒尾锥筒喷涂 TSP-M05/KN8 的温度判读结果

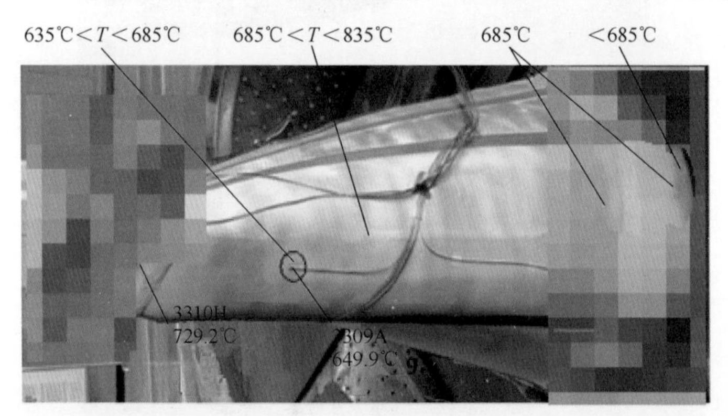


图 7-135　试验后燃烧室火焰筒尾锥筒喷涂 TSP-M04 的温度判读结果

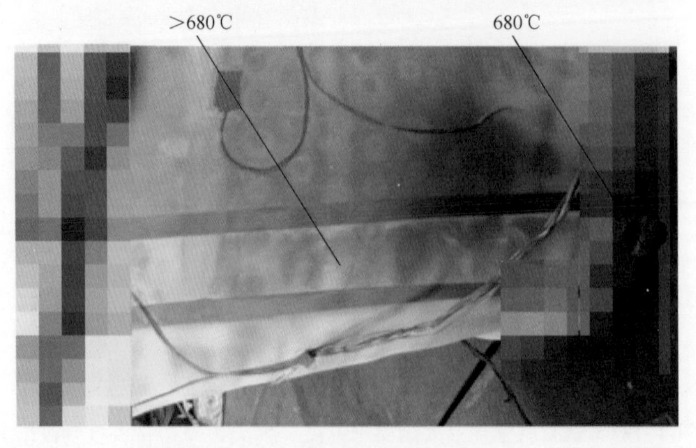


图 7-136　试验后燃烧室火焰筒尾锥筒喷涂 TSP-S01 的温度判读结果

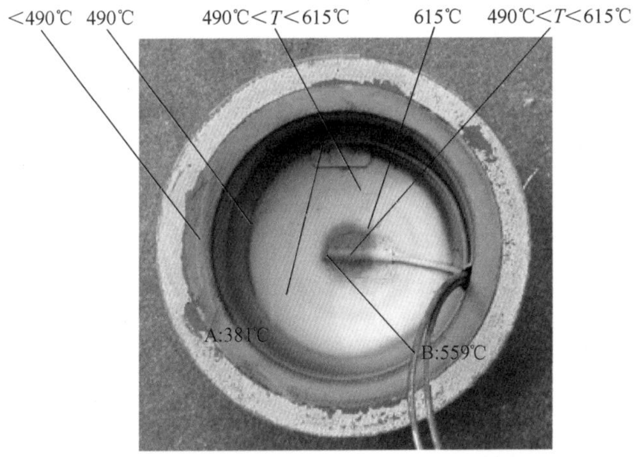


图 7-137　试验后冷却插件喷涂 TSP-M02 的温度判读结果

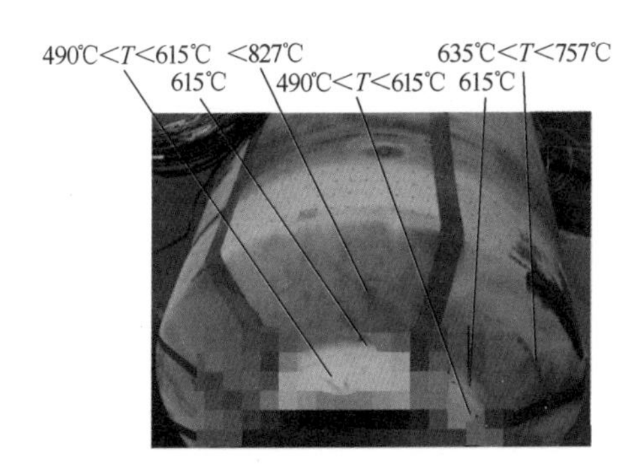


图 7-138　锥顶喷涂 TSP-M02/TSP-M10 的温度判读结果

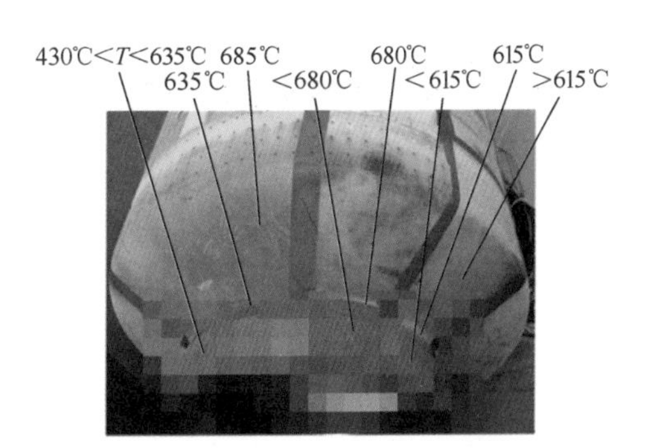


图 7-139　锥顶喷涂 TSP-M04/TSP-S01/TSP-M11 的温度判读结果

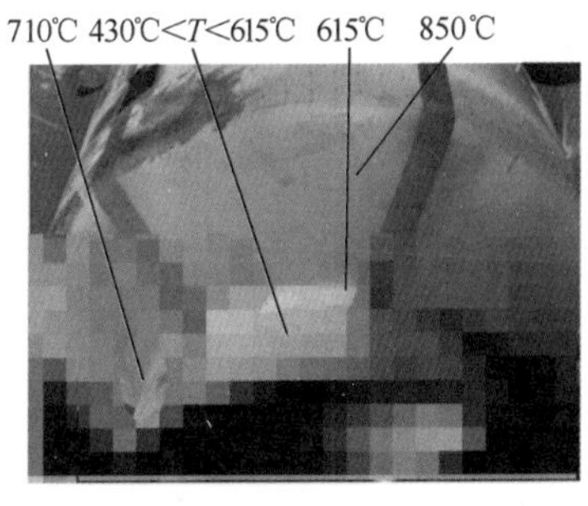


图 7-140　锥顶喷涂 TSP-M05/KN8 的温度判读结果

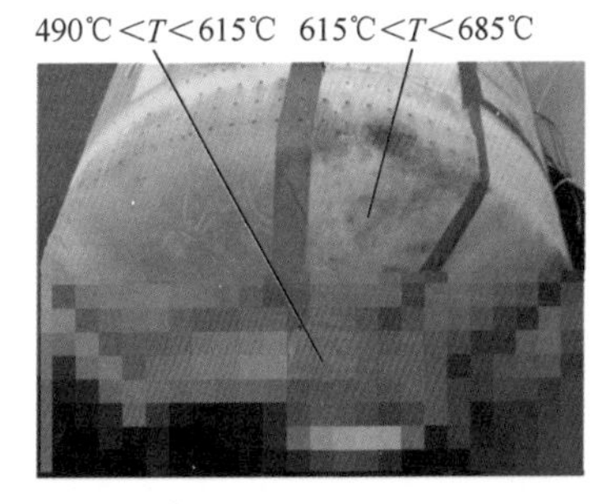


图 7-141　锥顶温度的综合判读结果

**4. 判读结果分析**

不可逆示温涂料的判读结果来源于标准试片上不可逆示温涂料的标定

结果。

内筒弹簧片底端到内筒中部位置(一圈)的大部分温度为 630℃<$T$<757℃,见图 7-125;内筒中部位置到进气端(一圈)的大部分温度为 757℃<$T$<850℃,亦见图 7-125;其余内筒温度见图 7-124~图 7-131。

尾筒大部分区域温度为 630℃<$T$<757℃,其余温度见图 7-132~图 7-136。图 7-132和图 7-134 所示的尾筒红色圈区域内的大部分温度为 680℃<$T$<757℃。图 7-133所示的尾筒红色圈区域内的大部分温度为 710℃<$T$<757℃。

冷却插件的最高温度小于 615℃,温度分布见图 7-137,其中 B 点的热电偶位置有冷却气流,该区域温度为 490℃<$T$<615℃。

## 7.6 不可逆示温涂料的其他应用

### 7.6.1 燃油喷嘴副涡流器测试

**1. 不可逆示温涂料的选择**

根据燃油喷嘴副涡流器前端面预估温度范围为 427~527℃,燃油喷嘴副所选的不可逆示温涂料如表 7-14 所列。

表 7-14 燃油喷嘴副所选的不可逆示温涂料的品种及等温线标定温度

| 品　种 | 峰值恒温时间 30min 等温线标定温度/℃ | 标准试片图 |
|---|---|---|
| TSP-S05 | 410 | 图 7-107(b) |
| TSP-M11 | 398、583 | 图 7-107(g) |
| TSP-S09 | 480 | 图 7-107(d) |
| TSP-S06 | 465 | 图 7-107(c) |

**2. 试验状态**

从启动到最大工作状态再至试验结束,共用时 2h,在最大工作状态下运行 30min。

**3. 测试判读结果**

由于在最大工作状态下峰值恒温时间为 30min,因此判读以峰值恒温时间 30min 标定的等温线温度为准。燃油喷嘴副涡流器喷涂不可逆示温涂料试验前的颜色、试验后的变色及温度如图 7-142~图 7-145 所示。

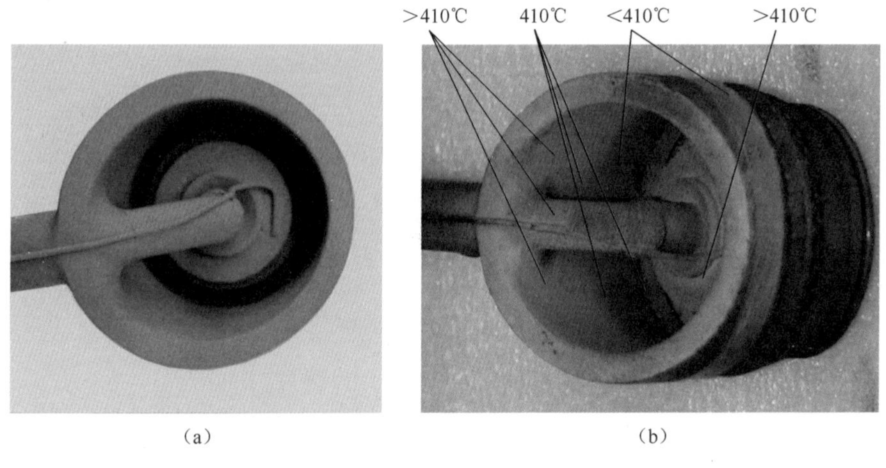


图 7-142 燃油喷嘴副涡流器喷涂的 TSP-S05 试验前的颜色、试验后的变色及温度
(a)试验前;(b)试验后。

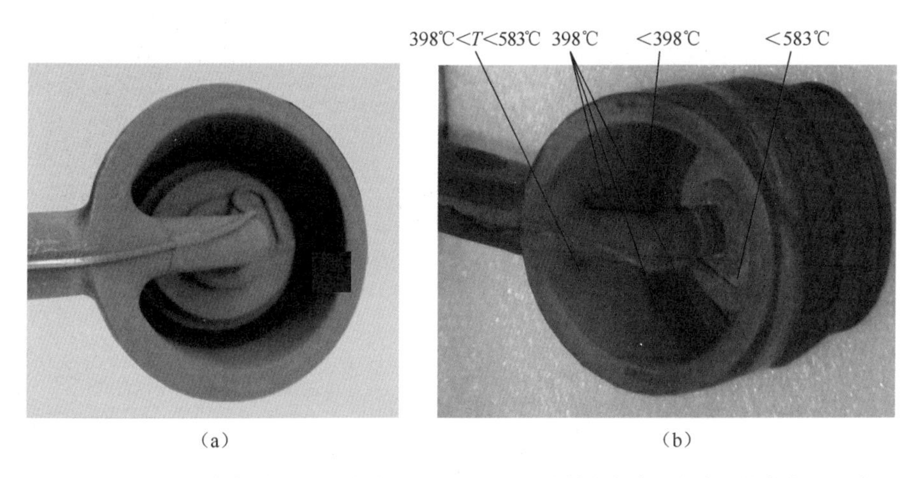


图 7-143 燃油喷嘴副涡流器喷涂的 TSP-M11 试验前的颜色、试验后的变色及温度
(a)试验前;(b)试验后。

**4. 结果分析**

从测试判读结果可知,燃油喷嘴副涡流器前端面的温度分布不均匀,图 7-144所示的燃油喷嘴副涡流器的表面温度大于 480℃,而图 7-145 所示的燃油喷嘴副涡流器的部分表面温度小于 465℃。温度最高的位置在燃油喷嘴副涡流器的底面及形似弓箭的(图 7-142~图 7-145)外端面,其温度范围是 480℃ $<T<$ 583℃,温度最低位置在形似弓箭的内端面(图 7-142),其温度小于 410℃。

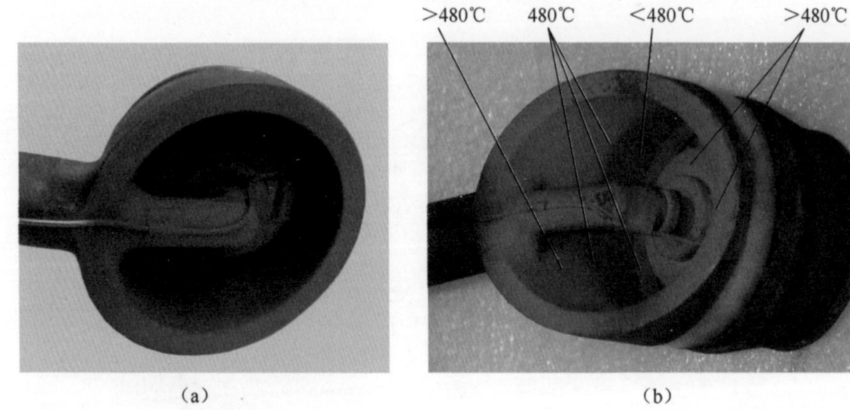


图 7-144　燃油喷嘴副涡流器喷涂的 TSP-S09 试验前的颜色、试验后的变色及温度
(a)试验前;(b)试验后。

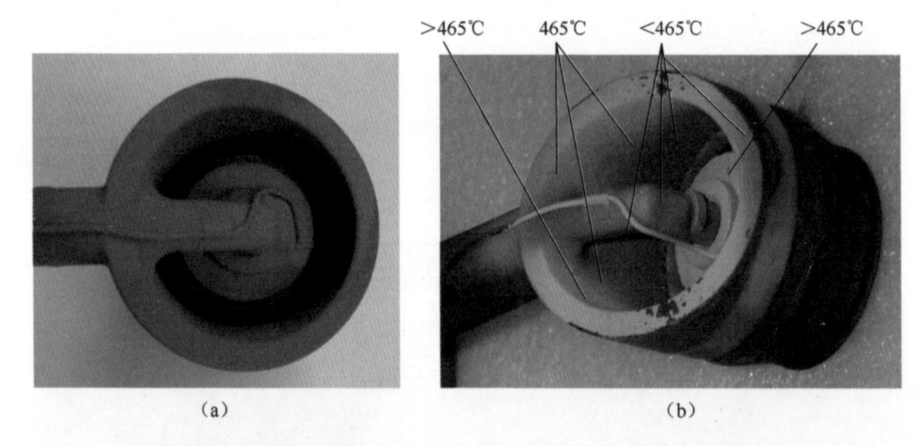


图 7-145　燃油喷嘴副涡流器喷涂的 TSP-S06 试验前的颜色、试验后的变色及温度
(a)试验前;(b)试验后。

## 7.6.2　压气机导向叶片测试

### 1. 不可逆示温涂料的选择

根据压气机导向叶片的预估温度范围为 450～600℃,压气机导向叶片所选的不可逆示温涂料如表 7-15 所列。将压气机导向叶片按周向分为 4 个区域,每个区域涂覆 6 种不可逆示温涂料。

表 7-15　压气机导向叶片所选的不可逆示温涂料的品种及等温线标定温度

| 品　种 | 峰值恒温时间 30min 等温线标定温度/℃ | 标准试片图 |
| --- | --- | --- |
| TSP-S01 | 680 | 图 6-1 |

（续）

| 品　种 | 峰值恒温时间 30min 等温线标定温度/℃ | 标准试片图 |
|---|---|---|
| TSP-S04 | 400 | 图 6-4 |
| TSP-S05 | 460 | 图 6-5 |
| TSP-S06 | 496 | 图 6-6 |
| TSP-S09 | 550 | 图 6-9 |
| TSP-M11 | 445、615 | 图 6-21 |

**2. 试验状态**

发动机启动后在 75%的状态下工作 20min，20min 后在 100%的状态下工作 3min，试验结束。

**3. 测试判读结果**

由于最大工作状态下峰值恒温时间为 3min，因此判读以峰值恒温时间 3min 标定的等温线温度为准。压气机导向叶片喷涂不可逆示温涂料及温度试验前的颜色、试验后的变色如图 7-146～图 7-151 所示。

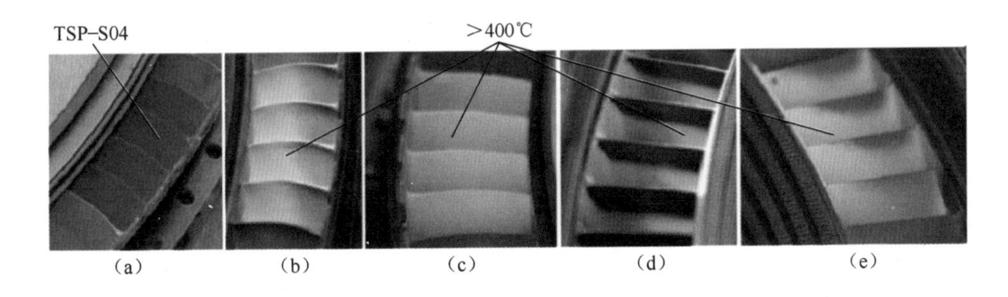


图 7-146　压气机导向叶片喷涂 TSP-S04 试验前的颜色、试验后的变色及温度

(a)试验前；(b)～(e)试验后。

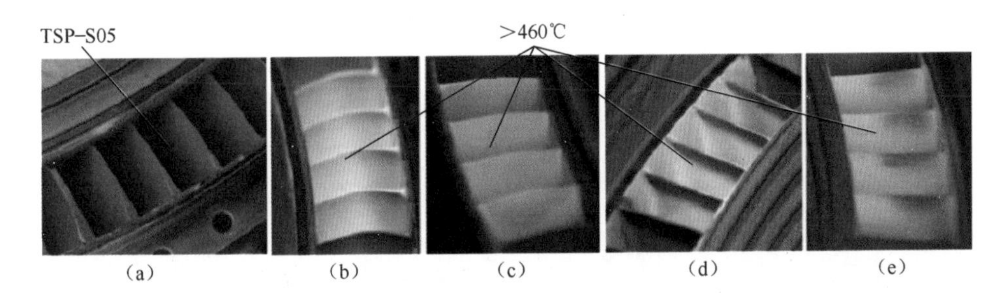


图 7-147　压气机导向叶片喷涂 TSP-S05 试验前的颜色、试验后的变色及温度

(a)试验前；(b)～(e)试验后。

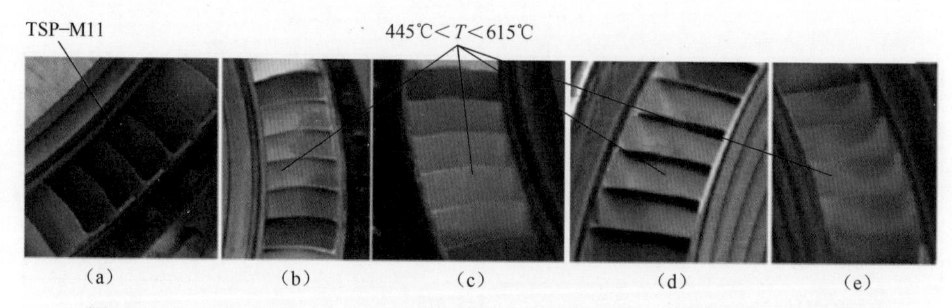


图 7-148　压气机导向叶片喷涂 TSP-M11 试验前的颜色、试验后的变色及温度
(a)试验前；(b)~(e)试验后。

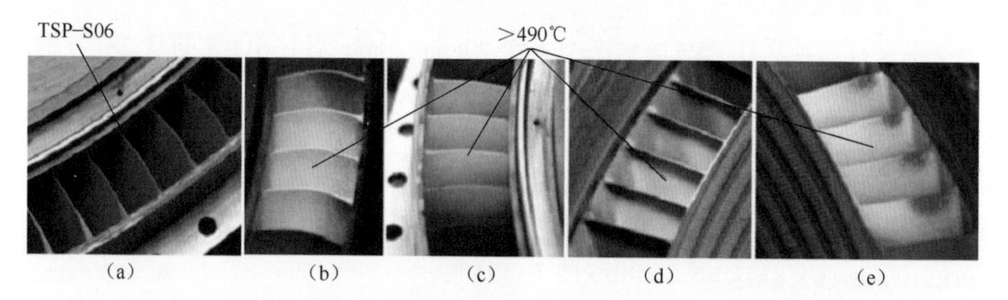


图 7-149　压气机导向叶片喷涂 TSP-S06 试验前的颜色、试验后的变色及温度
(a)试验前；(b)~(e)试验后。

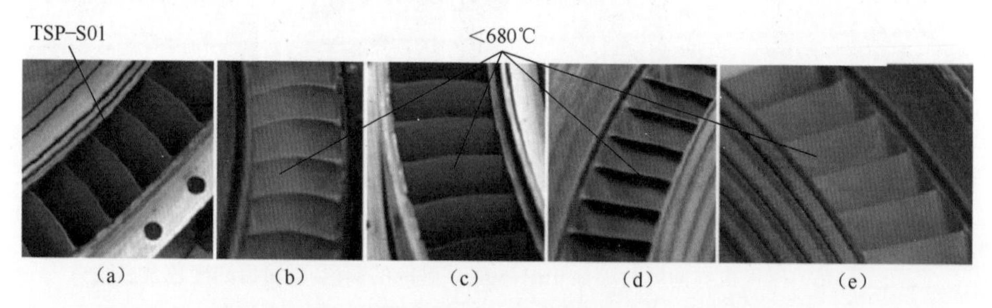


图 7-150　压气机导向叶片喷涂 TSP-S01 试验前的颜色、试验后的变色及温度
(a)试验前；(b)~(e)试验后。

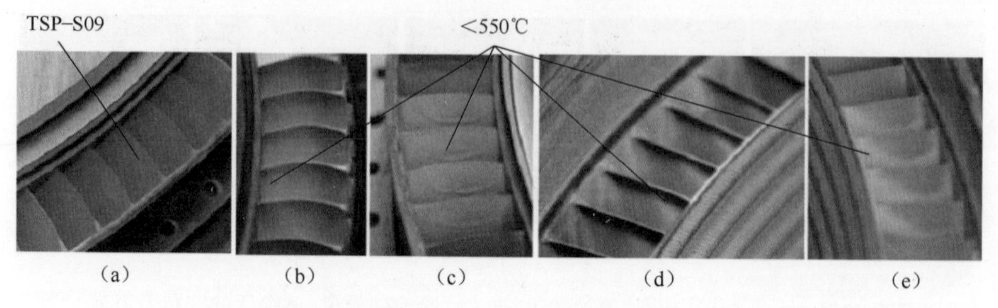


图 7-151　压气机导向叶片喷涂 TSP-S09 试验前的颜色、试验后的变色及温度
(a)试验前；(b)~(e)试验后。

**4. 结果分析**

从测试判读结果可知,图 7-146~图 7-151 所示分别为 6 种不可逆示温涂料的型号及颜色示意图,(a)为试验前图片,(b)~(e)为试验后图片,(b)~(e)分别为排气面叶盆、排气面叶背、进气面叶盆、进气面叶背。进气面的不可逆示温涂料被吹掉的情况较多,应是不可逆示温涂料喷涂完之后未烘烤干燥所致。从判读结果看,该压气机导向叶片的温度为 490℃$<T<$550℃,温度场较为均匀,温度梯度较小。

### 7.6.3 汽油机活塞测试[76]

**1. 不可逆示温涂料的选择**

汽油机活塞选用的材料为铝合金,铝合金的完全退火温度一般为 390~420℃,热模锻温度为 420~475℃,因此选择一种单变色不可逆示温涂料和一种多变色不可逆示温涂料,如图 6-4 和图 6-13 所示,其峰值恒温时间 3min 的等温线变色温度分别为:单变色 400℃;多变色 130~430℃,共 7 个变色温度。

**2. 试验技术状态及过程**

汽油机的试验技术状态如表 7-16 所列。冷却风机吹风风向与汽油机的相对位置如图 7-152 所示。将汽油机活塞安装在发动机上,在模拟试验台上进行试验,试验时发动机从低转速升到最高转速的时间为 10min,在最高转速下工作 3min,然后降低发动机转速至停车,冷却后分解进行温度判读。首次试验用 400℃的单变色不可逆示温涂料,确定汽油机活塞表面的温度变化情况,后面试验用多变色不可逆示温涂料,确定汽油机活塞表面的温度分布情况。

表 7-16 汽油机的试验技术状态

| 参　　数 | 第 1 次试验 | 第 2 次试验 |
|---|---|---|
| 测功机转速/($r \cdot min^{-1}$) | 3369 | 3366 |
| 发动机转速/($r \cdot min^{-1}$) | 8500 | 8606 |
| 扭矩/($N \cdot m$) | 22 | 25.42 |
| 燃油消耗量/($g \cdot s^{-1}$) | 1.05 | 1.3 |
| 机油温度/℃ | 89.8 | 90.77 |
| 环境温度/℃ | 14.13 | 14.5 |
| 相对湿度/% | 48 | 48 |
| 环境压力/kPa | 99.6 | 99.8 |
| 冷却风机风速/($km \cdot h^{-1}$) | 94 | 94 |

图 7-152　冷却风机吹风风向与汽油机的相对位置示意图

**3. 测试判读结果**

汽油机活塞表面喷涂单变色不可逆示温涂料试验前的颜色如图 7-153(a)所示,试验后活塞顶部的积炭情况如图 7-153(b)所示,清除积炭后活塞顶部的表面温度判读结果如图 7-153(c)所示。活塞内表面未变色,温度判读结果如图 7-153(d)所示,活塞外表面裙部白色部位是汽油机工作时,不可逆示温涂料被汽油冲刷掉,不能作为变色温度判读,如图 7-153(e)所示,其他部位的温度均小于 400℃。

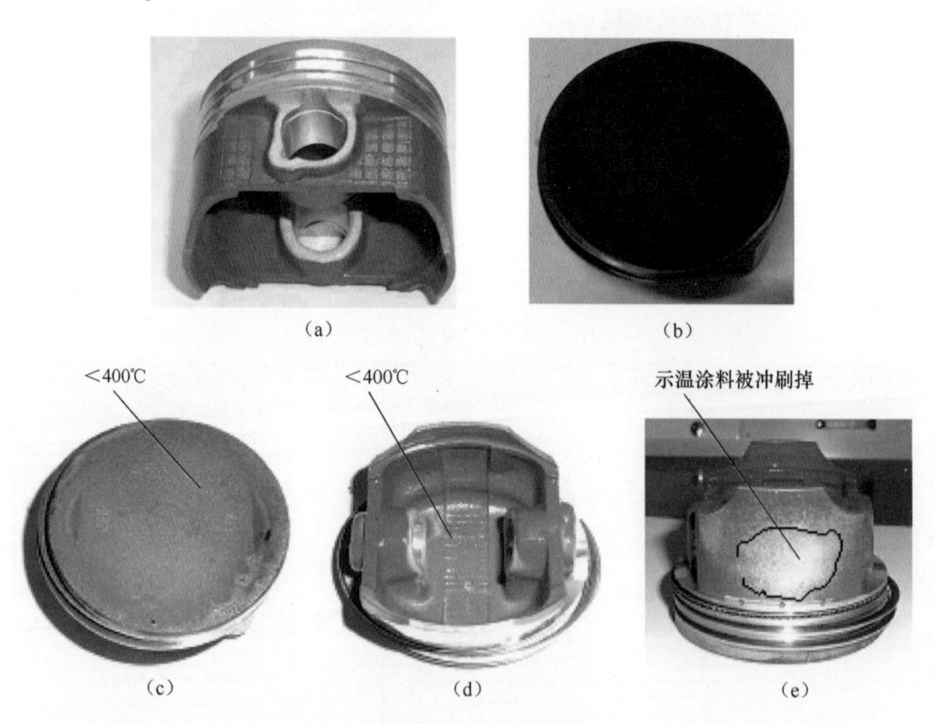


图 7-153　汽油机活塞表面喷涂 TSP-S04 试验前的颜色与试验后测试结果
(a)试验前颜色;(b)试验后活塞顶部积炭;(c)清除积炭判读;
(d)活塞内表面判读;(e)活塞裙部图。

汽油机活塞表面喷涂多变色不可逆示温涂料试验前的颜色如图7-154所示。试验后清除活塞顶部积炭的判读结果如图7-155(a)所示;活塞冷却风机面内、外裙部温度在165℃之下,如图7-155(b)和图7-155(c)所示;活塞内表面温度也低于295℃,活塞内裙部、活塞销内外部位表面温度低于215℃(有部分示温涂料被冲刷掉),如图7-155(c)所示;活塞销外裙部红色区域表面温度低于215℃,绿色区域表面温度低于165℃,如图7-155(d) 所示。

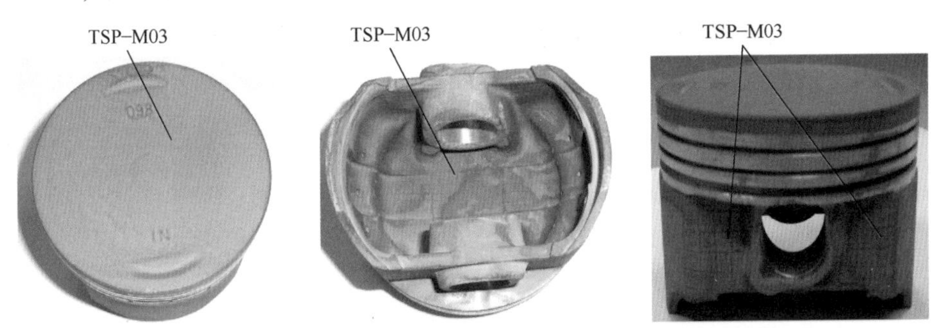


图7-154 汽油机活塞表面喷涂TSP-M03试验前的颜色

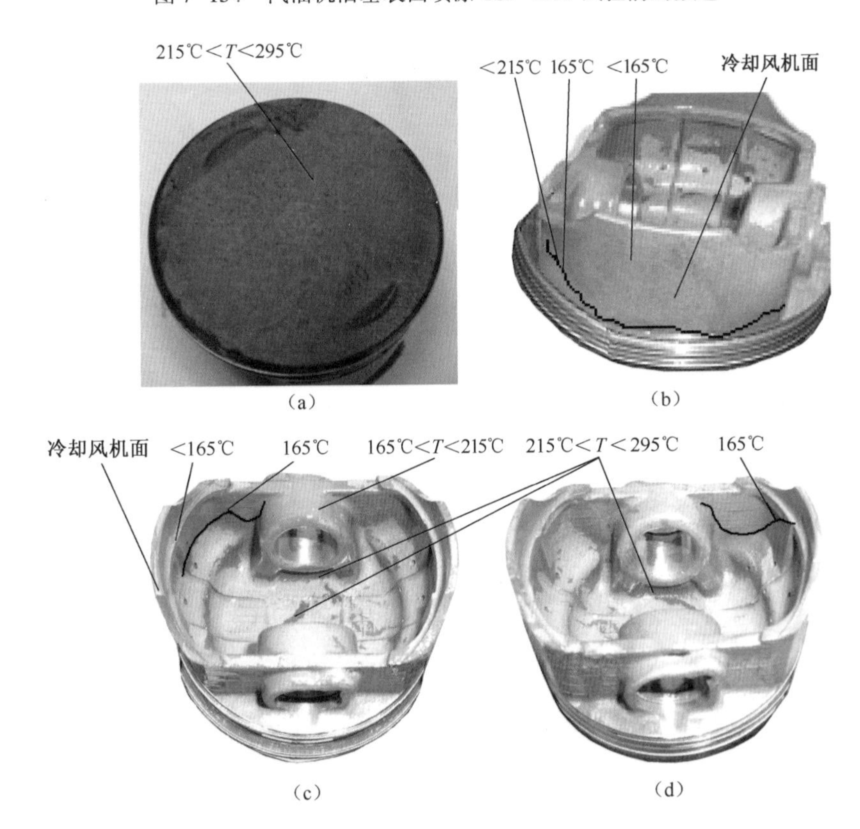

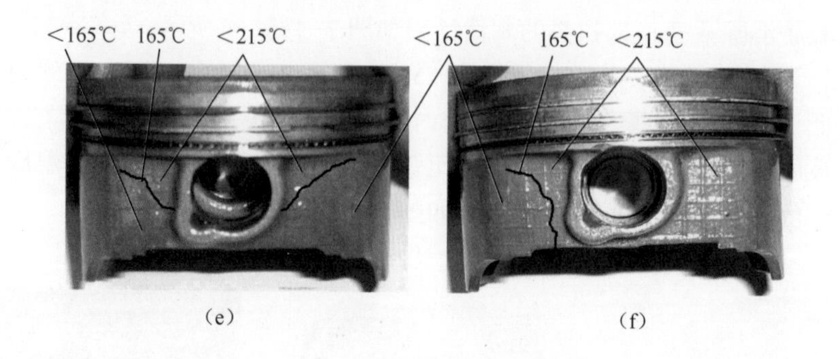


图 7-155 汽油机活塞表面喷涂 TSP-M03 后的测试结果

(a)清除积炭判读;(b)活塞外裙部测试结果;(c)、(d)活塞内表面及内裙部测试结果;(e)、(f)活塞销外裙部测试结果。

**4. 结果分析**

从测试判读结果可知,汽油机燃烧室中的活塞在热惯性和高速循环的作用下,活塞顶部吸入的热量大部分由活塞外测表面经过活塞环、油膜、缸套等传到机油中进行冷却,所以活塞顶部温度最高,其他部位温度逐渐变低,测试结果符合传热规律。另外,有一侧活塞内、外裙部温度较低(165℃以下),主要是外部冷却风机和发动机机油共同作用的结果。

## 7.6.4 增压器叶轮测试[77]

**1. 不可逆示温涂料的选择**

根据增压器叶轮预估的温度范围为400~900℃,选用3种单变色和3种多变色不可逆示温涂料,如表7-17所列。

表 7-17 增压器叶轮所选的不可逆示温涂料的品种及等温线标定温度

| 品 种 | 峰值恒温时间 30min 等温线标定温度/℃ | 标准试片图 |
|---|---|---|
| TSP-S01 | 680 | 图 6-1 |
| TSP-S04 | 400 | 图 6-4 |
| TSP-S05 | 460 | 图 6-5 |
| TSP-M02 | 500、615、650、700、805、840、890 | 图 7-21 |
| TSP-M04 | 435、635、685、835、855 | 图 6-14 |
| TSP-M07 | 935、1025、1075、1150、1165 | 图 6-17 |

**2. 试验状态及过程**

增压器叶轮试验最大状态如表 7-18 所列,试验件安装及气流流向示意图如图 7-156 所示。

表 7-18 增压器叶轮试验最大状态

| 燃烧室进口温度/℃ | 增压器进口温度/℃ | 转速/(r/min) |
|---|---|---|
| 850 | 710 | 25400 |

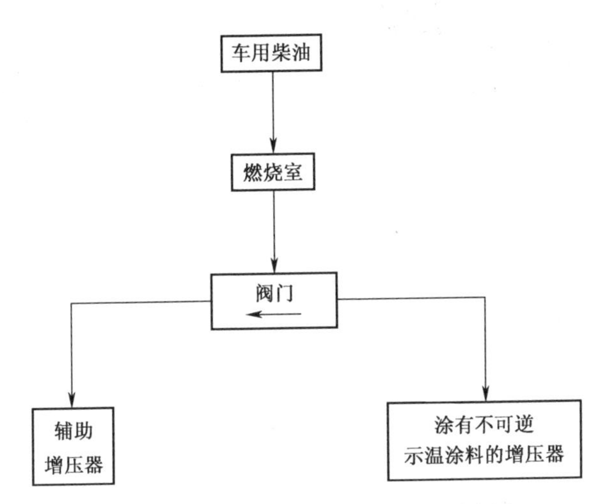


图 7-156 试验件安装及气流流向示意图

增压器叶轮试验时间与不可逆示温涂料标定升温时间及峰值恒温时间相同,试验过程如下:

(1)安装好辅助增压器和涂有不可逆示温涂料的增压器,检查试验设备正常后,点火器点火,柴油燃烧后的气体经过压缩后送到燃烧室;

(2)将阀门 100%打开,燃气经过燃烧室到辅助增压器,此时涂有不可逆示温涂料的增压器无燃气经过,试验件未开始升温;

(3)待辅助增压器进口温度恒定在 710℃时,慢慢关闭辅助增压器的阀门,燃气经过燃烧室到涂有不可逆示温涂料的增压器,试验件开始升温,约 10min 使涂有不可逆示温涂料的增压器的进口温度上升到 710℃;

(4)在 710℃峰值恒温 3min,3min 后阀门 100%打开,试验件降温;

(5)待温度降到室温时,拆除试验件进行温度判读。

**3. 测试判读结果**

试验前增压器叶轮和轮盘喷涂不可逆示温涂料的型号及颜色如图 7-157 所示,试验后增压器叶轮和轮盘的判读结果如图 7-158 所示。

(a)　　(b)

图 7-157　试验前增压器叶轮和轮盘喷涂不可逆示温涂料的型号及颜色
(a)增压器叶轮；(b)轮盘。

图 7-158　试验后增压器叶轮和轮盘的判读结果
(a)增压器叶轮；(b)轮盘。

**4. 结果分析**

从测试判读结果可知，增压器叶轮和轮盘表面温度场的温度较均匀，温度为500℃<$T$<615℃。另外，从图 7-157(a)可以看出，叶轮表面用高温胶粘接有热电偶(不允许焊接)，热电偶直径为 $\phi$2mm，测温感头未粘胶，这是为了防止测试

的是高温胶表面温度。使用这种安装方式,热电偶的测量结果误差是很大的。试验中,在巨大的离心力作用下高温胶被甩掉,热电偶被甩断,如图 7-158(a)所示,即使热电偶未被甩断,在 25400r/min 转速下,其测温感头也会在离心力的作用下离开叶轮表面,从而导致测试结果不是增压器叶轮的表面温度。

# 参考文献

[1] 方昌德．世界航空发动机手册[M]．北京:航空工业出版社,1996.

[2] 刘大响．航空发动机技术的发展和建议[J]．中国工程科学,1999,1(2):24-29.

[3] 张宝诚．航空发动机试验和测试技术[M]．北京:北京航空航天大学出版社,2005.

[4] 蔡静,杨永军,赵俭,等．航空发动机热端表面温度场测量[J]．计测技术,2009,29(1):1-3.

[5] GRIFFIN A, DITTLER J, WINDEATT T, et al. Techniques for the interpretation of thermal paint coated samples [C] // IEEE. Proceedings of the 13th International Conference on Pattern Recognition 1996. Vienna:IEEE,1996.

[6] SATISH T N, RAKESH K P, UMA G, et al. Functional Validation of K-Type (NiCr-NiMn) Thin Film Thermocouple on Low Pressure Turbine Nozzle Guide Vane (LPT NGV) of Gas Turbine Engine [J]. Experimental Techniques, 2017, 41 (2):131-138

[7] DOUGLAS J. High speed turbine blade pyrometry in extreme environments [C]//Measurement methods in rotating components of turbomachinery: Proc. Joint Fluids Engineering Gas Turbine Conf. and Products show. New Orleans,La,1980.

[8] 李杨,熊庆荣,李志敏．不可逆示温漆标定系统设计[C]．南昌:2012 国防计量与测试学术交流会论文集,2012.

[9] 杨永军,蔡静．特殊条件下的温度测量[M]．北京:中国计量出版社,2008.

[10] 熊庆荣,李杨．不可逆示温涂料在某型发动机壁温测试中的应用[C]．成都:中国航空学会计量技术分会 2009 年度论文集,2009.

[11] 李杨,李志敏,熊兵,等．航空发动机涡轮叶片温度测量技术现状与发展[C]//航空发动机设计、制造与应用技术研讨会论文集．北京:中国科学技术协会学会技术部,2013.

[12] 杨德,刘洁,张仲康．有机硅示温涂料[J]．有机硅材料,2001,15(2):16-18.

[13] COWLING J E, KING P, ALEXANDER A L. Temperature-indicating paints [J]. Ind., Eng. Chem., 1953 ,45(10): 2317-2320.

[14] MOSHAROV V, ORLOV A, RADCHENKO V. Temperature sensitive paint (TSP) for heat transfer measurement in short duration wind tunnels [R]. Gottingen, Germany, Germany ICIASF Record, International Congress on Instrumentation in Aerospace Simulation Facilities,2003.

[15] 李杨,陈洪敏,熊庆荣．不可逆示温涂料的发展与应用[J]．中国涂料,2010,25(5):16-19.

[16] 陈立军,沈慧芳,黄洪,等.示温涂料的研究现状和发展趋势[J]．热固性树脂,2004,19(4):36-40.

[17] 刘正堂,郭家震,张新歧．高温多变色不可逆示温涂料的研制[J]．现代涂料与涂装,2000,3(1):9-12.

[18] 刘正堂．示温涂料的应用与发展[J]．精细与专用化学品,2004,12(21):1-4.

[19] 郭丽君,宫晋英．几种示温涂料的研制[J]．青岛大学学报(工程技术版),2011,26(04):78-81.

[20] 杨兴武．示温涂料的研制和应用[J]．全面腐蚀控制,2003,17(4):43-45.

[21] 杨兴武．一种示温涂料及应用[J]．腐蚀与防护,2003,24(11):495-499.

[22] 张兴,薛秀生,陈斌,等．示温漆在发动机测试中的应用与研究[J]．测控技术,2008,27(1):21-23.

[23] 刘志,蔡恒鑫．飞机发动机常用测温方法研究[C]．桂林:2012 航空试验测试技术学术交流会论文集,2012.

[24] 王倚阳,宋双文,陈延庚．某折流燃烧室火焰筒壁温试验[J]．航空动力学报,2011,26(11):2480-2484.

[25] 马春武．示温漆温度自动判读与数字图像处理研究[D]．南京:南京航空航天大学,2008.

[26] 王荣华,杜平安,黄明镜．基于等温线温度识别的示温漆温度自动识别算法[J]．电子测量与仪器学报,2010,24(6):542-547.

[27] 王美玲．基于彩色图像处理的示温漆温度识别系统[D]．南京:南京航空航天大学,2009.

[28] 张志龙,曹承倜．示温漆颜色温度特性分析与温度识别系统[J]．计算机自动测量与控制,2001,9(3):20-21.

[29] 林茂松,陈念年．示温漆色彩量化及其图像分割算法研究[J]．西南科技大学学报:自然科学版,2006,21(2):48-53.

[30] 丁浩,等．新型功能复合涂料与应用[M]．北京:国防工业出版社,2007.

[31] 李昕．示温涂料的变色原理及应用进展[J]．现代涂料与涂装,2010,13(7):15-17.

[32] 徐凤花．示温漆技术在航空发动机高温部件表面温度测试上的应用研究[D]．成都:电子科技大学,2009.

[33] 化学工业出版社组织编写. 中国化工产品大全(上、中、下) [M]. 3 版. 北京:化学工业出版社,2005.

[34] 朱烘法．实用化工词典[M]．北京:金盾出版社,2004.

[35] 刘国杰．特种功能性涂料[M]．北京:化学工业出版社,2002.

[36] 李桂林,苏春梅．涂料配方设计 6 步[M]．北京:化学工业出版社,2017.

[37] 赵陈超,章基凯. 有机硅树脂及其应用[M]．北京:化学工业出版社,2018.

[38] ERICH S J F, HUININ H P, ESTEVES A C, et al. The influence of the pigment volume concentration on the curing of alkyd coatings: a 1D MRI depth profiling study[J]. Progress in Organic Coatings, 2008, 63(4): 399-404.

[39] LOBNIG R E, VILLALBA W, SOETEMANN J, et al. Development of a new experimental method to determine critical pigment volume concentrations using impedance spectroscopy[J]. Progress in Organic Coatings, 2006, 55(4): 363-374.

[40] 高延敏,李为立,王凤平．涂料配方设计与剖析[M]．北京:化学工业出版社,2008.

[41] 杨春晖,陈兴娟,徐用军,等．涂料配方设计与制备工艺[M]．北京:化学工业出版社,2003.

[42] 梅约,方珑文,徐昆利．单变色不可逆示温涂料的研制[J]．涂料工业,2002,32(5):15-19.

[43] 刘正堂,张新岐,李淑杰,等．新型 350~700℃多变色示温漆的研制[J]．涂料工业,2006,36(12):51-54.

[44] 黄素贞．高能球磨制备纯 Al 纳米晶体材料及性能研究[D]．昆明:昆明理工大学,2006.

[45] BIN H, KOBAYASHI K F, SHIGU P H. Mechanical alloying and consolidation of aluminum-iron system[J]. Journal of Japan Institute of Light Metals,1988, 38(3):165-171.

[46] 王海庆,李丽,庄光山．涂料与涂装技术[M]．北京:化学工业出版社,2012.

[47] 胡飞,胡辉,肖静芝．紫外光固化涂料对金属基材附着力的研究[J]．电镀与涂饰,1999,18(6):37.

[48] HO-YOUNG LEE, JIANMIN QU. Microstructure, adhesion strength and failure path at a polymer/

roughened metal interface[J] Journal of Adhesion Science and Technology, 2003, 17(2):195-215.
[49] 翟兰兰,凌国平. 高分子涂层与金属的附着力及其研究进展[J]. 材料导报,2005,19(7):79-81.
[50] 李国英.表面工程手册[M].北京:机械工业出版社,2004.
[51] 中国国家标准化管理委员会. 涂覆涂料前钢材表面处理 表面清洁度目视评定 第1部分:未涂覆过的钢材表面和全部清除原有涂层后的钢材表面的锈蚀等级和处理等级: GB/T 8923.1—2011[S]. 北京:中国标准出版社,2012.
[52] 王光发,王玉芳,荆卓寅,等. 航空发动机测试校准技术译文集(三)[M]. 北京:中航工业北京长城计量测试技术研究所,2013.
[53] 李杨,熊庆荣,刘继厚,等. 一种示温漆温度检测装置:ZL201320269903.0[P] 2014-06-04.
[54] 唐静. 智能PID控制器的参数整定及实现[D]. 安徽:安徽理工大学,2012.
[55] 文科星. 智能PID控制算法的研究及其在温度控制中的应用[D]. 上海:东华大学,2009.
[56] 钱政,王中玉,刘桂礼. 测试误差分析与数据处理[M]. 北京:北京航空航天大学出版社,2008.
[57] 黄正贵. 工业用廉金属热电偶测量结果的不确定度评定[J]. 计量与测试技术,2006,33(5):27-29.
[58] 张志龙,曹承倜. 示温漆颜色温度特性分析与温度识别系统[J]. 计算机自动测量与控制,2001,9(3):20-22.
[59] 李俊山,李旭辉. 数字图像处理[M]. 北京:清华大学出版社,2006.
[60] GEUSEBROEK J M, SMEULDERS A W M, WEIJE J V D. Fast anisotropic gauss filtering[J]. IEEE, 2003, 12(8): 938-943.
[61] 侯勇严. 数字图像处理[M]. 西安:西安电子科技大学出版社,2009.
[62] NG PEI-ENG, MA KAI-KUANG. A switching median filter with boundary discriminative noise detection for extremely corrupted images[J]. A publication of the IEEE Signal Processing Society, 2006, 15(6): 1506-1516.
[63] SIMON HAGKIN, PAUL LEE, ERIC DERBEN. Optimum nonlinear filtering[J]. IEEE. Transactions on Signal Processing, 1997, 45(11):2774-2786.
[64] CHINRUNGRUENG C, SEQUIN C H. Optimal adaptive K-means algorithm with dynamic adjustment of learning rate[J]. IEEE Trans.Neural Netw.Learn.Syst., 1995, 6(1):157-169.
[65] ZALIK K R. An efficient K-means clustering algorithm [J]. Pattern Recognition Lett., 2008, 30(2):1-7
[66] 孙诚. 示温漆自动判读算法研究及其软件实现[D]. 成都:电子科技大学,2015.
[67] CANNY J. A computational approach to edge detection[J]. IEEE Transactions on Pattern Analysis and Machine Intelligence, 1986,8(6):679-698.
[68] 王展. 基于示温漆图像的温度自动判读算法研究[D]. 成都:电子科技大学, 2018.
[69] 熊庆荣,朱国成,钟明. 三头部燃烧室火焰筒壁面温度测试研究[J]. 航空动力学报,2016,31(4):775-779.
[70] 潘勇,陈守聚,李玉瑞. 新型电器设备示温涂料及其应用[J]. 河南电力,2001(1):33-36.
[71] 熊庆荣,李杨,钟明. 示温涂料显色试验研究[C] //第十五届中国科协年会第13分会场:航空发动机设计、制造与应用技术研讨会论文集. 北京:中国科学技术协会学会技术部,2013:77-80.
[72] 熊庆荣,徐毅,李华东. 航空发动机试验峰值时间对示温漆测温的影响[J]. 燃气涡轮试验与研究,2016,29(5):30-34.
[73] 熊庆荣,黄明镜,徐凤花. 示温漆的研制和应用[C]. 北京:中国航空学会第九届发动机试验与测试技术交流论文集,2008;77-80.

[74] 熊庆荣,石小江,徐芳,等. 基于示温漆的高压涡轮导向器表面温度测试[J]. 燃气涡轮试验与研究,2014,27(3):44-48.

[75] 熊庆荣,钟明,李杨. 真空环境下高压涡轮盘表面温度测试研究[C]. 张家界:2013 航空试验测试技术学术交流会论文集,2013.

[76] 熊庆荣,李杨. 汽油机活塞表面温度测量研究[J]. 车用发动机,2013(5):84-87.

[77] 熊庆荣,李杨,田伟,等. 增压器涡轮表面温度测试研究[C]. 厦门:2014 航空试验测试技术学术交流会论文集,2014.

# 内 容 简 介

全书共 7 章。首先,介绍了不可逆示温涂料的基本测温原理、分类、作用、特点及其发展历程。其次,从配方设计及性能指标,涂料的制造、涂覆工艺和涂膜性能测量,涂料的标定、不确定度评定及判读方法,测量的主要影响因素等几方面详细介绍了不可逆示温涂料。最后,重点介绍了国内外不可逆示温涂料产品及其应用方法和实际应用案例。

本书可供从事航空发动机测试、涂料研发和特种传感器等研究工作的科研工作者、技术人员阅读、参考,也可作为高等院校相关专业的教师和研究生的指导用书。

This book consists of seven chapters. Firstly, it introduces the basic temperature measuring principle, classification, function, characteristics and evolution of irreversible temperature-indicating coatings. Secondly, it explores such key aspects of the coatings as formulation design, performance index, paint manufacturing, coating process, film performance measurement, paint calibration, uncertainty evaluation, and interpretation methods, and the main the of measurement. Finally, it delves into relevant coating products at home and abroad as well as their practical applications.

This book is suitable for researchers and technicians engaged in aero-engine testing, coating investigation and special sensors. It can also be used as a reference book for teachers and postgraduates of related majors in colleges and universities.